U0196724

现代果蔬花卉深加工与应用丛书

果蔬花卉制汁
技术与应用

只德贤 编著

GUOSHU HUAHUI ZHIZHI
JISHU YU YINGYONG

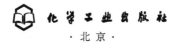

化学工业出版社

·北京·

内容简介

　　《果蔬花卉制汁技术与应用》介绍了果蔬花卉汁及复合饮料的基本加工工艺和常见问题，并分类列举了各种果蔬花卉产品的制汁技术及实例。主要内容包括果蔬花卉汁的种类、营养功能及产业发展现状，果蔬花卉汁加工的基本工艺及常见问题的处理方法，果蔬花卉汁饮料的工艺要点、辅料的使用及质量检验标准，各种果蔬花卉产品制汁技术实例的配方、工艺流程、操作要点和质量标准等。

　　本书可供从事果蔬花卉制汁研发和生产等的人员参考，同时可作为高等及大中专院校的教材。

图书在版编目（CIP）数据

果蔬花卉制汁技术与应用 / 只德贤编著. —北京：
化学工业出版社，2023.9
（现代果蔬花卉深加工与应用丛书）
ISBN 978-7-122-44034-1

Ⅰ.①果… Ⅱ.①只… Ⅲ.①果汁饮料-制作②蔬菜-
饮料-制作③花卉-饮料-制作 Ⅳ.①TS275.5

中国国家版本馆 CIP 数据核字（2023）第 154009 号

责任编辑：张　艳　　　　　　　　　　文字编辑：林　丹　白华霞
责任校对：宋　夏　　　　　　　　　　装帧设计：王晓宇

出版发行：化学工业出版社（北京市东城区青年湖南街 13 号　邮政编码 100011）
印　　装：北京建宏印刷有限公司
710mm×1000mm　1/16　印张 15¼　字数 285 千字　2025 年 1 月北京第 1 版第 1 次印刷

购书咨询：010-64518888　　　　　　　　　售后服务：010-64518899
网　　址：http://www.cip.com.cn
凡购买本书，如有缺损质量问题，本社销售中心负责调换。

定　　价：98.00 元　　　　　　　　　　　　　　版权所有　违者必究

前 言 FOREWORD

随着人们生活水平的提高，以及生活节奏的加快，大众对于饮食的要求逐渐从吃饱吃好发展为要求营养、绿色、健康、便捷。果蔬花卉汁饮料因其口感好、营养丰富、绿色纯天然、携带方便等特点，受到广大消费者的欢迎。但我国果蔬花卉汁饮料对新产品的研发力度和产品种类远远达不到消费者的需求，而且果蔬花卉汁的口味因人而异，因此远远无法满足市场需求。当前，我国果蔬花卉汁饮料产品消费占饮料行业的 20％左右，人均果蔬花卉汁消费量仅为世界平均水平的 1/10，发达国家的 1/40，可见果蔬花卉汁饮料类产品具有广阔的市场前景，其蓬勃的发展使我国的饮料行业更加趋向于营养化、疗效化，为发展营养含量丰富的复合果蔬花卉汁奠定了坚实的基础。

本书为"现代果蔬花卉深加工与应用丛书"的一个分册，介绍了果蔬花卉汁及复合饮料的基本加工工艺和常见问题，并分类列举了各种果蔬花卉产品的制汁技术及实例。全书共分六章：第一章概述了果蔬花卉汁的种类、营养和功能及产业发展现状；第二章介绍了果蔬花卉汁加工的基本工艺及常见问题的处理方法；第三章阐述了果蔬花卉汁饮料的工艺要点、辅料的使用及质量检验标准；第四至六章详细列举了各种果蔬花卉产品制汁技术实例的配方、工艺流程、操作要点和质量标准。

本书内容翔实、语言通俗易懂、实用性强，在实例选用上尽量做到新颖且多样化，以期为果蔬花卉汁的生产和应用及家庭自制提供参考。

由于编者水平所限，加之时间仓促，书中疏漏之处在所难免，恳请读者批评指正。

只德贤
2024 年 10 月于天津

目 录 CONTENTS

概述篇

工艺篇

技术实例篇

06 Chapter **第六章**
花卉的制汁技术与复合饮料实例　　　/ 212

概述篇

第一章　果蔬花卉产品制汁技术概述

01 Chapter

随着人们生活水平的提高，以及生活节奏的加快，老百姓对于饮食的要求逐渐从吃饱吃好发展为要求营养、绿色、健康、便捷。果蔬花卉汁饮料因其口感好、营养丰富、携带方便等特点，受到广大消费者的欢迎。

第一节　果蔬花卉汁的种类及其技术要求

一、果汁和蔬菜汁类

依据国家标准《饮料通则》（GB/T 10789—2015），果蔬汁类及其饮料是指以水果和（或）蔬菜（包括可食用的根、茎、叶、花、果实）等为原料，经加工或发酵制成的液体饮料。该标准（及其第 1 号修改单）将其分为 3 大类，并进行了定义。

1. 果蔬汁（浆）〔fruit vegetable juice（puree）〕

以水果或蔬菜为原料，采用物理方法（机械方法、水浸提等）制成的可发酵但未发酵的汁液、浆液制品；或在浓缩果蔬汁（浆）中加入其加工过程中除去的等量水分复原制成的汁液、浆液制品，如果汁、蔬菜汁、果浆/蔬菜浆、复合果蔬汁（浆）等。

2. 浓缩果蔬汁（浆）〔concentrated fruit/vegetable juice（puree）〕

以水果或蔬菜为原料，从采用物理方法榨取的果汁（浆）或蔬菜汁（浆）中除去一定量的水分制成的，加入其加工过程中除去的等量水分复原后具有果汁（浆）或蔬菜汁（浆）应有特征的制品。

含有不少于两种浓缩果汁（浆），或浓缩蔬菜汁（浆），或浓缩果汁（浆）和浓缩蔬菜汁（浆）的制品为浓缩复合果蔬汁（浆）。

3. 果蔬汁（浆）类饮料〔fruit/vegetable juice（puree）beverage〕

以果蔬汁（浆）、浓缩果蔬汁（浆）为原料，添加或不添加其他食品原辅料和（或）食品添加剂，经加工制成的制品，如果蔬汁饮料、果肉（浆）饮料、复合果蔬汁饮料、果蔬汁饮料浓浆、发酵果蔬汁饮料、水果饮料等。

二、植物饮料类

植物饮料（botanical beverage）是指以植物或植物提取物为原料，添加或不添加其他食品原辅料和（或）食品添加剂，经加工或发酵制成的液体饮料。如花卉汁饮料、可可饮料、谷物类饮料、草本（本草）饮料、食用菌饮料、藻类饮料、其他植物饮料，不包括果蔬汁类及其饮料、茶（类）饮料和咖啡（类）饮料。

花卉汁饮料是由可食用花卉的鲜品或干制品浸提取汁后经过科学的调配，制成的营养丰富、风味独特、色泽艳丽、具有一定保健作用的新型复合饮料，如菊花饮料、玫瑰花饮料、桂花饮料等。

三、技术要求

参照国家标准《饮料通则》（GB/T 10789—2015）和《果蔬汁类及其饮料》（GB/T 31121—2014）的有关规定，各类果蔬花卉汁饮料应符合以下技术要求。

1. 原辅料的要求

① 原料应新鲜、完好，并符合相关法规和国家标准等。可使用物理方法保藏的，或采用国家标准及有关法规允许的适当方法（包括采后表面处理方法）维持完好状态的水果、蔬菜、花卉或干制水果、蔬菜、花卉。

② 其他原辅料应符合相关法规和国家标准等。

2. 感官要求

感官要求应符合表 1-1 的规定。

表 1-1　感官要求

项　目	要　求
色泽	具有与所标示的该种（或几种）水果、蔬菜、花卉制成的汁液（浆）相符的色泽，或具有与添加成分相符的色泽
滋味和气味	具有与所标示的该种（或几种）水果、蔬菜、花卉制成的汁液（浆）应有的滋味和气味，或具有与添加成分相符的滋味和气味；无异味
组织状态	无外来杂质

3. 理化要求

理化要求应符合表 1-2 的规定。

表 1-2　理化要求

产品类别	项　目	指标或要求	备注
果蔬花卉汁（浆）	果汁（浆）、蔬菜汁（浆）或花卉汁（浆）含量（质量分数）/%	100	至少符合一项要求
	可溶性固形物含量/%	符合标准中表 B.1 和表 B.2 的要求	
浓缩果蔬花卉汁（浆）	可溶性固形物的含量与原汁（浆）的可溶性固形物含量之比　　≥	2	—
果蔬花卉汁饮料 复合果蔬花卉汁（浆）饮料	果汁（浆）、蔬菜汁（浆）或花卉汁（浆）含量（质量分数）/%　　≥	10	—
蔬菜汁饮料	蔬菜汁（浆）含量（质量分数）/%　　≥	5	—
果肉（浆）饮料	果浆含量（质量分数）/%　　≥	20	—
果蔬花卉汁饮料浓浆	果汁（浆）、蔬菜汁（浆）或花卉汁（浆）含量（质量分数）/%　　≥	10（按标签标示的稀释倍数稀释后）	—
发酵果蔬花卉汁饮料	经发酵后的液体的添加量折合成果蔬花卉汁（浆）（质量分数）/%　　≥	5	—
水果饮料	果汁（浆）含量（质量分数）/%	≥5 且 <10	—

注：1. 可溶性固形物含量不含添加糖（包含食糖、淀粉糖）、蜂蜜等带入的可溶性固形物含量。

2. 果蔬花卉汁（浆）含量没有检测方法的，按原始配料计算得出。

3. 复合果蔬花卉汁（浆）可溶性固形物含量可通过调兑时使用的单一品种果汁（浆）、蔬菜汁（浆）或花卉汁（浆）的指标要求计算得出。

4. 食品安全要求

（1）食品添加剂和食品营养强化剂要求　应符合 GB 2760 和 GB 14880 的规定。

（2）其他食品安全要求　应符合相应的食品安全国家标准。

第二节　果蔬花卉汁的营养和功能

果蔬花卉汁加工起源于 19 世纪末的欧美地区，我国的果蔬花卉汁饮料加工行业则开始于 20 世纪 80 年代，自 20 世纪 90 年代起至今发展迅猛。果蔬花卉汁中有水果、蔬菜、花卉所含的各种营养组分，并且便于保存。本节主要介绍果蔬花卉汁的化学成分及营养功能。

果蔬花卉汁含有果蔬花卉中的各种可溶性营养成分，如矿物质、维生素、糖、酸及果蔬花卉的芳香成分。一般以新鲜或冷藏的果蔬花卉或干果为原料，经滤洗、挑选后采用物理方法（如压榨、浸提、离心等方法）得到果蔬花卉的汁液，形成果蔬花卉汁。以其为基质，根据需要加入糖、酸、香精、色素等成分，再分别经灭酶、过滤、均质、脱气、调整或浓缩、杀菌和灌装形成各种果蔬花卉汁饮料。此类饮料风味良好，营养丰富，可为人体提供维生素、矿物质、膳食纤维和部分生理活性植物化合物，是一种生理碱性食品，除一般饮用外，也可作为保健品饮用。

一、果蔬花卉汁的化学成分与营养特性

果汁实际上是果实细胞中的汁液，是果实中的精华，主要成分为水、糖、有机酸、矿物质、维生素、含氮物质、芳香物质、色素、果胶、单宁（又称鞣质）和酶等。果汁一般具有原果的美好风味，甚至更佳，有较高营养。它含有丰富的维生素C及B族维生素，可补充主食中维生素的严重不足。果汁中还含有丰富的钙、磷、钠、镁、钾、铁，有些还含有锌、铜等矿物质。果汁属生理碱性食物，能防止肉食过多而导致的酸性中毒。果汁中的糖和酸（主要是柠檬酸和苹果酸）以及芳香物质赋予了果汁特殊风味，其含水量占90％以上，能补充人体随时都在损失的水分，有解渴和承担营养运输的职能。

蔬菜花卉汁除粗纤维和部分蛋白质外，几乎含有蔬菜花卉中所有营养成分。蔬菜花卉汁中含有的多种矿物质和维生素以及一些特殊营养成分，对促进人体生长发育、增强抗病能力、维护正常视力均有一定作用，甚至还可对某些难以根治的慢性疾病（例如动脉粥样硬化、高血压、糖尿病、胃肠功能紊乱等）产生辅助治疗的作用。蔬菜花卉汁一般属碱性食品，可调节人体酸碱平衡。蔬菜花卉汁有利于胎儿的生长发育，可防治妊娠反应和便秘，促进乳汁分泌。如菠菜花卉汁可防治妇女月经不调，马齿苋汁可治痢疾等。

果蔬花卉汁的化学成分及营养主要来源于果蔬花卉原料，果蔬花卉的化学组成不仅是人体所需要的营养成分，而且也是决定果蔬花卉颜色、风味、质地、营养、耐贮性和加工适应性等外观和内在品质的必要因素，是果蔬花卉贮藏加工的基础。

果蔬花卉的化学组成一般分为水和干物质两大部分，干物质又可分为水溶性物质和非水溶性物质两大类。水溶性物质也叫可溶性固形物，它们的显著特点是易溶于水，组成植物的汁液部分，对果蔬花卉的风味有较大影响，如糖、果胶、有机酸、单宁和一些能溶于水的矿物质、色素、维生素、含氮物质等。非水溶性物质是组成果蔬花卉固体部分的物质，包括纤维素、半纤维素、原果胶、淀粉、脂肪以及部分维生素、色素、含氮物质、矿物质和有机盐类等。

1. 水分

果蔬花卉中的水分含量多在80%以上，有些种类和品种在90%左右，黄瓜、西瓜和番茄等含水量高达96%以上。水分在果蔬花卉中以两种形态存在：一种为游离水，占总含水量的70%～80%，具有水的一般特性，在果蔬花卉贮藏及加工过程中极易流失；另一种为束缚水，是果蔬花卉细胞里胶体微粒周围结合的一层薄薄的水膜，它与蛋白质、多糖、胶体等结合在一起，一般情况下很难分离，因此，在果蔬花卉贮藏和加工过程中，与果蔬花卉游离水相比较难流失。

果蔬花卉采收后在存放、运输过程中易失水。失水达到5%就会使许多种类的果蔬花卉萎蔫、皱缩，使食用品质下降。在温暖干燥的条件下只要几个小时，有些产品就会出现上述现象，但增加环境中的相对湿度又容易引起微生物的滋生。

2. 碳水化合物

果蔬花卉中所含的主要碳水化合物（即糖类）可分为以下4种。

（1）糖　果蔬花卉中所含的糖主要是蔗糖、葡萄糖和果糖。如常见果蔬中糖的种类及含量差别很大，见表1-3。仁果类中以果糖为主，葡萄糖和蔗糖次之，如苹果中果糖含量可达11.8%。核果类中，如杏、桃、李，以蔗糖为主，可达10%～16%，较仁果类高，它们所含的葡萄糖高于果糖；相反，樱桃的蔗糖含量却特别少。浆果类主要含葡萄糖和果糖，二者的含量比较接近，而蔗糖的含量较低，小于1%（0.13%～0.30%）。柑橘类果实含有大量蔗糖，即使在含有大量柠檬酸（6%～8%）的柠檬中，也含有0.7%的蔗糖。菠萝中也含有大量的蔗糖（8.6%），但葡萄糖和果糖的含量却很少，分别为1%和0.6%。香蕉中含糖量最多，成熟的香蕉蔗糖含量达13.68%，而所含的葡萄糖和果糖也不少。

表1-3　常见果蔬中糖的种类及含量

名称	转化糖/%	蔗糖/%	总糖/%
苹果	7.35～11.62	1.27～2.99	8.62～14.61
梨	6.52～8.00	1.85～2.00	8.37～10.00
桃	1.77～3.67	8.61～8.74	10.38～12.41
葡萄	16.83～18.04	—	16.83～18.04
橘子	2.14	4.53	6.67
香蕉	10.00	7.00	17.00
胡萝卜	—	—	3.30～12.00

续表

名称	转化糖/%	蔗糖/%	总糖/%
番茄	—	—	1.50~4.20
黄瓜	—	—	2.52~9.0
洋葱	—	—	2.5~14.3
西瓜			5.5~9.8

果蔬花卉的含糖量在不同种类和品种间存在较大差异，如不同品种苹果的含糖量在5%~24%不等。同一品种生长在不同的气候和土壤环境中也表现出含糖量的差异。蔬菜花卉的含糖量一般比果实低。

(2)淀粉　果实中淀粉含量较少，但未成熟果实多含有淀粉而糖较少，经过贮藏，淀粉转化为糖而增加甜味。这种现象在香蕉及晚熟苹果中更为显著。如未熟的香蕉中淀粉含量可达干物质的68%，而在成熟过程中淀粉降低至1%，糖则由1%增至19.5%。晚熟苹果采收时含淀粉1.0%~1.5%，经贮藏1~2个月完全消失。所以，苹果经贮藏后含糖量不但没有下降，甚至因淀粉糖化而略有增加。但核果类、浆果类果实成熟时已不再含有淀粉，故含糖量也不会再增高。某些蔬菜种类含淀粉量较多，如马铃薯(14%~25%)、藕(12.77%)、荸荠、芋头、山药等，其淀粉含量与老熟程度成正比。凡是以淀粉形态作为贮存物质的种类，均能保持休眠状态而利于贮藏。对于青豌豆、甜玉米等以幼嫩粒供食用的蔬菜，其淀粉的形成会影响其食用品质及加工产品品质。

(3)纤维素　纤维素常与木质、栓质、角质和果胶等结合，主要存在于果蔬花卉的表皮细胞内，可以保护果蔬花卉，减轻机械损伤，抑制微生物的侵袭，减少贮藏和运输中的损失。但又因纤维素质地坚硬，就果蔬花卉汁加工品质而言，含纤维素多的果蔬花卉汁多渣，品质较差。如梨果中的石细胞，就是由木质纤维素所组成的厚壁细胞，形状似沙粒，质地坚硬。故含有石细胞多的梨果品质较差。但有些梨品种含有石细胞虽多，经过一段时期的贮藏后，可使石细胞纤维中的木质还原，质地变软，品质提高，如巴梨。

果实中纤维素的含量一般为0.2%~0.4%，其中以桃(4.1%)、柿(3.1%)中的含量较高，苹果为1.28%，杏为0.8%。蔬菜中纤维素的含量为0.3%~2.3%，芹菜为1.43%，菠菜为0.94%，甘蓝为1.65%，根菜类为0.2%~1.2%，西瓜和甜瓜最少为0.2%~0.5%。

(4)果胶物质　果胶物质是植物组织中普遍存在的多糖类物质。果实中多含有果胶物质，以山楂、苹果、柑橘、南瓜、胡萝卜等含量丰富，山楂含果胶高达6.40%。果胶质以原果胶、果胶、果胶酸3种不同的形态存在于果实组织中。原果胶多存在于未成熟果蔬细胞壁间的中胶层中，不溶于水，常和纤维素结合使细胞联结，所以未成熟的果实显得脆硬。随着果蔬的成熟，原果胶在原果胶酶的作用下分解为果胶，果胶溶于水，与纤维素分离，转渗入细胞内，使细胞间的结合力松弛，具黏性，使果实质地变软。成熟的果蔬向过熟期变化时，果胶在果胶酶的作用下转变为果胶酸。果胶酸无黏性，不溶于水，此时的果蔬呈软烂状态。

果胶与糖酸配合成一定比例时可形成凝胶，果冻、果酱的加工就是依据这种特性。此外，制造澄清的果汁时，果胶的存在会使果汁浑浊，故应设法除去果胶。

3. 有机酸

酸味是果实的主要风味之一，是由果实内所含的各种有机酸引起的，主要是苹果酸、柠檬酸、酒石酸。此外，还有少量的草酸、水杨酸和醋酸等。这些有机酸在果蔬中以游离或酸式盐的状态存在。

不同种类和品种的果蔬花卉含酸量不同。蔬菜所含的有机酸往往数种同时存在。例如，番茄中含有苹果酸和柠檬酸，以及微量的草酸、酒石酸和琥珀酸。甘蓝中以柠檬酸为主，还存在绿原酸、咖啡酸、香豆酸、阿魏酸和桂皮酸。菠菜中除草酸外，还含有苹果酸、柠檬酸、琥珀酸和水杨酸。芹菜中含有醋酸和少量丁酸。胡萝卜直根中含有绿原酸、咖啡酸、苯甲酸和对羟基苯甲酸。蔬菜中虽然含酸种类丰富，但除番茄等少数有酸味外，大都因含酸量很少而感觉不到酸味。

果蔬花卉的酸味并不取决于酸的总含量，而是由它的 pH 值决定的。果蔬花卉加热处理后，蛋白质凝固，失去缓冲能力，氢离子增加，pH 值下降，酸味增加，这就是果蔬花卉加热后经常出现酸味增强的原因所在。

4. 单宁

单宁物质可分为两类：一类是水解型单宁，具有酯的性质；另一类是缩合型单宁，不具有酯的性质，它以碳原子为核心，相互结合而不能水解，果蔬中的单宁即属于此类。单宁的含量与果蔬花卉的成熟度密切相关。未熟的果实中单宁含量较高，往往是成熟果实的 5 倍，果皮含量通常比果肉高 3～5 倍。单宁在果实中可以水溶态或不溶态两种方式存在。果实的可溶性单宁含量在 0.25% 及以上时有明显的涩味，1%～2% 时就会产生强烈的涩味。一般水果可食部分含0.03%～0.10% 时具清凉口感。

用温水、CO_2、乙醇等处理，诱发果实无氧呼吸，可产生不完全氧化产物乙醛，乙醛与水溶性单宁结合生成不溶性单宁，可使果实脱涩。

单宁在空气中易被氧化成黑褐色的醌类聚合物，去皮或切开后的果蔬花卉在空气中变色，即由于单宁氧化所致。要防止切开的果蔬花卉在加工过程中变色。

单宁与金属铁作用能生成黑色化合物，与锡长时间共热呈玫瑰色，遇碱则变蓝色。因此果蔬花卉加工所用的器具、容器、设备等的选择十分重要。

5. 含氮物质

果实中存在的含氮物质普遍较少，一般含量在 0.2%～1.2%。果蔬花卉中存在的含氮物质虽少，但在加工工艺上亦常有重要影响，其中关系最大的是氨基酸。果蔬花卉中所含的氨基酸与成品的色泽有关。氨基酸与还原糖可发生美拉德反应（又称羰氨反应），使制品产生褐变；酪氨酸在酪氨酸酶的作用下，可氧化产生黑色素，如马铃薯切片后变色；含硫氨基酸及蛋白质，在罐头高温杀菌时可受热降解形成硫化物，引起罐壁及内容物变色。氨基酸对食品的风味也起着重要作用。果蔬花卉中所含的谷氨酸、天冬氨酸等都呈特有的鲜味，甘氨酸具特有的甜味。另外氨基酸与醇类反应生成酯，是食品香味的来源之一。

6. 糖苷类

苷是由糖与醇、醛、酚、硫的化合物等构成的酯类化合物。在酶或酸的作用下，苷可水解为上述成分糖和苷配基。果蔬花卉中存在各种各样的苷，大多数都具有苦味或特殊的香味，其中一些苷类不只是果蔬独特风味的来源，也是食品工业中主要的香料和调味料，如苦杏仁苷。但其中也有一部分苷类有剧毒，在食用时应予以注意，如茄碱苷。

7. 维生素

维生素对人体的生理机能有着极其重要的作用。大多数维生素必须在植物体内合成，而果蔬花卉是人体获得维生素的主要来源。目前已知的维生素有 30 多种，其中近 20 种与人体健康和发育相关。几种重要的维生素在果蔬中的含量见表 1-4。

表 1-4 主要果蔬中常见维生素的含量

名称	胡萝卜素 /(mg/100g)	维生素 B_1 /(mg/100g)	维生素 B_2 /(mg/100g)	烟酸 /(mg/100g)	维生素 C /(mg/100g)
苹果	0.08	0.01	0.01	0.1	5
梨	0.02	0.01	0.01	0.2	3
桃	0.06	0.01	0.02	0.7	6
葡萄	0.04	0.04	0.01	0.1	4
橘子	0.55	0.08	0.03	0.3	34
香蕉	0.25	0.02	0.05	0.7	6
番茄	0.37	0.03	0.02	0.6	8
黄瓜	0.13	0.04	0.04	0.3	9

续表

名称	胡萝卜素 /(mg/100g)	维生素 B₁ /(mg/100g)	维生素 B₂ /(mg/100g)	烟酸 /(mg/100g)	维生素 C /(mg/100g)
胡萝卜	3.62	0.02	0.05	0.3	13
洋葱	微量	0.03	0.02	0.2	8
西瓜	0.17	0.02	0.02	0.2	3

8. 矿物质

果蔬花卉中含有各种矿物质，并以磷酸盐、硫酸盐、碳酸盐或与有机物结合的盐的形式存在，如蛋白质中含有硫和磷，叶绿素中含有镁等。

果蔬花卉中的矿物质多以弱碱性有机酸盐的形式存在，被人体消化吸收后，分解产生的物质大多呈碱性。因此，经常食用可调节体内酸、碱平衡，有益于身体健康。

果蔬花卉中的钙不但是营养物质，而且对果实的自身品质和耐贮性影响很大。钙是细胞间中胶层果胶酸钙的组分，起着黏结细胞的作用，可维持细胞膜的完整性和稳定性；钙又以游离离子分布于膜内外，对细胞渗透压和离子平衡起到调节作用。缺钙易引起细胞质膜解体，使果实抗病性下降。

果蔬花卉中的钾、钠主要存在于细胞液中，参加糖代谢，调节细胞渗透压和细胞膜通透性。果蔬中 K^+、Na^+ 进入人体后与 HCO_3^- 结合，可使血浆碱性增强。

9. 芳香物质

果蔬花卉中普遍含有挥发性的芳香油，由于含量极少，故又称精油，是每种果蔬花卉具有特定香气和其他气味的主要原因。各种果实中挥发油的成分不是单一的，而是多种组分的混合物，主要香气成分为酯、醇、醛、酮、萜及烯等。

水果香气成分比较单纯，可使天然食品具有高度爽快的香气。其香气成分中以酯类、醛类、萜类为主，其次是醇类、酮类及挥发酸等。水果香气成分随着果实的成熟而增加，而人工催熟的果实不及在树上成熟的水果香气成分含量高。花卉亦含有丰富的芳香物质，其中以萜类、醇类、醛类含量较高，是构成花卉香气的主要来源。

总之，果蔬花卉汁营养丰富，风味鲜美可口，易消化吸收。由于它含有新鲜果蔬花卉所含糖分、氨基酸、维生素以及矿物质钾、钠、钙、镁等金属元素，因而具有营养保健价值。果汁不仅是鲜美可口的水果饮料，还可用于加工果酒、果露和果冻。花卉汁饮料因含有黄酮类、皂苷类、花青素类等活性成分通常具有一定的保健作用。

二、果蔬花卉汁的功能作用与生理意义

水果、蔬菜和花卉不仅能充饥、消渴，而且还有一些特殊的生理作用，例如利尿、发汗，缓解发热，使人兴奋，以及治疗一些疾病等。随着科学技术的发展，通过许多食品化学家和营养学家们的不断探讨及多方面的研究，已经基本上了解了果蔬花卉汁的化学成分，并阐明了很多功能作用与其中的化学成分有着密切关系，这就为果蔬花卉汁的开发利用提供了可靠的理论依据。

1. 清凉、生津止渴作用

果蔬花卉汁及其饮料，尤其是经冷藏的果蔬花卉汁饮料，有良好的生津止渴、清凉去暑和提高食欲的作用。饮料的感官质量是多种因素的综合体现，如其中所含有的酸、固形物、色素、芳香物质的质量与数量等，它们是决定饮料清凉作用和感官质量的主要因素。酸是构成水果及果汁味觉的主要成分，与各种成分配合后可形成各种诱人的滋味；酸还能激发人体胰腺的活动，增强食欲，刺激口腔、胃和肠的神经，有助于消化。除此之外，果蔬花卉汁饮料的色泽、滋味和香味也是影响其清凉、解渴和激起食欲作用的主要因素，它们会激发人体摄食中枢，促进食欲，提高消化性能和吸收性能。

2. 保健作用

"药食同源"是我国古代的传统医学思想。如今，有研究认为，很多发达国家和地区的一些"现代病"往往与饮食结构有关。现在很有必要重新认识"药食同源"的思想。这一思想提示人类同样可以用食物来预防和治疗某些疾病。近年来，人们十分关注食品的第三功能，即生理性功能，又称体态调节功能。食品不仅给人类提供营养和嗜好方面的需求，还具有机体防御、体态调节、精神调节等维持和增强人体健康的功能。另外，食品与一些"现代病"的发生及恢复有密切的关系。在日常生活中摄食的蔬菜和水果及果蔬花卉汁中均含有丰富的维生素、矿物质、色素和纤维素等营养物质，是维持健康、增强体质及预防疾病不可缺少的食品。据研究表明，维生素 C、β-胡萝卜素、纤维素等果蔬成分具有预防癌症、延缓衰老、降低胆固醇、整肠等生理功能。果蔬花卉的保健作用有以下几方面。

（1）抗变异功能　引起人类癌症的原因，一般认为大部分是由化学物质引起的。癌变通常分两个阶段进行，即起始阶段和促进阶段。在起始阶段，由被称为起始因子的化学物质（如变异原物质或致癌物质等）对细胞内的染色体引起不可修复的损伤，形成潜在的癌细胞。在促进阶段，称作促发剂的一些化学物质促使在第一阶段受损伤的细胞进一步癌化。人类的身体具有将被上述变异原物质损伤的染色体恢复到正常的功能。而且，在各种食物中也有抑制上述变异原物质或致癌物质生成及作用的物质。尤其在蔬菜、水果、花卉及其加工品中含有较多的抗变

异原成分，如菠菜、甘蓝、茄子、牛蒡、生姜等蔬菜汁能抑制由色氨酸的焦化产物中分离出的具有强烈变异性的 Trpp-1 的活性。此外，蔬菜中的维生素 C、类胡萝卜素等维生素类和半胱氨酸、胱氨酸等含硫氨基酸以及从甘蓝、山萮菜、荷兰芹、牛蒡、胡萝卜等中分离出的儿茶素、绿原酸、大蒜素、咖啡酸、鞣花酸、阿魏酸等多酚化合物，可抑制硝酸和氨络合物反应生成硝化氨络合物。这些抗变异原成分不受加工过程中的加热等措施的破坏，它们还能抑制黄曲霉的活性。这些抗变异原成分的作用机理，一是直接作用于变异原物质，二是钝化变异原物质代谢的酶系统从而抑制变异原物质的代谢。

（2）抗氧化性　癌变及老化的主要机理之一是由脂质的过氧化或变异原物质产生的各种活性氧（自由基等）损伤染色体 DNA 或生物膜。果蔬花卉中的 β-胡萝卜素、类胡萝卜素、维生素 C 和多酚等成分具有防止脂质过氧化、改变活性氧等抗氧化作用。如菠菜、茄子、甘蓝等蔬菜类富含这些成分。一般来说，抗氧化性成分也是抗变异性成分。

（3）促进细胞增殖的功能　如菠菜、葱、胡萝卜等蔬菜和梨、柑橘、香瓜等水果汁能促进海拉细胞和单芽球细胞的增殖。海拉细胞能对人的肺癌细胞和乳癌细胞分泌特异抗体，一般用于检测诊断。单芽球细胞是参与生物防御的巨噬细胞的前体细胞。

（4）促进抗体产生、增强免疫功能　葱、胡萝卜、豌豆、柑橘等的汁液能促进海拉细胞分泌特异性抗体，如免疫球蛋白（IgM、IgG）。

（5）活化单芽球细胞或巨噬细胞的作用　人体生物防御机理是当病毒等微生物或癌细胞侵入时，通过分泌抗体和其他免疫物质来排除病原。担任这一系列生物防御功能的细胞群有单芽球细胞、巨噬细胞、白细胞、淋巴细胞、T 细胞等免疫细胞。其中，单芽球细胞和巨噬细胞负责初期阶段的任务。研究表明，菠菜汁具有活化巨噬细胞的功效，而且还能促进巨噬细胞分泌抗体物质。

（6）阻碍紫外线及黑色素的合成　紫外线能诱发皮肤癌，洋葱汁中含量较多的色素之一槲皮苷，能防御由紫外线引起的细胞坏死。另外，菠菜汁还能抑制引起褐斑和雀斑的黑色素的产生。综上所述，经常摄取具有疗效作用的水果、蔬菜、花卉及其汁液，可以维持和增强身体健康，能抑制周围存在的致癌物质和变异原物质的生成及其活性，对预防癌症有一定的生理意义。

（7）对循环系统疾病、过敏性疾病的治疗作用　现已认定，循环系统疾病、过敏性疾病与花生四烯酸代谢产物有关。花生四烯酸是必需脂肪酸之一，存在于人体内。当组织、细胞受到刺激后，便在酶的作用下，进行代谢并产生各种组织所特有的生理活性物质，如前列腺素、血栓烷、白三烯、脂氧化物等。花生四烯酸代谢的酶系统中，还有一个脂氧化酶，它的代谢产物可能是呼吸系统疾病（支气管炎、咳嗽、喘息）、过敏性疾病、癌症等许多疾病的发病因子。因此，要预防这些疾病，应该有选择性地抑制花生四烯酸代谢产物的生成，同时要维持花生四烯酸正常代谢的平衡。据研究表明，黑豆、大葱、甘蓝、黄瓜、大蒜、茄子、番茄、紫苏汁能抑制脂氧化酶，对咳嗽、喘息、支气管炎和血栓有一定的疗效。

（8）减肥功能　肥胖是体内脂肪异常蓄积的结果。肥胖有两种类型，其一是脂细胞数不变，而细胞体积增大，即脂肪细胞扩大型；其二是脂肪细胞数量增加，细胞体积不变，即脂肪细胞量的蓄积。后者较前者更难治愈。脂肪细胞是由其前体纤维芽细胞分化而来的。经研究表明，紫苏、菠菜、白菜等的汁液能够抑制纤维芽细胞分化成脂肪细胞，从而抑制肥胖。

（9）果蔬花卉汁中黄酮类物质的作用　黄酮类物质可增强毛细管或血管的抵抗力，有力地协同维生素C的作用。柑橘汁中的类黄酮物质有橙皮苷、北美圣草苷、柚皮苷，它们具有重要的生理作用。如同胡萝卜素起维生素A原的作用一样，橙皮苷和橙皮素并非其本身起直接作用，其在生物体内转化成橙皮苷二氢查耳酮，可增强血管的抵抗性，防止血管被破坏。

第三节　我国果蔬花卉汁产业的现状及展望

一、我国果蔬花卉汁产业的现状

我国果蔬花卉汁的起步较晚，20世纪80年代开始，随着果蔬品种的改良和优良品种的引进，果蔬花卉的种植面积逐渐扩大，为果蔬花卉汁产业的发展提供了充足的原材料，我国果蔬花卉汁行业才开始起步。20世纪90年代以来，我国果蔬花卉汁行业发展迅速，浓缩苹果汁、梨汁产量和出口量均居世界第一，成为我国果汁产业具有国际竞争力的龙头产品，蔬菜汁、花卉汁也同步发展。中国饮料工业协会于2001年11月13日正式加入国际果汁生产商联合会，加强了国际交流，使得中国可及时了解国际饮料行业的状况，以及新法典、新法规、新标准和新要求。2001年以来，饮料行业在保持增长势头的同时，也经历了多次的产业浪潮，市场从碳酸饮料、瓶装水、茶饮料到果蔬花卉汁饮料、含乳饮料等一直发展变化。2016年，我国饮料行业全年累计总产量18345.2万吨，同比增长1.90%，其中果蔬花卉汁饮料类产品产量达2404.9万吨，收入达1253.36亿元，占饮料行业的19.49%。2017年以来，我国果蔬花卉汁出口呈现震荡下行走势，到2021年，我国进出口的果蔬花卉汁数量与金额较2020年均有小幅增加，其中，出口果蔬花卉汁总量为46.61万吨，出口总额为5.32亿美元，较2020年分别增加了1.08万吨和1141.44万美元，增幅分别为2.28%和2.19%。

预计未来一段时间内，果蔬花卉汁因其主打天然健康等功能将会是饮料行业的主要驱动力。同时企业之间的竞争也日益激烈，消费群体、消费习惯以及消费理念的转变，也对传统果蔬花卉汁制造企业提出了新的挑战。

二、我国果蔬花卉汁产业发展的方向

近年来，我国果蔬花卉汁饮料发展机遇与挑战并存，主要表现在以下几个方面。

1. 实现果蔬花卉汁产业升级，培养具有国际市场竞争力的大型或超大型企业

目前，我国大大小小的果蔬花卉汁加工企业很多，但大多产品结构单一，品质不高，缺乏竞争力，除了苹果汁等传统出口龙头产品，其他产品在国际市场上没有竞争力。所以，应加大扶持力度，鼓励和支持建立具有国际市场竞争力的大型和超大型果蔬花卉汁制造企业，提高市场准入条件，淘汰生产环境差、产品品质低的企业，营造良好的行业环境。

2. 加强果蔬花卉原料品质控制，提高原材料的质量

没有好的原料就没有好的产品，若原料品质不稳定，则生产出来的产品品质也不稳定，将严重影响果蔬花卉汁产业的发展。因此，企业必须加强高品质果蔬花卉原料基地的建设，保证高品质原材料的供应。

3. 提高设备的自主研发能力，研发具有国际先进水平的生产设备

目前，国内果蔬花卉汁加工企业的设备大多依赖进口，特别是一些核心零部件，关键技术掌握在发达国家手中，制约了我国果蔬花卉汁企业的发展。要想提高企业的国际竞争力，需加强我国果蔬花卉汁加工设备的研发和自主生产能力，以制造出汁率高，集非热杀菌、膜分离、无菌包装技术等功能于一体的自动化生产设备。

4. 提高果蔬花卉汁加工过程中的科技含量，优化产品质量

我国的果蔬花卉汁加工工艺技术水平与发达国家相比还存在着较大差距，主要体现在果蔬花卉出汁率低、添加剂使用不当、产品风味口感差等方面。①酶技术，酶可以分解果蔬花卉中的淀粉、果胶和纤维素，果蔬花卉出汁率会有所提高。②微胶囊技术，微胶囊可以保存果蔬花卉的风味物质和功能性成分，同时也可以去除不良风味。③膜分离技术，是一种新型高效过滤技术，可除去影响果蔬花卉汁变质的细菌，同时可保存果蔬花卉汁的营养成分。④新型杀菌技术的使用，例如辐射杀菌、超高压杀菌、膜过滤除菌、化学杀菌、天然生物杀菌剂杀菌等，可以很好地保留一些热敏性成分，并且可预防不良风味的产生。

5. 加强新产品的开发，以满足各类消费群体的需求

随着人们消费意识的更新换代，对产品要求也越来越高，需求越来越多样化，以下是果蔬花卉汁饮料产品未来发展的几个趋势：①浓度方面，未来果蔬花卉卉汁含量将会由低浓度向高浓度和 100％ 纯果蔬花卉汁方向发展，100％果汁含量产品、NFC（100％ 果蔬汁压榨不加水）和 FC（浓缩果汁加水还原的纯果汁），逐渐成为高端消费人群的新宠，产品销量逐年增加。②一段时期内，新型发酵果蔬花卉汁饮料或含乳果蔬花卉汁饮料将会成为消费者青睐的产品。发酵带来独特风味和对人体有益的益生菌，含乳产品因为添加了乳制品，给果蔬花卉汁饮料赋予了独特的口感和更加丰富的营养价值。③功能性果蔬花卉汁产品，如可补充膳食纤维或者复合维生素，可提神醒脑，可补充蛋白质等的功能性产品。④具有独特生理功能的果蔬花卉汁复合饮料，除了常见的果蔬花卉，添加了更加健康的添加剂和配料，还有低糖和无糖产品。⑤靠独特的包装和概念营销模式吸引年轻消费群体的果蔬花卉汁。⑥高端市场，运用高品质、昂贵的果蔬花卉原料制成的果蔬花卉汁原浆，打开高端市场，实现市场细分和差异化。

三、我国果蔬花卉汁产业发展热点

当今世界对食品和饮料的总体要求，可以归纳为"四化""三低""二高"等："四化"即多样化、简便化、保健化、实用化；"三低"即低脂肪、低胆固醇、低糖；"二高"即高蛋白、高膳食纤维等。我国果蔬花卉汁行业可以充分利用我国资源优势，综合利用其他国家的特色果蔬花卉，开发出有产品特色、绿色有机、富含多种功能成分的果蔬花卉汁产品。

1. 鲜果蔬花卉汁

NFC（not from concentrates）果蔬花卉汁，产品不经浓缩，直接由原料榨汁后配制，汁液从果实中获得后立即进行巴氏杀菌，热处理时间短，温度低，较好地保留了汁液的原有风味和营养成分。其中冷（凉）鲜汁尤甚。此类果蔬花卉汁在销售市场上大有超过浓缩果蔬花卉汁的趋势。

2. 浓缩果蔬花卉汁

浓缩果蔬花卉汁糖度高，体积小，贮运方便，可以节省大量的贮运和包装成本，在国际贸易中仍然是最受欢迎的产品。主要有苹果汁、橙汁、葡萄汁、番茄汁、凤梨汁等。

3. 特色果蔬花卉汁

我国特色产品有杨梅汁、猕猴桃汁、刺梨汁等。另外，混合果蔬花卉汁（复合果汁）、强化果蔬花卉汁、带肉果蔬花卉汁等，亦有强劲发展的势头。

当前我国果蔬花卉汁消费市场十分庞大，从人们日益增长的消费水平来看，未来我国果蔬花卉汁需求还有更加庞大的发展空间。随着消费者对健康养生的重视，以及对零糖、零脂、零卡产品的诉求，我国果蔬花卉汁也应当迎合消费者偏好的变化而使果蔬花卉汁朝着功能性、绿色天然性以及无糖和低糖趋势发展。同时"绿色、天然"概念盛行，果蔬花卉汁饮料消费持续增长，已成为饮品市场的主力。我国目前人均果蔬花卉汁消费量仅为世界平均水平的 1/10，发达国家的 1/40，具有极大的消费增长空间。在所有的果蔬花卉汁饮料中，以热带水果为原料的果汁饮料具有独特的竞争优势。

随着"互联网＋"行动计划的铺开，互联网将不断颠覆传统果品产业的组织形式、商业规则、产业链条、竞争格局，延伸出很多新的商业模式、销售模式。互联网促进了商流、物流、信息流、资金流，通过电子商务能够实现融合，大大压缩中间环节、降低成本、提高流通效率，必然会对传统分销渠道、组织和环节进行冲击和重构，从而创新出新的渠道和方式。

工艺篇

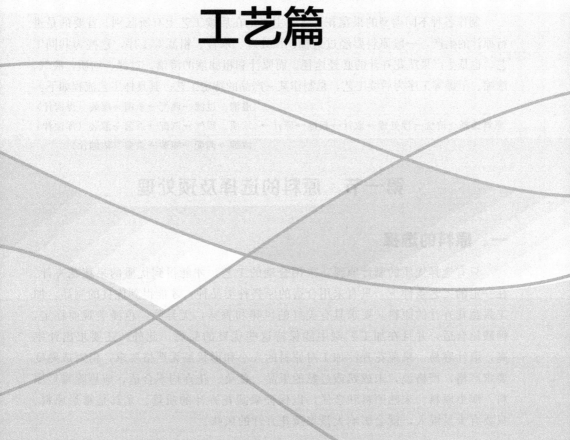

第二章　果蔬花卉汁加工基本工艺与技术

02 Chapter

　　制作各种不同类型的果蔬花卉汁，主要是在后续工艺上有所区别。首要的是进行原汁的生产，一般原料要经过选择、预处理、取汁、粗滤等工序，这些为共同工艺，也是生产果蔬花卉汁的必经途径。而原汁和粗滤液的澄清、过滤、均质、脱气、浓缩、干燥等工序为后续工艺，是制作某一产品的特定工艺。其具体工艺流程如下：

原料选择→清洗→预处理→取汁→粗滤→原汁 ⎰ 澄清、过滤→调配→杀菌→灌装（澄清汁）
　　　　　　　　　　　　　　　　　　　　⎨ 均质、脱气→调配→杀菌→灌装（浑浊汁）
　　　　　　　　　　　　　　　　　　　　⎱ 浓缩→调配→灌装→杀菌（浓缩汁）

第一节　原料的选择及预处理

一、原料的选择

　　只有选择优质的制汁原料，采用合理的工艺，才能得到优质的果蔬花卉汁。在一定的工艺条件下，只有采用合适的原料种类品种，才能得到优良的制品。加工果蔬花卉汁的原料，要求具有美好的风味和香味，无异味，色泽美观而稳定，糖酸比合适，并且在加工贮藏中能保持这些优良的品质。此外，还要求出汁率高，取汁容易。果蔬花卉汁加工对原料的大小和形状虽无严格要求，但对成熟度要求严格，严格说，未成熟或过熟的果品、蔬菜、花卉均不合适，应剔除霉烂原料、病虫原料、未熟原料和杂质，以保证果蔬花卉汁的质量。尤其是霉烂原料，只要有少量混入，就会影响大量果蔬花卉汁的风味。

二、原料的预处理

1. 清洗

由于果蔬花卉在生长、成熟、运输和贮存过程中受到泥土、微生物、农药及其他有害物质的污染，势必影响果蔬花卉汁的质量。清洗的目的就是除去上述这些污染物，以保证果蔬花卉汁的质量。例如，在清洗前，正常水果原料表面的微生物数量在 $10^2 \sim 10^{11}$ 个/kg，一些叶类、根茎类蔬菜附着的微生物数量更多，采用正确的清洗工艺，可使其微生物数量降低到初始数量的 2.5% ~ 5%。对于农药残留量较多的果蔬花卉原料，可用稀酸溶液或洗涤剂处理后再用清水洗净。

果蔬花卉原料的清洗一般通过物理方法和化学方法进行，物理方法有浸泡、鼓风、摩擦、搅动、喷淋、刷洗、振动等，化学方法则用清洗剂、表面活性剂等清洗。通常采用清洗设备把几种方法组合起来使用。果蔬花卉原料的清洗效果，取决于清洗时间、清洗温度、机械力的作用方式以及清洗液的 pH 值、水硬度和矿物质等因素。添加表面活性剂，可大大提高清洗效果。

2. 切分和破碎

体积较大的果蔬花卉，用于干制、装罐、制蜜饯果脯等时需要适当地切分，保持一定的形态；用于制果馅、果酱的需要破碎，以便煮制；用于制作复合果蔬花卉汁、果酒的原料需要破碎，以便取汁。

第二节　果蔬花卉汁加工基本工艺

一、破碎或打浆

除了柑橘类果汁和带果肉果汁外，一般榨汁生产常包括破碎工序，以提高原料的出汁率，对肉质紧密和需要通过浸提法取汁的果实以及个体较大的果蔬的破碎尤为重要。

1. 破碎程度

果蔬花卉的破碎程度直接影响出汁率，因此要根据果蔬花卉种类、取汁方式、取汁设备、汁液的性质和要求选择合适的破碎度。如果块太大，榨汁时汁液流速慢，出汁率降低；若块太小，在压榨时外层的果汁很快被榨出，形成了一层厚皮，使内层果汁流出困难，也会影响汁液流出的速度，降低出汁率，同时汁液中的悬浮物较多，不易澄清。

通过压榨取汁的果蔬花卉，例如苹果、梨、菠萝、芒果、番石榴以及某些蔬菜花卉，其破碎程度视果实品种而定，一般以 3~5mm 为宜；草莓和葡萄以 2~3mm 为宜；樱桃以 5mm 为宜。使用的破碎机有辊磨机、锤磨机、挤压式破碎机和打浆机等。破碎块大小可以通过调节机器控制。葡萄等浆果的破碎可选用挤压式破碎机，依靠挤压力将浆果破碎，而不损伤种子；桃和杏等水果，可以用磨碎机将果实磨成浆状，并将果核、果皮除掉。许多种类的蔬菜如番茄可采用打浆机加工成碎末状后进行取汁。对于山楂等含汁量少的水果及干果原料，一般用浸提法取汁，对于山楂果，按工艺要求，宜压不宜碎，可选用挤压式破碎机将果实压裂。在制造浑浊果汁时，某些水果，例如苹果中的多酚类物质会由于多酚氧化酶的作用，与氧结合产生褐变，为此在破碎时常常会添加抗坏血酸溶液，以防止或减少氧化作用的发生。

2. 破碎方法

果蔬原料的破碎方法有机械破碎法、热力破碎法、冷冻破碎法、电质壁分离法、超声波破碎法等。

（1）机械破碎法 在实践中，作用于果蔬花卉原料的机械破碎力几乎只有压力和剪切力。对单个原料进行破碎试验并简化试验条件得到的规律是：在进行切割破碎时，破碎功与原料表面积的变化成正比；在进行打击破碎时，破碎功与原料的体积变化成正比。目前，还没有一种理论能够足够准确地推导出原料破碎机的实际作业功率，其功率只能由试验来测定。原料破碎机的有效系数（破碎原料所消耗的能量与总的作业能量之比）是相当小的，作业过程中所损失的能量几乎完全转变为果蔬花卉浆泥的热量。

破碎率常用的表示方法是将果蔬花卉浆泥过筛来确定碎块尺寸，一般说来，只要有80％的果蔬花卉浆泥通过筛眼落下，筛眼尺寸就可以视为果蔬花卉浆泥粒度尺寸。仅仅用破碎率来说明破碎机的性能是不够的，还需要注意果蔬花卉原料个体的几何形状和果蔬花卉浆泥的粒度分布情况。

（2）热力破碎法 按破碎时原料是否加热，可将破碎分为冷破碎和热破碎。热破碎是在破碎前用热水或蒸汽将果蔬加热，然后进行破碎。目前的热破碎大多是在破碎后立即将破碎物或浆体加热。例如高稠度番茄汁的制造，是在番茄破碎成流动性的浆状物后立即用连续式预热器加热至 $80\sim85℃$，保持 $5\sim10s$。由于加热抑制了引起稠度降低的酶的活性，用这种方法得到的番茄汁较冷破碎有较高的稠度，在饮用时倒入容器内不会出现浆汁分离现象。对于果蔬花卉浆等的生产，为了保留较多果胶，使果蔬花卉浑浊汁或果肉汁保持一定的黏稠度，增加浑浊汁的稳定性，采用热破碎方式是比较理想的。

（3）冷冻破碎法 冷冻破碎是缓慢地将原料冷冻至 $-5℃$ 以下，此时果蔬花卉中产生大量冰晶体，冰晶体形成过程对果蔬花卉细胞壁产生作用力，破坏细胞组织结构。解冻时，由于细胞壁破损，可使果蔬花卉出汁率提高 $5％\sim10％$。冷冻破碎对提高果蔬花卉出汁率效果较显著。近年来，越来越多的研究者将冷冻作为预处理来提高果汁加工效率。有学者在利用冻结工艺榨取黑加仑葡萄汁的研究中发现，葡萄冻结后再经过一段时间的冷藏后榨汁效果较好，出汁率较高，冻结过程中产生的冰晶体对葡萄细胞壁的机械破坏作用较大，可以促使细胞汁液溶出，且冻结温度越低，出汁率以及汁液中含有的糖、酸等营养物质越高。从胡萝卜中提取汁液前，冷冻预处理也可提高提取效率。

3. 加热处理

（1）加热处理的目的　由于在破碎过程中和破碎以后果蔬花卉中的酶被释放，其活性大大增加，特别是多酚氧化酶会引起果蔬花卉汁色泽的变化，因此对果蔬花卉汁加工极为不利。加热可抑制酶的活性，使果肉组织软化，使细胞原生质中的蛋白质凝固，改变细胞膜的半透性，使细胞中可溶性物质容易向外扩散，有利于果蔬花卉中可溶性固形物、色泽和风味物质的提取。适度加热可以使胶体物质发生凝聚，使果胶水解，降低汁液的黏度，因而可提高出汁率。

（2）加热处理的条件　榨汁前或浸提时的加热温度应根据果蔬花卉汁的用途决定。对于水果浓缩汁特别是清汁型浓缩汁的加工，水果热烫不宜过度。对于果胶含量高的水果原料，不宜加热果浆。因为热果浆会加速果胶质水解，使其变成可溶性胶体物质进入果汁内，增加汁的黏度，同时堵塞浆的排汁通道，使榨汁困难，出汁率降低，同时可使过滤、澄清困难。果胶含量较低的水果原料，特别是多酚物质含量适中的果浆可以加热，一般加热温度为 $60\sim80℃$，最佳温度 $70\sim75℃$，加热时间 $10\sim15min$。也可采用瞬时加热方式，加热温度 $85\sim90℃$，保温时间 $1\sim2min$，不仅可灭酶，也有杀菌作用。

蔬菜的加热处理，例如有色蔬菜的热烫条件对其榨汁或浸汁的物理特性和风味影响极大，特别是菠菜、胡萝卜等，应严格控制热烫条件，且热烫后应注意用冷水迅速冷却至常温。一些有色蔬菜的热烫条件可参照表 2-1。

表 2-1　有色蔬菜的热烫条件

蔬菜名称	热烫条件	备注
菠菜	$75\sim80℃$，2min	根据需要添加 $MgCO_3$
胡萝卜	$70\sim75℃$，3min；或 $93\sim97℃$，7min	热烫对汁的浓度和物理特性有较大影响
卷心菜	$73\sim75℃$，2min；或 $75\sim78℃$，3min	制汁与蔬菜脱水时的热烫不同
芹菜	75℃左右，3min	
洋葱	$70\sim75℃$，1min	
白菜	$73\sim75℃$，2min	

4. 酶处理

一些水果中果胶含量较高，而果胶又会使水果的出汁率大大降低，所以应有目的地向果浆泥中添加果胶分解酶，以分解果胶。为了达到理想的效果，要求酶法处理能够溶解低酯度、不溶于水的果胶细胞中的胶层，能够部分溶解细胞壁，能够作用于高酯度的果胶分子，还要保持一定的纤维素酶和半纤维素酶的活性。酶法处理后，果浆泥的黏度应该保持在一定限度之内，使榨出的原果汁具有一定的黏性。酶法处理有以下几种方法。

（1）室温下酶法分解（冷处理）　把一定数量的酶制剂加入果浆泥中，在室温下处理 6~36h，然后再进行榨汁。这种工艺的缺点是作业时间过长，易使果浆泥产生氧化、变色、发酵等现象，制品质量不如采用加热酶法处理所得制品的质量好。

（2）室温下酶法分解（热处理） 把一定数量的酶制剂加入果浆泥中，在室温下处理 6~12h，缩短室温下的酶处理时间，然后迅速加热到 80℃，保温 10min，趁热榨汁。这样能使果胶分解，获得满意的出汁率。

（3）在 50℃左右的温度下酶法分解（热处理） 酶的活性在 50℃左右比室温时提高许多倍。把一定数量的酶制剂加入果浆泥中，用热交换器把果浆泥加热到 45~55℃，保温 30~150min，然后榨汁。保温时间长短取决于果浆泥的果胶含量、酶制剂的种类和添加量等因素。

（4）在 50℃左右的温度下酶解后加热 把果浆泥加热到 50℃左右，把一定数量的酶制剂加入果浆泥中，保温较短的时间（1h 左右），再加热到 80~85℃，保温 10~120s。这时酶被迅速钝化，能使果浆泥保持在一个理想的残余黏度，可显著提高果蔬原汁质量。

（5）先加热，然后在 50℃的温度下酶法分解 为了钝化天然氧化酶，可先用热交换器把果浆泥加热到 80~85℃，保温 10~120s，然后冷却到 50℃左右，加入酶保温 30~150min。这种工艺适合于花色素含量丰富的果浆泥，可以提高制品的色素获得率和某些有效成分的含量。

二、取汁

取汁是制汁生产的重要环节，不同的果蔬花卉原料采用不同的方式取汁。由于果蔬花卉的液体成分包含在它的组织细胞中，细胞的外围是一层由纤维素、半纤维素和果胶等物质组成的细胞壁，细胞壁内是原生质。上述破碎、加热的操作，破坏了原生质的生理功能，使果蔬花卉细胞中的汁液及可溶性物质渗透到细胞外面。但要分离出汁液，必须进一步使细胞破裂，施加压力使其分离或进入浸汁中。生产上，对于含果汁丰富的果实，大都采用榨汁来提取果汁。对于含汁液较少的果实，取汁困难的原料，如山楂等可采用加水浸提取汁。

1. 榨汁

榨汁是果蔬花卉原汁生产的关键环节之一，其方法随果实的结构、汁液存在的部位及其组织性质以及成品的品质要求而异。大多数水果其果汁包含在整个果实中，一般通过破碎就可榨取果汁。但某些水果如柑橘类果实和石榴果实等，都有一层很厚的外皮，榨汁时外皮中的不良风味和色素等会一起进入果汁中。同时柑橘类果实外皮中的精油，容易分解产生异味；果皮、果肉皮和种子中存在着柚皮苷和柠檬苦素等导致苦味的化合物，为了避免上述物质大量地进入果汁中，这类果实就不宜采用破碎压榨取汁法，而应采用逐个榨汁的方法。另外，某些果实榨汁时压力不宜过大,而且只允许极少量的囊衣渣滓和外皮进入果汁中。石榴皮中含有大量单宁物质,故应先去皮然后进行榨汁。常用的制汁机有杠杆式榨汁机、螺旋榨汁机、切半式榨汁机、液压式压榨机、轧辊式压榨机等。

原料的出汁率取决于原料的质地、品种、成熟度和新鲜度,加工季节、榨汁方法和榨汁效能、压榨饼的孔隙度、汁液的黏度对出汁率也有较大的影响。从一定意义上说,出汁率既反映果蔬花卉自身的加工性状,也体现加工设备的压榨性能。目前,国内外通常采用的计算公式为:

$$出汁率 = \frac{榨出的汁质量(kg)}{原料质量(kg)} \times 100\%$$

原料的破碎和榨汁,不论采用何种设备和方法,均要求工艺过程短,出汁率高,最大程度地防止和减轻果蔬花卉汁的色、香、味和营养成分的损失。在榨汁过程中,为改善浆的组织结构,提高出汁率或缩短榨汁时间,往往使用一些榨汁助剂,如稻糠、硅藻土、珠光岩、人造纤维和木纤维等;榨汁助剂的添加量,取决于榨汁设备的工作方式、榨汁助剂的种类和性质以及浆的组织结构等。如压榨苹果时,添加量为 $0.5\% \sim 2\%$,可提高出汁率 $6\% \sim 20\%$。使用榨汁助剂时,必须使其均匀地分布于浆中。

2. 浸提

山楂、酸枣、梅子等含水量少以及其他难以用压榨法取汁的果蔬花卉原料需要用浸提法取汁,对于像苹果、梨等通常用压榨法取汁的水果,为了减少果渣中有效物质的含量,有时也用浸提法取汁。所谓浸提,就是把果蔬细胞内的汁液转移到液态浸提介质中。这个过程可由半渗透性的细胞膜缓慢完成,而在实践中用加热的方法破坏细胞壁,使其完全渗透,易于与外界进行液体交换,可加速浸提过程。浸提效果具体表现在出汁量和汁液中可溶性固形物的含量(折光度)两个指标。

浸提法通常是将破碎的果蔬原料浸于水中,出汁率与浸提时的加水量有关,加水量多,出汁率亦高,但汁液中的可溶性固形物含量就会降低。为了提高浸提率,在浸提时间一定的条件下,出汁量和浸提汁浓度这两个指标应有一个合理和实用的范围。果蔬浸提汁不是果蔬原汁,是果蔬原汁和水的混合物,即加水的果蔬原汁,这是浸提和压榨取汁的根本区别。

浸提时的加水量直接表现为出汁量的多少,浸提时要依据浸汁的用途,确定浸汁的可溶性固形物的含量,从而控制合理的出汁率范围。制作浓缩果汁时,浸汁的可溶性固形物含量要高,出汁率就不会太高;对于制造果肉型果蔬汁的浸汁,可溶性固形物的含量也不能太低,因而加水量要合理控制。

浸提温度除了影响出汁率外,还影响果汁的质量。高温可以增加分子运动的动能,提高扩散速率,有利于出汁,同时能抑制微生物生长繁殖,但高温会影响果汁的色泽和营养等，因而，浸提温度一般选择 60～80℃，最佳温度为 70～75℃。浸提时间越长，可溶性固形物的浸提就越充分，但时间过长，浸提速度变慢，能量消耗大，而且，时间过长可能引起微生物的繁殖，一般情况下，一次浸提时间为 1.5～2.0h，多次浸提累计时间为 6～8h。降低浸提温度、减少浸提时间可使有效成分损失减少。与榨出汁比较，浸提汁液具有色泽明亮、氧化程度低、微生物含量低、单宁含量较高、易于澄清处理等特点，芳香成分含量也比榨出汁高得多。从物理强度和有利于浸提的角度出发，果实最好切成波纹片状，厚度在 1.8～4.5mm 之间。出汁率、浸提时间、温度和果蔬花卉的压裂程度是影响浸提的四个重要因素。这些因素相互关联、相互制约，应该根据浸汁的用途和对浸提质量的要求，制订正确的工艺条件，以获得较为理想的浸提效果。

果蔬花卉浸提取汁主要有一次浸提法和多次浸提法等方法。

三、澄清

1. 粗滤

粗滤或称筛滤，对于浑浊果汁是保存果粒在获得色泽、风味和香味的前提下，除去分散在果汁中的粗大颗粒或悬浮粒的过程。对于透明果汁，粗滤之后还需精滤，或先行澄清后再过滤，务必除尽全部悬浮粒。破碎压榨出的新鲜果汁中含有的悬浮物质的类型和数量，因榨汁方法和果实组织结构的不同而异。粗大的悬浮粒来自周围组织或果实细胞的细胞壁。果汁中的种子、果皮和其他悬浮物，不仅影响果汁的外观和风味，而且还会使果汁很快变质。生产上粗滤常安排在榨汁的同时进行，也可在榨汁后独立操作。

2. 澄清果蔬花卉汁的澄清

对于生产澄清果蔬花卉汁来说，通过澄清和过滤，不仅要除去新鲜榨出汁中的全部悬浮物，而且还需除去容易产生沉淀的胶粒。悬浮物包括发育不完全的种子、果心、果皮和维管束、半纤维素、糖苷、苦味物质等，它们的存在会影响澄清果蔬花卉汁的质量和稳定性，必须加以清除。果蔬花卉汁中亲水胶体主要是果胶质、树胶质和蛋白质。这些颗粒能吸附水膜，并为带电体。电荷中和、脱水和加热都能引起胶粒的聚集并沉淀；一种胶体能激化另一种胶体，并使之易被电解质所沉淀；混合带有不同电荷的胶体溶液，能使之共同沉淀。胶体的这些特性就是澄清剂使用的理论依据。常用的澄清剂有明胶、单宁、皂土和硅藻土等。

澄清的目的：一是，排除细小的浑浊颗粒（乳浊状浑浊颗粒），并防止在澄清后的果蔬花卉汁饮料中出现二次浑浊物和沉淀物；二是，减轻后续的浑浊物分离作业的负荷，即预澄清；三是，改善果蔬花卉汁饮料的感官性质。澄清作业也有不足之处，它不仅能够排除上述不应该出现在原果蔬花卉汁中的物质，而且还会排除赋予果蔬花卉原汁香味的芳香物质。因此，对于要进行浓缩加工的果蔬花卉原汁往往先提取它们的芳香物质，再进行澄清处理；在稀释水果浓缩汁、调制水果汁饮料时，也往往先进行澄清处理，然后再添加芳香物质。

澄清方法有自然沉降澄清法、加热凝聚澄清法、明胶单宁澄清法、加酶澄清法、冷冻澄清法、蜂蜜澄清法和膜澄清法等。

3. 精滤

果蔬花卉汁不论采用哪种澄清法，澄清后都必须进行过滤操作，以分离其中的沉淀和悬浮物，使果蔬花卉汁澄清透明。果蔬花卉汁中的悬浮物可借助重力、加压和真空使其通过各种滤材过滤除去。常用的过滤设备有过滤器、板框压滤机、纤维过滤器、真空过滤器、硅藻土过滤机、离心分离机等。滤材有帆布、不锈钢丝网、纤维、石棉、棉浆、硅藻土和超滤膜等。过滤速度受到过滤器滤孔大小、液体压力、液体黏度、液体中悬浮粒的密度和大小及果汁温度等的影响。不论采用哪一种类型的过滤器，都必须避免压缩性的果肉淤塞滤孔，以提高过滤效率。在选择和应用过滤器以及辅助设备时，必须特别注意防止果汁被金属离子所污染，并尽量避免与空气接触。

四、均质与脱气

1. 均质

均质是浑浊果蔬花卉汁和果肉型饮料加工的特殊操作。果蔬花卉汁饮料，特别是果肉型饮料常常发生分层现象。分层是因为悬浮颗粒受到的作用力大于汁液进而发生沉降引起的，减少或避免分层的主要且有效措施之一，就是通过均质使果蔬花卉汁中的浆粒等固形物微细化，不仅减小其颗粒大小，同时改变其粒径的分布。另外均质还可以促进果胶的渗出，使果胶和果蔬花卉汁亲和，果胶均匀而稳定地分散于果蔬花卉汁中，使果蔬花卉汁保持均匀的浑浊度。

果蔬花卉汁一般需先经糖酸调整，再进行均质和脱气，但也可以在调整前均质果浆。对于带肉果汁，有研究显示对果汁均质效果比对果浆进行均质要好。所用的均质压力随果蔬花卉种类而异，一般在 $15\sim40MPa$。此外，重复均质也有一定的作用。

（1）高压均质　高压均质机的均质压力为 $10\sim50MPa$，其工作原理是通过均质机内高压阀的作用，使加高压的果蔬花卉汁及颗粒从高压网极端狭小的间隙中通过，然后由于剪切力的作用和急速降压所产生的膨胀、冲击和空穴作用，使果蔬花卉汁中的细小颗粒受压而破碎，并细微化达到胶粒范围而均匀分散在果蔬汁中。根据经验，浑浊果蔬花卉汁饮料的均质压力一般为 $18\sim20MPa$，果肉型果蔬花卉汁饮料宜采用 $30\sim40MPa$ 的均质压力。果蔬花卉汁在均质前，必须先过滤除去其中的大颗粒果肉、纤维和沙粒，以防止均质网间隙堵塞。

（2）超声波均质　超声波均质机是利用 $20\sim25kHz$ 超声波的强大冲击波和

空穴作用力，使物料进行复杂搅拌和乳化作用而实现均质化的设备。在超声波均质机中，除了诱发产生 1000~6000MPa 的强大空穴作用外，固体粒子还受到湍流、摩擦和冲击等的作用，使粒子被破坏，粒径变小，达到均质的目的。

（3）胶体磨均质　胶体磨也可用于均质，当果蔬花卉汁流经胶体磨时，因上磨与下磨之间仅有 0.05~0.075mm 的狭腔，因磨的高速旋转果蔬花卉汁受到强大的离心力作用，所含的颗粒相互冲击、摩擦、分散和混合，微粒的细度可达 0.002mm 以下，从而达到均质的目的。均质处理多用于玻璃瓶包装的浑浊果蔬花卉汁，马口铁包装的制品较少采用，冷冻保藏的果蔬花卉汁和浓缩果蔬花卉汁也无须均质。

2. 脱气

果蔬花卉细胞间隙存在着大量的空气，在原料的破碎、取汁、均质和搅拌、输送等工序中会混入大量的空气，所以得到的果蔬花卉汁中含有大量的氧气、二氧化碳、氮气等，这些气体以溶解形式存在或在细微离子表面吸附着，也有一小部分以果蔬花卉汁的化学成分形式存在。气体的溶解度取决于气体种类、温度、表面蒸气压和气体的扩散能力。其中，氧气可导致果蔬花卉汁营养成分的损失和色泽的变差，因此，必须加以去除，这一工艺即称脱气或去氧。

（1）脱气的目的

① 脱去果蔬花卉汁内的氧气，从而防止维生素等营养成分的氧化，减轻色泽的变化，防止挥发性物质的氧化及异味的出现。

② 除去吸附在果蔬花卉汁悬浮颗粒上的气体，防止装瓶后固体物的上浮，保持良好的外观。

③ 减少装瓶和高温瞬时杀菌时的起泡，以免影响装瓶和杀菌效果，防止浓缩时过度沸腾。

④ 减少罐内壁的腐蚀。

（2）脱气的方法

① 真空脱气法。真空脱气法的原理是气体在液体内的溶解度与该气体在液面上的分压成正比。果蔬花卉汁进行真空脱气时，液面上的压力逐渐降低，溶解在果蔬花卉汁中的气体不断逸出，直到总压降至果蔬花卉汁的蒸气压时，达到平衡状态，此时所有气体已被排出。

② 气体置换法。气体置换法是把惰性气体如氮、二氧化碳等充入果蔬花卉汁中，利用惰性气体置换果蔬花卉汁中的氧的方法。比较常见的是氮置换法，一般在脱气罐的下部将氮气通入，果蔬花卉汁从上部喷射下来，在氮气的强烈泡沫流的冲击下果蔬花卉汁失去所附着的氧，达到脱气的目的，最后果蔬花卉汁中所含的气体几乎全是氮气。这种方法可减少挥发性芳香成分的损失，有利于防止果蔬花卉汁加工过程中的氧化变色。

③ 酶法脱气法。果蔬花卉汁中加入葡萄糖氧化酶，去氧效果显著。葡萄糖氧化酶是一种典型的需氧脱氢酶，可使葡萄糖氧化而生成葡萄糖酸及过氧化氢，过氧化氢酶可使过氧化氢分解为水及氧气，氧气又在葡萄糖氧化成葡萄糖酸的过程中被消耗掉，因此具有脱氧作用。

④ 抗氧化剂法。果蔬花卉汁装罐时加入少量抗坏血酸等抗氧化剂，以除去罐头顶隙中的氧的方法，称为抗氧化剂法。一般每1g抗坏血酸约能除去1mL空气中的氧。

五、糖酸调整

为使果蔬花卉汁制品具有一定的规格，为了改进风味，增加营养、色泽，果蔬花卉汁加工常需进行调整和混合，包括加糖、酸、维生素C和其他添加剂，或将不同的果蔬花卉汁进行混合，或加饮用水及糖浆将果蔬花卉汁稀释。除了番茄、柑橘、苹果等有时以100%原果汁饮用外，大多数果蔬花卉汁加糖水稀释制成直接饮用的制品。各国规定的果蔬花卉汁最低原汁比例各不相同。确定最低果蔬花卉汁的含量后，即可依所要求的糖酸比确定配方，糖酸比来源于市场调查、各级标准，果蔬花卉汁的糖酸比一般比其他饮料低。确定好糖酸比后即可进行糖酸调整，先测出制品的可溶性固形物和滴定酸的含量，即可计算出所需糖浆和酸溶液的量。

六、浓缩及芳香物质的回收

1. 浓缩

果蔬花卉原汁的含水量很高，通常在80%～85%以上，无论采取何种贮存工艺，贮存过程中，果蔬花卉原汁的芳香成分总会以不同的速度散失。而浓缩果蔬花卉汁体积小，含水量低，可溶性物质含量大约为60%～75%。浓缩后的果蔬花卉汁提高了糖度和酸度，所以在不加任何防腐剂的情况下也能使产品长期保藏，而且还适用于冷冻保藏和制成冷冻果蔬花卉汁等。在选择浓缩果蔬花卉汁的生产工艺时，必须首先考虑浓缩果蔬花卉汁成品的质量，使之在稀释复原时，能保持与原汁相似的品质。其次需要考虑各种果蔬花卉汁的热稳定性，如葡萄汁加热到100℃时，质量受到的影响较小，而苹果汁及菠萝汁的加热温度则不宜超过55℃。理想的浓缩果蔬花卉汁，在稀释和复原时，应该和原汁的风味、色泽、浑浊度、成分等没什么差别，因此，浓缩时加热的温度、果蔬汁在蒸发器内停留时间的确定非常重要。

目前常用的浓缩方法有升膜真空浓缩法、降膜真空浓缩法、冷冻浓缩法、反渗透与超滤浓缩法等。

2. 芳香物质的回收

果蔬花卉的芳香物质是果蔬花卉在成熟过程中形成的各种挥发性芳香成分，包括酯类、羟基化合物和其他多种有机物质。它们以一定的比例存在，构成了各种果蔬花卉特有的、典型的滋味和香味。尽管果蔬花卉中的芳香物质含量很低（一般在 $1\sim10\text{mg}/100\text{g}$ 之间，而且大多数果蔬花卉中构成其典型香味的芳香成分含量在 $10^{-6}\sim1\text{mg}/100\text{g}$ 之间，有些甚至更低），但是这些芳香物质却是区别各种果蔬花卉汁最重要的一个特征参数，是判断果蔬花卉汁饮料质量的一个决定性因素。果蔬花卉汁的芳香物质在蒸发操作中，随蒸发而逸散。因此，新鲜果蔬花卉汁进行浓缩后就缺乏芳香，这样就必须将逸散的芳香物质进行回收浓缩，加回到浓缩果蔬花卉汁中，以保持原果蔬花卉汁的风味。最好能把全部逸散的芳香物质回收浓缩，实际上能回收到果蔬花卉汁中的大约 20% 就很好了，苹果汁一般能回收 8%～10%，葡萄、香橙可回收 26%～30%。

芳香物质回收浓缩的方法有两种：一种是在浓缩前，首先将芳香成分分离回收，然后加回到浓缩果汁中；另一种是将浓缩罐中的蒸气进行分离回收，然后加回到浓缩果蔬花卉汁中。

芳香物质回收可以通过吸附、萃取或蒸馏作业完成，目前工业生产已不再使用吸附法。萃取作业可以在低温环境中在溶液或超临界流体中进行，然后通过蒸馏作业分离芳香物质和萃取剂。蒸馏是根据各成分沸点的不同而使之互相分离，或从难以分离蒸发的物质中分离出液体。蒸馏的简单流程如下：

不含芳香物质的果蔬花卉原汁　　　　　　　　蒸馏水
　　　　↑　　　　　　　　　　　　　　　　↑
果蔬花卉原汁→局部蒸发→水蒸气＋芳香物质→精馏→芳香物质流出→冷凝→芳香物质浓缩液（1∶100）～（1∶200）

七、杀菌

果蔬花卉汁饮料中存在各种细菌、霉菌和酵母菌等微生物，杀灭这些微生物的操作称为果蔬花卉汁饮料的杀菌，杀菌也有钝化酶活性的作用，以防止各种不良变化的发生。

1. 热杀菌

目前饮料杀菌几乎都采用高温短时杀菌法，即高温瞬时杀菌法，其通过给定的适当加热温度和时间就能达到杀死微生物的目的。但是，加热对果蔬花卉汁饮料的品质有明显的影响。为了达到杀菌目的而又尽可能降低对果蔬花卉汁饮料品质的影响，必须选择合理的加热温度和时间。一般瞬时杀菌法采用温度为 $91\sim95℃$，时间为 $15\sim30\text{s}$，特殊情况下可采用 $120℃$ 以上 $3\sim10\text{s}$。大多数蔬菜都是低酸性的，因此需要采用 $115.5\sim121.2℃$ 的高温杀菌来杀灭在制品中生长的细菌芽孢。即便是耐酸的芽孢，在 pH＜4.2 时，通常也不能生长。根据这一原理，可向某些汁液中添加足够量的酸，以便降低杀菌的温度。酸度高的菜汁和其他发酵菜汁，以及食用大黄汁和酸度更高的番茄汁，属于高酸度的蔬菜汁。其他蔬菜汁如需低温杀菌都必须提高酸度。提高酸度的方法有添加有机酸、加入高酸度蔬菜汁调配和进行发酵。

需要强调的是，用加热杀菌抑制酶活性时要严格控制加热温度和时间，一般不超过95℃，时间1~2min，最好使用瞬时杀菌器、板式热交换器，防止因温度过高、时间过长而加剧果汁成分的化学反应，致使色泽变深、风味劣化。

2. 非热杀菌

紫外线照射灭菌法目前已普遍使用。紫外线灭菌设备由紫外线灯及紫外线反射器组成，它们封在透明聚四氟乙烯制管道内。水银灯可产生253.7nm波长的光和部分热量。果蔬花卉汁饮料在此管道内通过，接受紫外线的灭菌处理，可使细菌及有害菌的DNA结构发生无法再生的破坏。这种方法用于苹果汁、柑橘汁、胡萝卜汁及它们的混合汁的灭菌，都取得了满意的结果，而且对果蔬花卉汁饮料的风味无任何影响。

八、灌装

在液体食品的包装生产中，灌装是重要的环节，灌装技术与设备的优劣直接影响产品的质量。由于液料的物理化学性质各有差异，对灌装也就有不同的要求。而包装材料、包装容器具有多样性，故在选择灌装方法时，除应考虑液料本身的特性以外，还必须对包装容器、灌装精度、物料价值、包装成本以及生产效率等进行综合考虑。

1. 常用的灌装方法

（1）按照灌装作业原理分　可分为重力灌装法、真空灌装法、液面传感灌装法、压力定时灌装法等。

（2）按照灌装时果蔬花卉汁饮料的温度分　可以分为热灌装和冷灌装。冷灌装的果蔬花卉汁饮料一般在密封后就作为产品流通，它的色香味保持得较好。目前冷灌装果蔬花卉汁饮料的货架期一般仅为半个月，因此冷灌装果蔬花卉汁饮料适合短时间内的大量消费。为此冷灌装果蔬花卉汁饮料一般选用廉价的包装容器较为经济，例如聚乙烯复合纸等。需要常温或长期贮藏的冷灌装果蔬花卉汁饮料通常采用无菌灌装。无菌灌装是冷灌装的一种特殊形式，经过杀菌、冷却的果蔬花卉汁饮料在无菌状态下装入预先经过杀菌的容器中，密封后即成产品，可以在常温下长期贮藏，常温贮藏可达120d，如冷藏则可达150d。

2. 定量方法

液料定量主要有容积式定量法、称重法。果蔬花卉汁定量多用容积式定量法，其主要有如下两种。

（1）控制液位定量法　此法是通过灌装时控制被灌容器的液位来达到定量灌装的。由连通器原理可知，当容器内液位升至排气管口时，气体不能再排出，随着液料的继续灌入，容器内残留气体被压缩，当其与管口内截面上的静压力达到平衡时，则容器内液位保持不变，而液料沿排气管一直升到与贮液箱的液位相等为止。故灌装液料的容积等于一定高度的容器内腔容积。要改变每次的灌装量，只需改变排气管口伸入瓶内的位置即可。控制液位定量，其灌装精度较低，但灌装设备结构简单，目前应用最广。

（2）计量室定量法　此法是将液料先注入计量室中，再进行灌装。若不考虑滴液等损失，则每次灌装的液料容积应与计量室的容积相等。要改变灌装量，需调节计量室的容积。

九、常见质量问题及处理方法

1. 浑浊与沉淀

果蔬花卉汁按其透明与否可分成澄清汁和浑浊汁两种。澄清汁在加工和贮藏中很容易重新出现不溶性悬浮物或沉淀物，这种现象称后浑浊现象。而浑浊汁在存放过程中容易发生分层及沉淀现象。澄清汁的后浑浊，浑浊汁的分层及沉淀是果蔬花卉汁饮料生产中的主要质量问题。

（1）澄清汁的后浑浊现象　澄清汁发生后浑浊现象主要是由于汁中存在多酚类化合物、淀粉、果胶、蛋白质、阿拉伯聚糖、右旋糖酐、微生物及助滤剂等。这些化合物在一定条件下发生酶促反应、美拉德反应以及蛋白质的变性反应等，产生沉淀而使汁浑浊。防止后浑浊的产生有以下办法：

① 采用成熟而新鲜的果蔬花卉原料。多酚类化合物的含量与原料的成熟度和新鲜度有关。未成熟的原料多酚类物质含量较高，受到外源性损伤的原料多酚类化合物也会成倍地增加。多酚类化合物含量越多，后浑浊现象越严重。因此，应选择成熟、新鲜且完好无损的原料。

② 加强原料和设备的清洗，保证生产的卫生条件。原料、设备及生产环境中，如果卫生条件不佳，就可能带入肠系膜明串珠菌，这种菌会使果蔬花卉汁中的糖在贮存期间合成右旋糖酐，从而引起果蔬花卉汁浑浊。另外，加强原料和设备的清洗，也能消除设备管道中积存的不溶性微粒，防止沉淀的发生。

③ 适量地加入澄清剂。如明胶、PVPP（交联聚乙烯吡咯烷酮）、聚酰胺等可使果蔬花卉汁中的多酚类物质和蛋白质的含量降低。

④ 澄清时合理地加入酶制剂。适量酶制剂可使果胶、淀粉完全分解，但不可使用过量，否则果汁中的极少量的酶会产生后浑浊现象。

⑤ 制汁工艺要求合理。压榨时采用较为轻柔的方法，这不仅会降低原料的出汁率，同时也可降低引起后浑浊的成分含量，尤其是阿拉伯聚糖。阿拉伯聚糖

存在于细胞壁中，当出汁率达到 90％时，阿拉伯聚糖从细胞壁溶出而进入汁液中，贮存数周后会出现阿拉伯聚糖沉淀，引起后浑浊。

⑥ 加强原辅料管理与正确使用。加工用水若未达到软饮料用水的要求，则会带来造成沉淀和浑浊的物质，并可与果蔬花卉汁中的某些成分发生反应而产生沉淀和浑浊现象。调配时所用的糖及其他食品添加剂的质量差，可能会有致浑浊沉淀的杂质。添加香精时，若所选择的香精水溶性低或香精用量过大，在果蔬花卉汁贮藏过程中，香精可能会从果蔬花卉汁中分离出来而引起浑浊。

⑦ 采用超滤技术。超滤可以降低多种引起后浑浊的成分含量，但并不能完全防止后浑浊的产生。合理的超滤系统与正确的操作方法可以降低后浑浊的产生。

⑧ 采用低温贮藏。贮藏温度低，可降低引起后浑浊的各类化学反应的反应速率。

⑨ 避免果蔬花卉汁对设备、马口铁罐内壁的腐蚀，否则会使果蔬花卉汁中金属离子含量增加，金属离子与果蔬花卉汁中的有关物质发生反应可产生沉淀。

（2）浑浊汁的分层及沉淀　　浑浊果蔬花卉汁发生分层与沉淀主要是由于果肉颗粒下沉而引起的。根据 Stockes 定律，果肉的沉降速度与颗粒直径、颗粒密度和流体密度之差成正比；与流体黏度成反比。沉降速度越小，悬浮液的动力稳定性越大，汁液就不容易发生分层。据此，可从以下几个方面着手避免分层及沉淀：

① 汁液微粒化处理。

② 降低颗粒和液体之间的密度差：其一，增加汁液的浓度；其二，加入高酯化和亲水的果胶分子；其三，进行脱气处理，防止存在空气泡和空气夹杂物。

③ 添加稳定剂，增加分散介质的黏度。

此外，浑浊汁发生分层现象还可能有以下原因：

① 果蔬花卉汁中残留有果胶酶。浑浊果蔬花卉汁中的果胶会在残留果胶酶的作用下逐步水解，使浑浊汁失去胶体性质和果胶的保护作用，并使果蔬花卉汁的黏度下降，从而引起悬浮颗粒的沉淀。

② 加工用水中的盐类与果蔬花卉汁中的有机酸等发生反应，并破坏果蔬花卉汁体系的 pH 值和电性平衡，从而引起胶体物质及悬浮颗粒的沉淀。

③ 微生物的繁殖可分解果蔬花卉汁的果胶，并产生致沉淀物质。

④ 调配时所用的糖中含有蛋白质，可与果蔬花卉汁中的单宁物质等发生沉淀反应。

⑤ 香精的种类和用量不合适，易引起沉淀和分层。

可见，导致果蔬花卉汁发生后浑浊、分层与沉淀的原因是多种多样的，因此，要防止不同种类果蔬花卉汁的分层和沉淀，需根据其具体情况而定。

2. 变色

果蔬花卉汁生产中一个常见的问题是色泽的改变。根据变色产生的原因可将其分为三种类型：本身所含色素的改变、酶促褐变和非酶褐变。

（1）果蔬花卉本身所含色素的改变

① 绿色蔬菜汁的失绿。绿色蔬菜的颜色来源于叶绿素，叶绿素在酸性条件下易变成脱镁叶绿素，色泽变暗。因此，酸性蔬菜汁要保持绿色有以下处理方法。

a. 将清洗后的绿色蔬菜在稀碱液中浸泡 15～30min，使游离出的叶绿素皂化水解为叶绿酸盐等产物，绿色更为鲜亮。

b. 用稀 NaOH 沸腾溶液烫漂 2min，使叶绿素酶钝化，同时中和细胞中释放出来的有机酸。

c. 用极稀的锌盐或铜盐溶液（如醋酸锌、硫酸铜、葡萄糖酸锌），调 pH 值至 8～9，浸泡蔬菜原料数小时，使叶绿素中的镁离子被锌离子、铜离子取代，生成的叶绿素盐对酸、热较稳定，从而可达到护绿效果。由于铜离子对人体的健康不利，因此，虽然铜盐的护绿效果最佳，但生产上不提倡多用。

② 橙黄色饮料褪色。这类饮料以柑橘汁、胡萝卜汁为代表，内含丰富的天然类胡萝卜素。一般类胡萝卜素耐 pH 值变化，而且较耐热，在锌、铜、锡、铝、铁等金属存在下也不易被破坏褪色，但光敏氧化作用极易使其褪色。因此，含类胡萝卜素的果蔬花卉汁必须采用避光包装或避光贮存。

③ 花青素的褪色。许多水果的颜色是由于其富含花青素、花黄素等水溶性色素而体现出来的。花青素类色素的种类很多，颜色从红色到紫色都有，是一类极不稳定的色素。花青素的颜色随环境 pH 值的改变而改变，易被氧化剂氧化而褪色。花青素对光和温度也极敏感，二氧化硫可以使花青素褪色或变成微黄色。花青素还可与铜、镁、锰、铁、铝等金属离子形成络合物而变色。含花青素的果蔬花卉汁在光照下或稍高的温度下会很快变褐色。生产中应严格避免与金属离子相接触，最好依据原料种类加入相应色泽的色素来稳定产品质量。花黄素主要是黄酮及其衍生物，在自然情况下，花黄素的颜色自浅黄色至无色，偶为鲜明橙黄色，但遇破坏会变成明显的黄色，遇铁离子可变成蓝绿色。可见，如能控制果蔬花卉汁的铁离子含量，则花黄素对果蔬花卉汁色泽的影响较小。

（2）酶促褐变　酶促褐变是由原料组织中的酚酶催化内源性的酚类底物及酚类衍生物（如花青素）而发生复杂的化学反应，最终生成褐色或黑色物质的过程。酶促褐变的发生必须具备 3 个条件，即多酚类物质、酚酶和氧气，缺一不可。只要控制其中一个条件，就可防止其褐变的发生，常用方法有以下 4 种：

① 加热处理。加热可以使酶失活。蔬菜中最耐热的过氧化物酶在 90～100℃加热 5min 即可失去活性。因此，原料的烫漂、预煮及高温瞬时杀菌等处理对护

色都有利。

② 降低 pH 值。酚酶在 pH 值为 6～7 时表现出最大活力。如环境中 pH 值 <6 时，酚酶已明显无活力。因此，可通过加入柠檬酸、抗坏血酸等来降低原料汁的 pH 值。

③ 隔绝或驱除氧气。果蔬花卉汁加工过程中，最有效地减轻色泽变化的措施就是进行脱气处理。脱气处理既可以抑制褐变，也可以防止维生素等营养成分的氧化，还可以防止挥发性物质的氧化及异味的出现。除此之外，果蔬花卉汁加工的整个过程中都要减少或避免氧气与汁液的接触。成品包装时，应充分排除容器顶部间隙的空气，阻断产品与氧气的接触，防止褐变的发生。

④ 减少原料中的多酚类物质。这就要求选择充分成熟的新鲜原料。原料可用适量的 NaCl 溶液浸泡，NaCl 能使多酚类衍生物盐析出来，浸泡后应用清水充分漂洗，除去多余的 NaCl。

（3）非酶褐变 非酶褐变即没有酶参与时所发生的化学反应而引起的褐变，包括美拉德反应、抗坏血酸的氧化以及焦糖化作用等引起的褐变。防止非酶褐变有以下方法：

① 调节 pH 值。美拉德反应在碱性条件下较易发生，而抗坏血酸氧化在 pH 值为 2.0～2.5 时易发生，并且当 pH 值越接近 2 时越易发生抗坏血酸褐变。因此，果蔬花卉汁的 pH 值宜调节为 3.5～4.5，在此范围内既可抑制褐变，也可使产品口味比较柔和。

② 采用低温贮藏果蔬花卉汁，低温可延长非酶褐变的进程。

③ 正确选用甜味剂，调配时应选用蔗糖作甜味剂，不宜使用还原性糖类，以防止美拉德反应的发生。

④ 加工过程中，要避免长时间的高温处理，并避免使用铁、锡、铜类工具和容器，可用不锈钢、玻璃、搪瓷等材料的设备和容器进行加工生产。

3. 风味的变化

针对果蔬花卉汁的变味有以下一些问题需要注意：

① 产品生产后，放置一段时间会生成很难闻的气味，不能入口或变得无味。其变味一般是由于微生物引起的。在温度较适宜微生物生长繁殖的情况下，由于贮糖浆罐、管道及设备清洗不净，就会使成品产生酸败味。

② 某些复合饮料中添加的二氧化碳不纯，掺杂过量的其他气体（如硫化氢、二氧化硫等），也会给产品带来异味。

③ 用发酵法生产的二氧化碳处理粗糙，也会给产品带来酒精味或其他怪味。

④ 夏天产品生产出来后在阳光下暴晒，会使香精产生化学变化，而出现异味。

⑤ 回收的饮料瓶中，有个别盛装过其他具有强烈异味的物质，在清洗中未

清洗干净，或污染了一些干净的瓶子，也会造成产品变味。

在一些地区，由于水质污染严重，在自来水中加的杀菌剂较多，也会产生怪味。原料不新鲜绝对不可能生产出风味良好的产品；加工过程中的热处理会明显降低果蔬花卉汁的风味；调配不当，不仅不能增加果蔬花卉汁的风味，反而会使风味下降；加工和贮藏过程中各种氧化和褐变反应，不仅影响果蔬花卉汁的色泽，其风味也随之变坏，尤以菠萝汁和葡萄汁为甚；另外金属离子也会引起果蔬花卉汁变味，如铁和铜能加速某些不良化学变化。因此，防止果蔬花卉汁变味应从多方面采取措施，如选择新鲜良好的原料，合理加热，合理调配，同时生产过程中尽量避免与金属接触，用具和设备最好采用不锈钢材料，避免使用铜铁等。

4. 柑橘类果汁的苦味与脱苦

虽然近十几年来，人们发现柚皮苷、柠檬苦素具有许多生理功能，但如柑橘果汁中含有过量的此类物质，则会产生苦味，严重影响柑橘果汁的特有风味。柑橘果汁中苦味物质的主要去除方法和技术简述如下。

（1）利用吸附法除去苦味物质　利用各种吸附剂吸附苦味物质进行脱苦，此法是最广泛使用的技术。采用的吸附剂包括活性炭、硅胶、离子交换树脂等。用吸附法脱除柑橘果汁中的苦味，具有 3 方面的优点：①处理过程带入果汁中的杂质少，对果汁原有的维生素、糖分及其他成分不产生干扰；②处理温度低，可在常温下进行脱苦；③处理时间短，设备简单，成本低，吸附剂可再生，如活化硅酸镁采用水洗或加热方法使之活化，活化后能继续去除柠檬苦素和柚皮苷。

（2）添加苦味抑制剂法　常用的苦味抑制剂有蔗糖、新地奥明和环糊精，它们能够减缓柑橘制品的苦味。添加 10% 的蔗糖可使柠檬苦素水溶液的苦味阈值增加 27mg/kg，使柚皮苷水溶液的苦味阈值增加 45mg/kg。此外，新橙皮苷、双氢查尔酮等新型甜味剂也有明显的苦味抑制作用。

（3）酶法脱苦　脱苦的酶按作用对象可分为黄烷酮糖苷类化合物脱苦酶和柠檬苦素类化合物脱苦酶。作用于黄烷酮糖苷类化合物的脱苦酶主要是柚皮苷酶，它是由 α-L-鼠李糖苷酶和 β-D-葡萄糖苷酶组成的。α-L-鼠李糖苷酶可将柚皮苷水解成樱桃苷和鼠李糖，樱桃苷的苦味约为柚皮苷的 1/3，因此苦味有所减轻。樱桃苷可在 β-D-葡萄糖苷酶的继续作用下生成无苦味的柚皮素和葡萄糖。

5. 微生物引起的败坏

了解引起果蔬花卉汁变质的微生物种类的特征对防止果蔬花卉汁变质有重要意义。

（1）微生物引起的败坏　表现为生霉、酸败、发酵、软化、腐烂、膨胀、产气、变色、混油等。引起果蔬花卉汁败坏的主要微生物有细菌、霉菌、酵母菌。

① 细菌引起的败坏。自然界中细菌的分布最广，数量和种类最多。果蔬花卉汁中的大多数细菌在高温下会死亡，但具有芽孢的细菌可以忍受短时间高温杀

菌。这类细菌包括芽孢杆菌和梭状芽孢杆菌。这类细菌可能出现在 pH 值较高的蔬菜汁中，特别是原料（如番茄、胡萝卜）受到土壤微生物的严重污染时，蔬菜汁中就会出现这一类细菌。由于复合果蔬花卉汁及饮料的 pH 值低，因而污染细菌通常是嗜酸性细菌，如乳酸菌、醋酸菌及酪酸菌等。

② 霉菌引起的败坏。当果蔬花卉汁产品存在耐热性霉菌时，经 UHT（超高温）热处理后，这些霉菌仍可残存，且孢子将受到刺激活化而萌发。因此，产品贮存期间，这些残存的霉菌使产品胀罐、变色、产生异味、分层、沉淀及产生菌丝等。有些耐热性霉菌能产生果胶酶、淀粉酶和蛋白酶等，可使被污染的产品出现酶劣变。另外，果蔬产品被霉菌污染时，特别容易产生青霉菌属的二次代谢产物。霉菌是丝状真菌的通称，它们在生长的培养基上长出绒毛状或棉絮状菌丝体。霉菌在自然界中分布极广、种类繁多，水果和蔬菜在收获前就可能受到霉菌污染。采摘之后健全的果实在运输过程中也会因破裂而迅速发霉。霉菌引起果蔬花卉汁变质的现象较其他微生物少。在污染产品表面观察到的大多数霉菌是好氧的，其生长取决于是否有氧，不过有些霉菌能在低氧条件下生长。

③ 败坏后果。轻则产品变质，重则不能食用，甚至误食后造成中毒。

④ 引起感染的原因通常有：原料不洁；杀菌不完全；卫生条件不符合要求，使得原料和加工用水被污染；包装、密封不严；保藏剂浓度不够。

（2）防止果蔬花卉汁败坏的方法　果蔬花卉汁的败坏表现可分三种：长霉、发酵、变酸，这些变化是由三种不同类的微生物（即霉菌、酵母菌及细菌）所引起的。防止果蔬花卉汁生产过程中微生物污染的措施有：

① 采用新鲜健全（无霉烂果、病害果）的原料。

② 注意原料榨汁前的洗涤消毒。

③ 严格车间、设备、管道、工具、容器等的消毒。

④ 防止半成品积压。

⑤ 提高杀菌温度或时间。

⑥ 添加食品防腐剂。

⑦ 缩短贮藏时间。

6. 农药残留

农药残留一直是影响食品安全的重要环节，果蔬花卉汁中农药残留主要来自加工用水果、蔬菜和花卉，因此对原料农药残留的控制成为确保果蔬花卉汁农药残留符合要求的重中之重，对符合要求的原料在加工过程中通过合适的方法也可有效降低农药残留含量。目前使用广泛且有效的去除农药残留的方法有以下几种：

（1）机械去皮　去皮可完全去除苹果表面残留的代森锰锌、苹果与桃表面的硫丹，但对青豆与菠菜效果不明显，除番茄果肉中含有少量六氯苯、林丹外，其他农药大多集中在果蔬表皮，通过去皮可除去 85% 左右的农药残留。

(2) 洗涤　有研究显示用自来水冲洗、浸泡、洗涤剂洗涤等方法对预先喷施农药的黄瓜进行处理，并使用毛细管气相色谱法测定敌敌畏、毒死蜱的残留量，发现水洗、洗涤剂清洗因农药不同而存在很大差异性和选择性。用自来水、浓度为 0.5% 的洗涤剂、不同浓度的粗酶液及浓度为 0.5% 的小苏打处理受农药毒死蜱污染的甘蓝和黄瓜，结果表明，使用粗酶液对蔬菜表面的毒死蜱残留的去除效果最好，能有效去除蔬菜表面的农药残留污染，在 10min 内最高去除率可达 60.2%。

(3) 超声波处理　超声波功率为 609.16W，时间为 70.46min，温度为 15.45℃，对苹果中有机氯农药百菌清、三唑酮、异菌脲进行去除，去除率可达 64.32%。此种处理方法对苹果硬度没有直接影响，但影响苹果的含糖量与酸甜度，总体符合国家标准与苹果出口标准。通过超声波处理，可简便快速地去除苹果中的有机氯农药，保证苹果食用的安全性，此种方法操作简单，效果明显，具有广阔的发展前景。

(4) 添加吸附剂　有学者研究活性炭对浓缩苹果汁中甲胺磷残留农药吸附的工艺参数，结果表明，活性炭添加量 15%，吸附时间 1min，硅藻土的添加量为 6.3% 时，对浓缩苹果汁中甲胺磷残留农药吸附效果最佳。

虽然通过物理、化学、生物方法（如去皮、洗涤剂清洗、超声波清洗、射线处理、双氧水清洗、生物降解酶降解等）可降低果蔬花卉汁中农药残留含量，但最重要的手段还是在果蔬花卉种植过程中减少农药的使用，应使用高效、低毒、易降解的新型农药，控制农药的施用量，遵守农药的安全间隔期。

第三章 果蔬花卉汁及饮料的加工工艺

03 Chapter

第一节 原果蔬花卉汁加工工艺

原果蔬花卉汁是采用机械方法将果蔬、花卉加工制成的未经发酵但能发酵的汁液；或采用渗滤或浸取工艺提取果蔬花卉中的汁液，再用物理方法除去加入的水制成的汁液；或在浓缩果蔬花卉汁中加入与果汁浓缩时失去的天然水分等量的水制成的具有原果蔬色泽、风味和可溶性固形物含量的汁液。原汁是进一步制作果蔬花卉复合饮料的基本原料。本节介绍澄清汁、浑浊及带肉果蔬花卉汁、浓缩汁及复合汁的加工工艺。

一、澄清汁加工工艺

澄清果蔬花卉汁又称透明果蔬花卉汁，外观呈清亮透明的状态。果实经过提取后所得的汁液往往含有细微果肉及蛋白质、果胶物质等，会使汁液浑浊不清，放置一段时间后，会出现分层现象，产生沉淀。经过滤、静置或澄清后，即可得到澄清透明的果蔬花卉汁。

【工艺流程】

原料选择→清洗和分选→破碎→压榨→粗滤→澄清→精滤→糖酸调整→脱气→杀菌→包装

【操作要点与说明】

1.原料选择

选择成熟度适中、新鲜完好的原料。

2.清洗和分选

把挑选出来的原料放在流水槽中冲洗。如表皮有残留农药，则用 $0.5\%\sim$

1%的稀盐酸或0.1%～0.2%的洗涤剂浸洗，然后再用清水强力喷淋冲洗。清洗的同时进行分选。

3. 破碎

用磨碎机和锤碎机将原料粉碎，颗粒大小要基本一致，破碎要适度。破碎后用碎浆机进行处理，使颗粒微细，提高榨汁率。

4. 压榨和粗滤

常用压榨法和离心分离法榨汁。苹果汁用孔径0.5mm的筛网进行粗滤，使不溶性固形物含量下降到20%以下。

5. 澄清和精滤

方法是将榨取的果蔬花卉汁加热至82～85℃，再迅速冷却，促使胶体凝聚，达到使果蔬花卉汁澄清的目的。也可以用明胶、单宁、皂土、液体浓缩酶、干型酶制剂等进行处理。澄清处理后采用需要添加助滤剂的过滤器进行过滤。用硅藻土做滤层还可除去某些果蔬花卉中的土腥味。

6. 糖酸调整

加糖、加酸使果蔬花卉汁的糖酸比维持在（18～20）∶1。成品苹果汁的糖度为12%，酸度为0.4%，天然苹果汁中的可溶性固形物含量为15%～16%。

7. 脱气

如果不需要浓缩，透明果蔬花卉汁可进行脱气处理。

8. 杀菌

将果蔬花卉汁迅速加热到90℃以上，维持几秒钟时间，以达到高温瞬时杀菌的目的。

9. 包装

将经过杀菌的果蔬花卉汁迅速装入消毒过的玻璃瓶或马口铁罐内，趁热密封。密封后迅速冷却至38℃，以免破坏果蔬花卉汁的营养成分。

二、浑浊及带果肉汁加工工艺

浑浊或带果肉汁是果肉经过打浆、磨细、加入适量糖水和柠檬酸等配料进行调整，并经脱气、均质、杀菌、装填、密封、冷却等制成的果汁。一般要求成品中所含的原果浆不少于45%，原料品种不同，要求原果浆的含量也不尽相同，例如桃、梨为40%以上，杏子为35%以上，糖度要求在13%以上，非可溶性固体（磨细的果肉屑）为20%以上（用离心机，20℃测定），黏度为30s以上（用Lamb毛细管黏度计测定）。产品具有原品种果汁的特有风味。

适合于带果肉果汁生产的水果原料很多，如桃、苹果、杏、洋梨、香蕉、芒果、柑橘、菠萝、葡萄等。现以桃子带果肉果汁为例介绍其生产工艺要点。

【工艺流程】

原料（桃子果肉浆或不规则桃子）→微粒化→配合（甜味剂、酸味剂、稀释用水及其他添加剂）→冷却脱气→高压→均质→杀菌→灌装→密封→冷却→装箱→成品

【操作要点与说明】

1. 主要原辅料

（1）桃肉浆和制罐头原料下脚碎块　带果肉桃汁的必要条件是果汁含量在40%以上。主要原料为桃肉浆，可使用生产桃子罐头时不能装罐的桃子碎块，最好采用新鲜原料。为了利用生产桃子罐头时的桃子碎块，许多工厂生产带果肉桃汁和生产桃子罐头同时进行，这样两者都能使用新鲜原料。但在非生产季节，只能使用冷冻品和热包装品。以热包装品为原料的产品质量略差。使用的桃子原料以白肉桃为主，有的搭配20%的黄肉桃。单用黄肉桃的产品香味和色泽都较差。

（2）甜味剂　主要的甜味剂是砂糖，也可用葡萄糖、饴糖和果葡糖浆等。甜味是决定带果肉桃汁质量的重要因素，甜味剂的种类、质量、配合比例和使用量都非常重要。

（3）酸味剂　带果肉果浆是用桃肉浆稀释配制的，只依靠来自桃肉浆的酸味，制得的果汁酸味是不足的。因此，需添加适量的酸味剂。使用的酸味剂有柠檬酸、苹果酸和抗坏血酸等，一般多使用柠檬酸，抗坏血酸还可兼作抗氧化剂。

（4）稀释用水　稀释用水必须符合饮用水标准。一般来说，天然水具有本身特有的香味，但有时水中的硝酸盐和亚硝酸盐的含量超标，是造成重金属溶出的原因。重金属是桃汁褐变的催化剂。从这个角度来看，大多数自来水是不合格的。因此，稀释用水必须经过离子交换处理，达到果汁饮料用水的要求。

（5）其他添加剂　为了提高和保证带果肉桃汁的质量，可使用抗坏血酸抗氧化剂和香精等。抗坏血酸还有增加营养的效果。

2. 原材料的预处理

（1）桃肉浆的微粒化　选择香味和色泽良好且没有夹杂异物的桃肉浆，经过滤机（过滤网目为1.0mm和0.5mm）使之微粒化。如果使用不规则桃子为原料，在微粒化之前，须预先采用碎浆机或破碎机使桃子成为桃肉浆。微粒化后的桃肉浆，用泵送至配合槽。有的工厂将微粒化后的桃肉浆经均质和脱气处理之后，再送配合槽。使用热包装的大罐产品为原料时，在开罐之前，须将罐外部洗净，剔除变质和腐败罐，如发现有桃核碎片及开罐切屑等夹杂异物，应取出，并检查罐内壁腐蚀情况。在确定内容物的质量之后，方可作原料使用。此外，还应确定桃肉浆的糖度、酸度、氨基氮含量、灰分含量等特性值。

（2）糖浆的调制　砂糖、葡萄糖等按规定称量，用纯水加热溶解，煮沸5min左右，进行过滤，调制成配合用糖浆。

（3）酸味剂溶液的配制　用纯水溶解到规定的浓度。

3. 配合

将糖浆（根据桃肉浆的糖度计算出需要量）、酸味剂溶液（根据桃肉浆的酸度计算出需要量）、桃肉浆和纯水（先用水量的90%），放在配合槽内进行搅拌配合。桃肉浆的配合量，需根据桃肉浆的氨基氮、灰分含量进行调整。然后添加抗坏血酸、香精，最后用纯水调整到所规定的糖度。经与规定的标准对照，确定特性值之后，将带果肉桃汁调和液送至贮液槽。

4. 均质

贮液槽里的调和液，根据需要进行冷却、脱气之后，进行均质处理。均质主要是使成品的口感好，并使果肉浆均匀黏稠。通过均质处理可以得到带果肉果汁特有的食感。均质处理使用高压均质机，处理条件为9.8MPa以上。

5. 脱气

脱气是在真空条件下，使带果肉桃汁呈薄膜或雾状而脱气。处理方法：使用喷雾式脱气机时，将40℃的带果肉桃汁在93.3kPa真空下进行脱气，这是标准的方法。

6. 杀菌和包装

pH值小于4.5的清凉饮料，按食品卫生要求，应经80℃以上超过30min的加热杀菌，或93℃以上加热杀菌，或相同效果的其他杀菌方法杀菌，且经自动充填、密封制成。带果肉桃汁可以采取93℃以上的加热杀菌法，即将均质后的调和液通过多管式或片式连续热交换器，尽可能迅速地加热到汁温96℃，维持93℃以上的汁温进行自动装罐。这样装罐后桃汁温度保持在88℃以上。装罐后由封罐机进行封罐，封罐后将罐头倒置1~2min，然后迅速冷却到35℃。除去罐外水分，测定真空度，打印生产日期后装箱。

三、浓缩汁加工工艺

浓缩汁饮料系用浓缩果蔬花卉汁或原汁、糖、酸味剂及香料，以水调配而成的。饮用时，取一部分用水、碳酸水或开水进行适当稀释，如稀释3~6倍。浓缩汁饮料的种类有柑橘汁、菠萝汁、柠檬汁、葡萄汁、苹果汁等。浓缩汁多使用玻璃瓶盛装，容量为500~800mL、1L、2L等，多为一次性使用瓶，瓶盖使用皇冠盖或旋盖。其他容器为金属罐、纸容器、聚乙烯容器，还有5~10L的大型容器。制造浓缩汁，各品种的工艺流程有相应变化，且同一流程操作条件也不一样，要根据所使用的果蔬花卉汁种类、产品质量、容器规格的不同而制订。

【工艺流程】

原汁、浓缩汁、糖液、酸味剂、香料、色素→调配→过滤→均质→脱气→
杀菌→装瓶→压盖→颠倒→冷却→成品

【操作要点与说明】

1. 主要原辅料

浓缩汁一般含果蔬花卉汁35%~45%、糖60%以上，酸度为2%~3%。一般加水将浓缩汁稀释到适当浓度，再进行调配。使用的原料的质量，对果蔬花卉汁饮料质量影响最大，因此，加工果蔬花卉汁的原料，应严格选用。果蔬花卉汁芳香味因产地不同而异，即使同种原料，品种不同，香味也不一样。因此，有时需要混合使用几种不同原料。

在调配前要对汁液加以处理，如为了减少果渣含量，需进行旋液分离或离心分离处理；为降低浑浊度，得到透明的浓缩果蔬花卉汁，需要进行过滤及澄清处理。

2. 调配

调配时先将糖用少量水溶解，然后将其过滤到配料罐中，加入处理后的果蔬花卉汁，使其与糖进行均匀混合，将防腐剂苯甲酸钠溶入水中后，边搅拌边加入，然后加入色素。如加天然色素，则易混油，这时应过滤。为了防止加入柠檬酸后析出苯甲酸结晶，需要先将柠檬酸溶于处理过的水中，再用处理过的水调整果蔬花卉汁的浓度，如果其酸度很大，不需要加酸味剂或加量很少，需将酸味剂在苯甲酸钠之前加入，然后再将苯甲酸钠溶于所需量的处理水中，再缓慢加入糖液中。抗氧化剂先溶于水，再加入果汁中。最后加香料。配料过程始终在搅拌下进行，尽量少与空气接触，以减少气泡。调配时间尽可能缩短，以防止微生物污染。配料时，温度应尽可能低。浓缩果蔬花卉汁贮存时间较长，消费者开盖使用后，剩余的饮料还要保存一段时间，外部微生物会侵入，为了防止酵母、霉菌等的繁殖，必须使用防腐剂。

3. 过滤、均质

调配好的饮料，在送到脱气、杀菌工序前，要根据饮料种类、类型和质量，进行过滤和均质化处理。过滤方法视饮料是否浑浊或透明而定。如系浑浊饮料，要看果渣固形粒子的大小和量，如系透明饮料，要看需要的透明程度，应根据这些条件选择过滤设备、过滤材料和助滤剂。一般使用板框过滤机。过滤材料，按孔径不同，使用滤布、滤纸、素烧陶瓷板、金属滤板、金属网等。

为了使浑浊饮料的悬浮粒子微细化，以便制得稳定的悬浊液，就需要均质处理。但进行均质处理时，易混入大量的空气。

4. 脱气

由于浓缩果蔬花卉汁在调配、搅拌、泵送、过滤、均质处理等工序中与空气充分接触，使果汁中溶有大量气体。因此，为了抑制色素、维生素 C、香气成分和其他物质的氧化，保证产品质量，减少灌装时起泡，就必须进行脱气处理。减少果蔬花卉汁中的空气含量，有助于果粒的均一分散。

使用脱气机时，向脱气机内送入高温的饮料，其温度略低于脱气真空度下的沸点，借抽真空除去饮料中所含的气体。脱气条件依浓缩果汁的种类、果粒含量、糖度、黏度、香味等而定，一般广泛使用的降膜式脱气机，温度取 30℃，真空度取 80.0～93.3kPa。

5. 杀菌

杀菌的目的在于杀灭饮料中的微生物,并使果胶分解酶和各种氧化酶灭活,而不使果蔬花卉汁饮料出现褐变、香味变化以及维生素 C 减少。果汁中的微生物主要来源于果蔬花卉汁、糖、生产用水中的微生物,以及果蔬花卉汁制造中来源于罐、管路和环境中的微生物。由于果蔬花卉汁糖度高,pH 值比较低,一般采用瞬时杀菌法,即在 93~95℃温度下,保持 30s;在 pH 值低于 4.5 时,采用80℃温度加热杀菌时,需维持 30min。瞬时杀菌能保持果蔬花卉汁的原有香味和色泽,维生素 C 损失也较少。

用得最广泛的杀菌机有列管式杀菌机和板式杀菌机。列管式杀菌机用于含果粒多、果粒大、黏度高的果汁。用得最多的是板式杀菌机,杀菌效果较好的为波纹板式杀菌机。杀菌时果蔬花卉汁的保留时间取决于杀菌机的容量、流速、到灌装机的距离、灌装机内的滞留时间等。使用时,应注意果蔬花卉汁的酸对板和填料的腐蚀及果粒的阻塞。

6. 装瓶

饮料加热杀菌后应立即趁热装瓶。瓶经洗净、杀菌、检瓶后,经过蒸汽隧道加热,送到灌装机,在 85℃以上灌瓶,使液位接近瓶口,然后迅速压盖,以减少微生物污染。压盖后立即将瓶倒转过来,使上部空间及盖内面与热饮料接触,以便杀菌。最后,采用不同温度的水槽,使其温度冷却到 40℃以下,然后擦瓶、贴标、包装、入库。

四、复合汁加工工艺

果蔬花卉复合汁是以多种水果、蔬菜和花卉为原料,并以一定的配合比例进行混合,进而制成的一种果蔬花卉汁产品。其营养丰富,口感柔和,加工过程中不添加任何防腐剂,并最大限度地保持了原料的自然特性和叶绿素的天然绿色,适宜于广大消费者尤其是婴幼儿及老弱病人饮用,是一种很有前途的新型饮料。

【工艺流程】

原料选择→处理→取汁→调配→护色→防止沉淀→杀菌

【操作要点与说明】

1. 原料选择和处理

根据季节选择适宜的水果、绿色蔬菜、食用菌、新鲜或干制花卉等。原料要求成熟度适宜、新鲜、无机械伤害和病虫害。制备复合汁时应根据原料的性质做适当的处理。如绿叶菜应先去掉老根、老叶,清洗后用 0.4mol/L 的 K_2CO_3 溶液浸泡 30min,以除去表面蜡质,然后在 0.005mol/L 的 KOH 沸腾溶液中热烫 5min,以破坏酶活性,而后用冷水充分冷却和漂洗,沥干后加入等量水打浆取汁。

2. 取汁

取汁是获得高质量果蔬花卉汁的关键步骤。处理后的物料洗净，在 70～90℃水中处理 3～7min，冷却并适当切分后打浆取汁。番茄经清洗并热烫去皮后，破碎去籽，在 85℃处理 3min，以破坏酶活性，然后打浆取汁。蘑菇或金针菇用 0.4% 柠檬酸、0.1% 维生素 C 溶液在 80～85℃抽提 30min，再用 0.2% NaCl 溶液在同温度下抽提 30min，两次抽提液混合得到食用菜汁。

3. 原料配比

复合汁原料的配合比例应着重考虑各营养素的互补作用。下面介绍一种复合蔬菜汁的原料配比：芹菜 30%，莴笋 15%，菠菜、黄瓜、番茄或胡萝卜、食用菌各 10%，芦笋或冬瓜 5%，其他 10%。

4. 护色和防止沉淀

护色主要指的是绿色蔬菜的护绿。护绿和防止沉淀是含有绿色蔬菜复合汁制造的关键技术。反复试验表明，在原料预处理时用 0.4mol/L 的 K_2CO_3 溶液浸泡 30min，再用 0.005mol/L KOH 沸腾溶液热烫 5min，取汁后加入 5%～10% 的豆浆（利用蛋白质起缓冲作用来护绿），最后将蔬菜汁 pH 值调至 7～7.5（叶绿素在弱碱性溶液中稳定），对保护绿色有较好的效果。生产上可以通过热沉淀、离心和均质来防止沉淀，同时添加一定量的稳定剂是防止沉淀产生的有效措施。研究认为，蔬菜汁用量为 40%、pH 值 7.0、加糖量 7.5%、稳定剂用量 0.1% 时，加工出的产品不仅风味好、色泽佳，而且在规定的保质期内不会发生沉淀和变色。

5. 杀菌

为了钝化酶的活性，杀死有害的微生物，中性或微酸性的复合汁需高温杀菌，罐装或瓶装的纯果蔬汁需在 115.5～121.1℃高温下杀菌，以破坏耐热性较强的微生物孢子。但高温加热会使蔬菜汁带有焦煳味和煮熟味，这将给蔬菜汁的质量带来不良影响。因而可采用无菌灌装法，汁液调配后采用超高温瞬时杀菌，杀菌之后再灌装。也可以调整 pH 值至 4.2 左右，这样在 93.3～100℃时快速杀菌、冷却、灌装，得到的产品品质也较好。

第二节 果蔬花卉汁饮料加工工艺

在保证果蔬花卉原料质量的基础上，只有采用科学的工艺流程、合理的调配技术、先进的杀菌保存方法，才能生产出高品质的果蔬花卉汁饮料。

一、果蔬花卉汁饮料的原辅料

用于果蔬花卉汁饮料加工的原料从广义上讲，除新鲜的水果、蔬菜、花卉外，还应包括各类辅助原料和食品添加剂等。

1. 原料的选择

原果蔬花卉汁是采用新鲜、成熟的果实经过挑选、洗涤后，由压榨或提取所得的汁液。原果蔬花卉汁中含有鲜果最有价值的成分，不论在营养或是风味上，都十分接近于鲜果。原果蔬花卉汁除直接充当饮料外，也是果蔬花卉汁饮料的主要原料，它可以用于调配多种果蔬花卉汁饮料。原果蔬花卉汁的质量直接影响果蔬汁饮料的质量，因此，用于生产果蔬花卉汁饮料的原果蔬花卉汁要求色泽鲜艳、稳定，有良好的风味和香气，糖酸比适当，加工和贮藏过程中稳定，无明显不良变化。如果以水果、蔬菜作为加工原料，应考虑原料的加工适应性是否良好，尽量选取汁液丰富、出汁率高、取汁容易的品种。尽管对果蔬的形状和大小要求不严格，但一般要求充分成熟，新鲜完好，没有腐烂变质果混入其中，并在采收后及时加工。

2. 辅料的选择

在软饮料生产中，为了赋予产品良好的色泽以及增强营养和改善风味，防止腐败变质，延长货架期，提高产品质量，人们常使用食品添加剂。而是否正确处理和使用添加剂将直接影响软饮料的质量。目前常用的添加剂主要有甜味剂、酸味剂、香料和香精、着色剂、防腐剂、营养强化剂、抗氧化剂、增稠剂等。

（1）甜味剂　甜味剂是饮料生产中的基本原料，可分为天然甜味剂和人工合成的甜味剂。天然甜味剂中的蔗糖、葡萄糖、麦芽糖、果葡糖浆等具有较高的营养价值，属于饮料的原料，不作为食品添加剂来限制使用。人工合成的甜味剂具有甜度高、不产生热量、性质稳定、价格较为便宜的特点。因此一般生产中多使用人工合成的甜味剂，但必须在国家规定的范围内使用。我国允许使用的人工合成甜味剂主要有糖精、安赛蜜、蛋白糖等。

① 蔗糖。蔗糖是由甘蔗或甜菜制成的产品，是由葡萄糖和果糖所构成的一种双糖。蔗糖是白色透明的单斜晶体，相对密度 1.606，在常温下能溶解在其 1/3 体积的水里，但难溶于乙醇，熔点为 161℃，加热到 190℃ 以上蔗糖分子结构发生变化而变成焦糖。就口感而言，10% 含量时蔗糖的甜度一般，有快适感，20% 含量时则具有不易消散的甜感，故一般果蔬花卉汁饮料其含量控制在 8%～14% 为宜。蔗糖与葡萄糖混合有增效作用；蔗糖中添加少量食盐可增加甜味感；酸味或苦味强的饮料中增加蔗糖的用量可使酸味或苦味减弱。

② 葡萄糖。葡萄糖作为甜味剂的特点是能使配合的甜味更为精细，而且即使含量达 20% 也不会产生像蔗糖那样令人不适的浓甜感。此外葡萄糖具有较高的渗透压，约为蔗糖的 2 倍。若使葡萄糖最大限度发挥其甜度，则以高浓度或固体使用为好。葡萄糖的甜度约为蔗糖的 70%～75%，在蔗糖中混入 10% 左右的葡萄糖时，由于增效作用，其甜度比计算的结果要高。这是在砂糖、葡萄糖利用上不得忽视的性质，果实饮料以 12%～13% 的葡萄糖置换砂糖，其甜度表现不会减弱，但超过该范围，则甜度降低。在低温或常温下，葡萄糖溶解度比蔗糖

低，因而使用葡萄糖的制品在低温保存时，应与蔗糖混合使用，混合糖的溶解度比各单种糖的溶解度要高。纯度高的结晶葡萄糖不大容易吸湿，但袋装制品也可因袋内的水分移动或高堆积而导致结晶黏合而结块，故应予以注意。

③ 果葡糖浆。酶法糖化淀粉所得糖化液，约含葡萄糖值 98%，再经葡萄糖异构酶作用，可将 42% 的葡萄糖转化成果糖，制得糖分主要为果糖和葡萄糖的糖浆，也称为异构糖。1976 年开始生产第二代果葡糖浆，有两种产品，果糖含量分别为 55% 和 90%，甜度高于蔗糖。90% 果糖的糖浆，是用分离法把 45% 果糖的糖浆中的葡萄糖分离出去制成的，55% 果糖的糖浆是用 90% 果糖的糖浆和 45% 果糖的糖浆兑制而成的。果糖不易结晶，糖浆浓度较高，且价格较低。果糖含量为 55% 的果葡糖浆大量应用于可口可乐等软饮料中，产量增加迅速。

④ 其他天然甜味剂。上述各种糖一般作为软饮料生产中的辅料，使用安全，没有量的限制，都是能提供热量的甜味剂，过多摄取时，可导致肥胖症类营养过度的疾病，因而一些发达国家积极开发低热量的甜味剂。

a. 糖醇类。糖醇是世界上广泛采用的甜味剂之一，糖醇较糖耐热性更好，不会引起龋齿，代谢时不需胰岛素，溶解时吸热，有清凉感。常用的糖醇类甜味剂有山梨糖醇、木糖醇、麦芽糖醇。

b. 糖苷类。常用的糖苷类甜味剂是从植物中分离出来或以植物为原料制备的一种天然甜味剂。甜菊苷是近年来常用的一种新型甜味剂，它是从原产南美巴拉圭的一种称为甜叶菊的植物叶中提取的白色粉末状物质，甜度为蔗糖的 200～300 倍。商品甜菊苷是一种混合物，对热、酸、盐比较稳定，pH 值 3 以上，95℃ 时加热 2h 甜味不变。着色性极弱，不易分解，安全性高，发热量极低，属于非发酵性甜味剂。溶解速度慢，渗透性差，在口中留味时间较长，不被人体吸收。若和糖类甜味剂并用能显示强的协同效果，但代糖量达 30% 以上就有后苦味。用于某些特异口味的饮料，反而可增加风味。适宜于糖尿病患者，具有解酒、消除疲劳等药用价值。

⑤ 人工甜味剂。人工甜味剂具有甜度高、用量少、热量低等优点，目前已广泛使用。我国批准使用的人工甜味剂主要有糖精钠、环己基氨基磺酸钠、天冬酰苯丙氨酸甲酯、乙酰磺胺酸钾等。

a. 糖精钠（邻磺酰苯甲酰亚胺钠）为无色透明结晶或结晶性粉末，无臭，加热会发生轻微的苯醛样芳香，易溶于水，水温 20℃ 可溶解 66%，难溶于无水乙醇，在空气中缓慢风化，失去结晶水而成白色粉末。耐热和耐碱性弱，溶液煮沸后会缓慢分解，生成邻磺胺苯甲酸而使甜味减弱，有机酸存在时会加速此分解。

糖精在水中溶解度低，故目前多用其钠盐。糖精钠分解出来的阳离子有强甜味，而在分子状态下没有甜味，反而感到有苦味。糖精的水溶液浓度高也会感到苦味。糖精钠溶解度大，解离度也大，因而甜味强，为蔗糖的 200～700 倍（一般为 500 倍），稀释 1 万倍的水溶液也有甜味，阈值为 0.004%。

我国《食品安全国家标准　食品添加剂使用标准》中规定，糖精钠广泛用于调味酱汁、浓缩果汁、蜜饯、配制酒、冷饮类、糕点、饼干、面包等的生产中。最大使用量为 5.0g/kg。糖精钠与酸味剂并用，有爽快的甜味，最适宜用于清凉饮料。糖精钠经煮沸会缓慢分解，如以适当比例与其他甜味剂并用，更可接近砂糖甜味。

b. 环己基氨基磺酸钠（甜蜜素或糖蜜素）为白色结晶性粉末，无臭或几乎无臭，易溶于水，极微溶于乙醇，不溶于氯仿和乙酸。其甜味比蔗糖大 40～50倍，但目前市售商品有些仅有 20～25 倍。遇亚硝酸盐、亚硫酸盐量高的水质，可产生石油或橡胶样气味。根据我国《食品安全国家标准　食品添加剂使用标准》，甜蜜素用于清凉饮料、冰淇淋、糕点最大用量为 1.6g/kg；用于蜜饯最大用量为 1.0g/kg；用于果冻的用量建议为 0.65g/kg。

c. 天门冬酰苯丙氨酸甲酯（甜味素、阿斯巴甜、蛋白糖、APM）是一种新型的氨基酸类高甜度甜味剂，是由 L-天冬氨酸和 L-苯丙氨酸组成的二肽化合物，为白色结晶性粉末，无臭，有强烈甜味，易溶于水；其甜味与砂糖十分近似，没有其他人造甜味剂的苦味，并有清凉感，无苦味或金属味。甜度约为蔗糖的 200倍，热量仅为蔗糖的 1/200。0.8% 水溶液的 pH 值为 4.5～6.0。长时间加热或高温可致破坏。在水溶液中不稳定，易分解而失去甜味，具有氨基酸的一般特性，低温时和 pH 值 3～5 时较稳定。水中溶解度约为 1%，乙醇中为 0.26mg/100mL。在室温下保存 6 个月，仍含本品 2/3。干燥状态可长期保存，当温度升高到一定程度时，失去甜味。尤其是在潮湿的环境中，其稳定性随湿度增加而降低。在干燥条件下不超过 200℃，可进行各种加工。阿斯巴甜能增进水果的风味和降低咖啡的苦味，能有效地降低热量，而且不会造成牙齿龋坏，具有与蛋白质相类似的代谢作用，可作为非营养型甜味剂。

按照我国《食品安全国家标准　食品添加剂使用标准》，本品可用于汽水、乳饮料、醋、咖啡饮料、咖喱的生产，可按正常生产需要与蔗糖或其他甜味剂合用。可用于配制适于糖尿病、高血压、肥胖症、心血管疾病患者食用的低糖类、低热量保健食品，用量视需要而定；亦可作为风味增强剂。

d. 乙酰磺胺酸钾（安赛蜜，简称 AK 糖）是第四代合成甜味剂，分子结构类似糖精，甜度为蔗糖的 200 倍。口感似蔗糖，味道比糖更佳。它在体内不被代谢和分解，以原形直接排出体外。糖尿病、肥胖症、心血管病等患者可以安全食用，可以让他们享用甜味食品而无须改变原来的生活方式。同时它还是牙齿之友，因其不被人体口腔中的微生物所分解。综上，乙酰磺胺酸钾具有口感好，无热量，在人体内不被代谢和吸收，对热和酸稳定性好，货架寿命长，在 pH 值 3以下、40℃ 以上存放也不发生反应，以及价格便宜等优点。

自发现以来，经过了近 20 年的毒理学实验和严格的审查，证明其对人体安全无毒，是一种理想的食品甜味剂。我国政府于 1991 年 12 月正式批准使用安赛蜜。其使用范围包括饮料、冰淇淋、胶姆糖、糕点、果酱、酱菜、蜜饯等（最大使用量为 0.3g/kg）。

（2）酸味剂　酸味剂是软饮料生产中用量仅次于甜味剂的一种重要原料。水果的独特风味，酸味是其中很重要的一部分。通过酸味的调节，可得到口味适宜的软饮料制品。以下介绍几种常用的酸味剂。

① 柠檬酸。柠檬酸以游离状态存在于多种植物果实中，如柠檬、菠萝、葡萄、醋栗、覆盆子，其中以柠檬汁内含量最多，约占 6%～10%。柠檬酸也存在于动物组织内，它是生物体内糖、脂肪和蛋白质代谢产物之一。

柠檬酸为无色半透明结晶或白色颗粒，或白色结晶性粉末，无臭。相对分子质量为 210.14，熔点 153℃，相对密度 1.665（20℃/4℃）。含一分子结晶水的柠檬酸加热至 100℃ 熔化。具有圆润、味美、爽快的酸味，在干燥空气中可失去结晶水而风化，在湿空气中徐徐潮解，极易溶于水、乙醇、乙醚。在酸味剂中柠檬酸的应用最为广泛，现多用发酵法制备。

柠檬酸特别适用于柑橘类饮料，其他饮料中也单独或合并使用。果汁饮料生产中使用量为 0.2%～0.35%，固体饮料中为 1.5%～5.0%。在制成水溶液储备供生产应用时，通常配成 50% 的浓度。无水柠檬酸比结晶柠檬酸有较小的吸湿性，常用在固体饮料中。

② 酒石酸。酒石酸以葡萄中含量最多，游离或成盐存在。葡萄果汁在冷暗处保存则有酒石析出。工业上常用葡萄酿酒沉淀之酒石经酸解制备。酒石酸是无色透明结晶或白色的结晶性粉末，有 D 型和 DL 型之分。通常单称酒石酸是指 D-酒石酸（右旋），无臭，相对分子质量为 150.09，相对密度为 1.7598，熔点为 170℃。和柠檬酸相比有稍涩的收敛味，酸感强度为柠檬酸的 1.2～1.3 倍。DL 型比 D 型溶解度低，酸味相差不大。酒石酸在葡萄饮料中使用，使用量一般为 0.1%～0.2%，单独使用较少，一般多与柠檬酸、苹果酸等并用。DL-酒石酸不易吸湿潮解，宜于制造固体饮料。

③ 苹果酸。苹果中的酸 90% 以上是苹果酸，在葡萄以及其他水果中也含有。苹果酸可从天然植物中提取，也可采用发酵合成等方法制备。苹果酸是一种白色或荧白色粉状、粒状或结晶状固体，无臭，相对分子质量为 134.09，相对密度为 1.601，熔点为 131～132℃。晶体中不含结晶水，D 型熔点为 129℃，L 型熔点为 100℃，加热到 180℃ 可以失水分解成富马酸或马来酸。通常条件下，苹果酸是稳定的，但其纯晶体稍有吸湿性，在高温条件下可能液化。与柠檬酸相比，其酸味是略带刺激性的收敛味，酸感强度也相当于柠檬酸的 1.2 倍左右，极易溶于水和乙醇，不易潮解。

苹果酸的味觉与柠檬酸不同，柠檬酸的酸味有迅速达到最高并很快降低的特点，苹果酸则刺激缓慢，不能达到柠檬酸的最高点，但其刺激性可保留较长时间，就整体来说其效果更大。二者风味不同，苹果酸可以单独或与柠檬酸合并使用，因为其酸味比柠檬酸刺激性强，因而对使用人工甜味剂的饮料具有掩蔽后味的效果。可用于果汁、清凉饮料，用量为 0.25%～0.55%，果子露中为 0.05%～0.1%。

④ 富马酸。富马酸广泛地存在于植物中，但霉菌中含量也较多。富马酸是白色结晶性粉末，相对分子质量为 116.07，相对密度为 1.625，熔点为 286℃。具独特的酸味，溶于乙醇，在 200℃时升华，酸味约为柠檬酸的 1.8 倍。富马酸难溶于水，故常将其制成微粉，基本上不单独使用，多与其他酸味剂并用而使酸味更趋完美。由于不吸湿，也用于粉末发泡饮料。

富马酸钠是白色结晶性粉末，无臭，呈稍软的酸味，酸感比柠檬酸低，为柠檬酸的 0.6～0.7 倍，溶解度比富马酸约大 10 倍，而且酸的风味比富马酸有更好的表现。使用方法与富马酸相同。

⑤ 乳酸。乳酸学名为 α-羟基丙酸。乳酸是酸乳等发酵乳制品及其他发酵食品中的主要酸感成分之一，由乳酸菌发酵制备。乳酸是一种简单的羟基酸，为无色至淡黄色的透明黏稠液体，相对分子质量为 90.08，相对密度为 1.206，可以和水、醇以任意比例混合，酸味为柠檬酸的 1.2 倍，有涩味、收敛味，与水果中的酸味不同。乳酸常用于乳酸饮料，通常与其他酸味剂如柠檬酸等并用，用量为 0.04%～0.2%。

⑥ 葡萄糖酸。葡萄糖酸为无色至淡黄色的液体，相对分子质量为 196.16，熔点为 131℃，稍有臭气，酸味约为柠檬酸的一半，难以结晶，市售为含葡萄糖酸 50% 的溶液，具有和柠檬酸相似的柔和酸味，易溶于水，常与其他酸味剂并用。

(3) 食用香精和香料

① 食用香精。食用香精大都是由合成香料兑制而成的，是食品、饮料生产中不可缺少的重要原料。按其性能和用途可分为水溶性香精、油溶性香精、乳化香精和粉末香精等。

a.水溶性香精。水溶性香精是将香精基剂与蒸馏水、乙醇、丙二醇、甘油等水溶性稀释剂，按一定比例和适当顺序相混溶、搅拌、过滤、着色而成的，放置一段时间后，香味更为圆熟。该香精为乳浊状液体，具黏稠性，在水中能迅速分散，使水呈乳浊状态。应用于需要乳浊度的软饮料中。有苹果香精、菠萝香精、草莓香精等。

在调配水溶性香精时，若使用精油类香料，应先将里面的烯萜类物质除去，以改变其水溶性。因为烯萜类物质对香气本身无多大益处，反而容易被氧化而成为不愉快的气味，变成树脂状的不溶性物质，并使饮料产生浑浊现象，形成沉淀。水溶性香精一般为不透明的液体，具有挥发性，其商品的色泽、香气、澄清度应符合其标样，这类香精易溶于水。食用水溶性香精适于对饮料及酒类的赋香。在饮料生产中，香精一般在配料时加入，并用滤纸过滤，然后倒入配料容器，搅拌均匀后灌装。

b. 油溶性香精。油溶性香精是在各种香料和辅助剂调成的香基中加入精炼植物油、甘油、丙二醇等稀释剂，配制成的可溶于油类的香精。食用油溶性香精是透明的油状液体，其色泽、香气、香味与澄清度应符合其标样。它的特点是香味较强烈，不溶于水，与水溶性香精相比较能耐热，而适于高温处理的产品。一般用于糖果和焙烤食品中。

c. 乳化香精。乳化香精是亲油性香基加入蒸馏水、乳化剂、稳定剂、色素调和而成的乳状香精，一般为 O/W 型白色乳浊液。乳化可以抑制香精的挥发，改善其溶解性。乳化香精在果汁饮料或乳饮料中常用。加入乳化香精后可使饮料外观接近天然果汁，成本低，应用广泛。但对要求透明的产品不适用，同时在配制使用乳化香精时要防止沉淀、分层。解决这类问题，一般采用更换乳化剂调整香料相对密度、加相对密度调节剂等方法。作乳化剂用的物质有胶类、变性淀粉等。

d. 粉末香精。粉末香精由香精基剂和糊精、乳化剂等组成，呈粉末状，色泽可按需要而定，加入水中能迅速分散。如用于混油状产品，在制造香精时，除香精基与糊精外，可加浑浊剂同时混合。这类香精多用于固体饮料，如果汁粉类产品。它的最大优点是运输方便，不易破损。

② 香料。食用香料是食品添加剂中最大的一类，它是用于食品增香的食品添加剂。

a. 香料及其组成。香料是由多种天然或合成的香料原料相互调和而成的赋香物质。香味成分十分复杂，任一香味都远非一种香料所能表达的，其中的香气成分多达十几种乃至几十种。制造某种香料时的各种香料原料都是有一定作用的，一般香料的组成可以分为主香剂、顶香剂、辅香剂、保香剂和稀释剂。

b. 食用香料的分类。食用香料按照来源可分为天然香料、天然同一香料和人工香料三类。天然香料主要是用单纯的物理方法（如压榨、萃取和蒸馏以及进一步结晶、分离等方法），从无毒的动植物原料中获得的具有香味的物质，如甜橙油、桂花浸膏等。天然同一香料是用化学方法离析或合成，并且在供人类食用的天然物中已经发现的香味物质，又可分为化学单离香料和人工合成的与天然香料相同的香料。人工香料是人工合成的并且至今在供人类食用的天然物中尚未发现的香味物质。天然香料和天然同一香料可认为是一类化合物。食用香料按照香型可分为清滋型、草香型、木香型、蜜甜香型、蜡香型、琥珀香型、动物香型、辛香型、豆香型、果香型、酒香型及花香型。

（4）着色剂 着色剂（色素）是影响食品感官性状的重要因素之一，食品的颜色给消费者视觉以第一印象，天然的杨梅、柑橘、葡萄等水果的固有特性颜色，满足了人们的视觉需求，能增进食欲。天然食品的颜色受光、热、氧以及加工处理过程的影响，有时失去其天然色泽，会使人产生食品变质的错觉，商品价值大大降低。为了使食品的外观色泽均匀一致，就必须利用各种食用色素来改善食品的外观，提高产品的商品性。食品色素按来源的不同可分为天然色素和人工合成色素两大类。人工合成色素具有色泽鲜艳、着色力强、稳定性好、无臭无味、易溶于水、易调色、品质均一、成本低廉等优点，目前已得到广泛的使用。

天然色素种类繁多、色泽自然，不少品种兼有营养价值，有的还具有一定的药疗效果（如栀子黄、红花黄等），尤其是其安全性为人们所信赖，其使用范围比人工合成色素广，最大用量比人工合成色素高。近年来天然色素的研制和应用日益增多。一些国家天然色素用量已超过人工合成色素。

① 天然色素。天然色素是指来源于天然资源的食用色素，是多种不同成分的混合物。由于来源广泛、结构复杂，天然色素种类繁多。天然色素按提取方法可分为 4 大类：

a.动植物体经榨汁或溶剂抽提而成的液态或固态色素。

b.有色动植物体经干燥、磨碎而得到的粉状色素。

c.经微生物发酵、代谢产物分离，为液体或进一步加工成固体粉末的色素。

d.以天然产物为原料，经酶作用而制得的色素。

常用的天然色素有紫胶红色素、胭脂红素、花色素类色素、甜菜花青素、红花黄色素、栀子黄色素、焦糖等。

② 人工合成色素。食用合成色素通常是指以煤焦油为原料制成的食用色素。我国目前允许使用的人工合成色素主要有胭脂红、苋菜红、柠檬黄、日落黄、靛蓝、亮蓝等。合成色素使用需注意以下要点：

a.要准确称量，以免形成色差。改用强度不同色素时，必须经折算和试验后确定新的添加量，以保证前后产品色调的一致性。

b.直接使用色素粉末，不易在食品中分布均匀，可能形成颜色斑点，所以最好用适当的溶剂溶解，将色素配制成溶液后使用，一般配制成 1%～10% 浓度的溶液，过浓的溶液难以使色调均匀。

c.配制合成色素溶液的用水，必须经过脱氯或去离子处理，有时余氯量大，直接使用会导致染料的褪色，而硬度高的水会造成色素溶解困难。

d.溶解色素时，所用的容器宜用玻璃、陶器、搪瓷、不锈钢和塑料器具，以避免金属离子对色素稳定性造成影响。

e.我国允许使用的合成色素颜色种类虽不多，但有红、黄和蓝三种基本色，可按不同比例混合拼制出各种不同的色谱，以满足饮料生产的需要。

f.各种合成色素溶解于不同溶剂中，可产生不同的色调和强度，尤其是在使用两种或数种合成色素拼色时，情况更为显著。例如一定比例的红、黄、蓝三色混合物，在水溶液中色度较黄，而在 50% 酒精中色度较红。

g.拼色时应考虑色素间和环境等的影响，如靛蓝和赤藓红混合使用时，靛蓝会使赤藓红更快地褪色。而柠檬黄与靛蓝拼色时，如日光照射，靛蓝褪色较快，而柠檬黄则不易褪色。

h. 在饮料生产中，为避免各种因素对合成色素的影响，色素加入应尽可能地放在最后。

i. 水溶性色素因吸湿性强，宜贮存于干燥、阴凉处。长期保存时，应装于密封容器中，防止受潮变质。拆开包装后未用完的色素，必须重新密封，以防止空气氧化、污染和吸湿后造成色调的变化。

（5）防腐剂　在酸性软饮料中，引起变质的主要微生物是酵母。这是因为酸性情况下细菌不易繁殖，而霉菌在氧气不足的情况下（如密封、抽真空、充二氧化碳等）也受到抑制，所以只有酵母易于生存。为防止酵母引起的败坏，果汁饮料有加热杀菌的工序，若同时使用防腐剂，则可在一定程度上降低加热杀菌条件而使制品品质提高。在软饮料生产中常使用的防腐剂有以下几类。

① 苯甲酸和苯甲酸钠。苯甲酸易溶于乙醇，难溶于水；苯甲酸钠易溶于水。苯甲酸钠为白色结晶粉末，在酸性条件下随水蒸气挥发，易溶于水，因此实际生产中苯甲酸钠比苯甲酸更为常用。二者都可抑制发酵，亦都可抑菌，但苯甲酸钠效力稍弱一些。二者因 pH 值不同而作用效果不同，当 pH 值在 3.5 以下时其作用较好；当 pH 值在 5 以上直到碱性时，其效果显著降低。此外，软饮料的成分和微生物污染程度不同，其效果也不同。

苯甲酸类防腐剂的作用机制是它们可非选择性地干扰细胞中的酶，还可以干扰细胞膜的通透性，可阻止一些微生物对氨基酸的摄取。苯甲酸类防腐剂的缺点是有效作用 pH 值范围窄，一般用于 pH 值 4.5 以下的食品中才可保证保藏效果；此外苯甲酸类有异味，在果汁中用量超过 0.1％时则有胡椒味或焦煳味，所以单独使用不可能长时间起防腐作用，为此，往往和其他防腐剂并用，或与其他保藏技术并用。

苯甲酸钠的使用方法为先制成 20％～30％的水溶液，一边搅拌一边徐徐加入果汁或其他饮料中。若突然加入，或加入结晶的苯甲酸，则难溶的苯甲酸会析出沉淀而失去防腐作用；对浓缩果汁要在浓缩后添加，因为苯甲酸在 100℃时开始升华。

② 对羟基苯甲酸酯类。对羟基苯甲酸酯类一般为无色的小结晶或白色的结晶性粉末，几乎无臭，口尝开始无味，其后残存舌感麻痹的感觉。易溶于乙醇，几乎不溶于水。在碱性环境中，如在氢氧化钠溶液中形成酚盐则可溶，但在这种状态下长时间放置，或碱性过强，酯键部位会水解生成对羟基苯甲酸和醇，效力明显降低。

对羟基苯甲酸酯类的抑菌机制是破坏细胞膜，使细胞内蛋白质变性，其抗菌作用较其他几类防腐剂都强。对真菌的抑制效果最好，对细菌的抑制作用较苯甲酸和山梨酸强，且对革兰氏阳性菌有致死作用。由于对羟基苯甲酸酯的解离常数很小，所以在 pH 值 3～8 的范围内都有抑菌作用。随着构成酯的醇基碳链增长，其亲油性增大，对酵母的抑制作用增强，不大受 pH 值的影响。以抑菌作用较大的对羟基苯甲酸丁酯使用最广。使用时先将其制成 30% 左右的酒精溶液，在充分搅拌的条件下徐徐加入，当乳浊之后，再渐渐溶解。也有使用碱溶解的方法添加的。

③ 山梨酸及其钾盐。山梨酸为无色针状或片状结晶，或为白色结晶粉末，具有刺激气味和酸味。对光、热稳定，易氧化，沸点 228℃。溶液加热时，山梨酸易随水蒸气挥发。山梨酸难溶于水，因而要将其预先溶于酯、酸、酒精、丙二醇中使用。山梨酸钾为白色粉末或呈颗粒状，其抑菌力仅为等质量山梨酸的72%。山梨酸钾的水溶性明显好于山梨酸，可达 60% 左右。山梨酸是一种不饱和脂肪酸，被人体吸收后几乎和其他脂肪酸一样参与代谢过程而降解为 CO_2 和 H_2O 或以乙酰辅酶 A 的形式参与其他脂肪酸的合成。因而山梨酸类化合物作为食品防腐剂是安全的。

山梨酸类抗菌谱很广，几乎在所有 pH 值低于 6.0 的食品中都可以使用。山梨酸盐由于口感温和且基本无味，所以几乎所有的水果制品（果汁、果浆、果酱、水果罐头等）都用该防腐剂，使用量为 0.002%～0.25%。在果酒中也常用山梨酸盐来防止再发酵，由于山梨酸与酒石酸反应可产生沉淀，故果酒中一般用其钠盐。用 0.02% 的山梨酸和 0.002%～0.004% 的 SO_2 即可取得良好的保藏效果。加 SO_2 的目的，一是防止乳酸菌生长，避免果酒产生异味；二是降低山梨酸的使用浓度。果酒中山梨酸盐的浓度不应超过 0.03%，否则会影响风味。

在乳酸菌等饮料中，可使用易溶于水、食盐水、砂糖液的山梨酸钾，它虽非强力的抑制剂，但对霉菌、酵母、好氧性细菌都有作用。作为酸性防腐剂的共同特性，在 pH 值低的时候，其以未离解的分子态存在的数量多，抑菌作用也强。

④ 亚硫酸盐类。亚硫酸盐类在食品添加剂中被列入漂白剂类，其本身有抗氧化和漂白的作用，由于它同时也具有防腐作用，在国外也用于保存原料果汁。一般使用亚硫酸钠或亚硫酸氢钠，其抑菌作用亦是在酸性环境中较强。使用亚硫酸盐的添加量一般为 0.1%。使用亚硫酸盐防腐，要注意某些加工环节会降低其作用，如加热和真空处理会使二氧化硫挥发，亚硫酸盐会被空气中的氧氧化成硫酸盐而失去防腐能力，亚硫酸盐也可能和糖结合而失去防腐能力。亚硫酸盐在防腐的同时还可以防止果汁褐变，防止抗坏血酸分解。尽管其有这些作用，但因其有效的防腐作用所需浓度可引起果汁变味，故不能使用于原料果汁以外的制品。另外在使用中还要注意防止和金属接触，以免还原生成硫化氢而带来异味。凡金属罐装制品不宜使用亚硫酸盐，除此原因外，尚因亚硫酸盐会大大加快金属罐的腐蚀。

各种防腐剂在配合使用时，常较单独使用时更为有效。许多国家在法律中规定，使用防腐剂时需要在制品标签中注明。

（6）营养强化剂　为增强营养成分而加入食品中的天然或人工合成的属于天然营养素范围的食品添加剂称为营养强化剂，主要有氨基酸类、维生素类、无机盐和矿物质元素。果蔬花卉汁加工常用的营养强化剂有以下几种。

① 维生素类。一般果蔬花卉汁中多含有较丰富的维生素类物质，如维生素A、硫胺素（维生素 B_1）等。但对于果蔬花卉汁饮料等产品，生产中也常采用营养强化的方法来增强饮品的营养价值。

a.核黄素（维生素 B_2）为黄色结晶状粉末，微臭、微苦，微溶于水，对热、酸稳定。能促进机体生长发育，进入机体后多成为酶的一部分，在糖、蛋白质和脂肪代谢中起重要作用。饮料中强化量为 3～5mg/L。

b.维生素 C 是果蔬花卉汁饮料中最常用的强化剂，强化用的维生素 C 主要为 L-抗坏血酸，可由葡萄糖合成，为白色结晶状粉末，味酸，在中性、碱性溶液中很快被氧化分解，对光、热敏感。使用时应避免与金属、空气接触。维生素C 参与机体的代谢过程，能促进生长和抗体的形成，增加对疾病的抵抗力。我国规定饮料中添加量为 500～1000mg/kg。

② 氨基酸与含氮化合物。

a.氨基酸。蛋白质是机体的重要组成成分，氨基酸是蛋白质的基本结构单元，在组成蛋白质的 20 多种氨基酸中，色氨酸、苯丙氨酸、赖氨酸、苏氨酸、蛋氨酸、亮氨酸、异亮氨酸、缬氨酸为人体必需氨基酸，强化用的氨基酸主要是这些必需氨基酸。

b.含氮化合物。牛磺酸即氨基乙磺酸，是人乳及其他哺乳类动物乳汁中主要的游离氨基酸，成品为大的单斜柱晶体，能溶于热水。牛磺酸在体内与胆汁酸结合形成牛磺胆酸，对于消化道中脂质的吸收是必需的，对人体神经细胞的增殖、分化及存活过程有明显的促进作用。主要用于牛乳制成的婴儿配方食品，强化量为 300～500mg/kg。

③ 无机盐和矿物质元素是构成机体组织和维持机体正常生理活动所必需的，有调节人体营养代谢平衡的作用。体内的无机盐由于新陈代谢，每天都有一定量排出体外，故有必要从膳食中摄取足够量的矿物质元素补充。无机盐和矿物质元素是近几年的强化热点，常需强化的有 Ca、Fe、I、Se、Zn 等。

a.钙（Ca）是组成骨骼和牙齿的主要成分，在血液中作为有机酸盐维持细胞的活力，并对许多酶系统和三磷酸腺苷酶等有激活作用。强化源有柠檬酸钙、葡萄糖酸钙、碳酸钙、乳酸钙、磷酸钙，但各种化合物含 Ca 量不同。Ca 强化剂常与维生素 D 并用以促进其吸收利用。固体饮料中强化量为 20g/kg。

b.铁（Fe）在机体中参与氧的转运、交换和组织吸收过程，维持正常血红蛋白含量等，强化源有氯化铁、柠檬酸铁、乳酸亚铁等。现已采用铁腥味低的乳酸亚铁代替硫酸亚铁。柠檬酸铁铵、葡萄糖酸铁新型铁强化剂已开发成功。固体饮料中强化量为 1000mg/kg。

c.硒（Se）是谷胱甘肽过氧化物酶的活性成分，主要生理功能是抗氧化作用，作为自由基清除剂有抗衰老作用，常强化食盐及某些口服液。目前强化硒是用无机盐，但有机硒活性高，能更有效地在体内同化。我国已研制成功富硒麦芽、富硒酵母等。

d. 锌（Zn）是细胞生长、增殖所必需的，是许多金属酶的组成成分，对儿童生长发育起重要作用。强化源有硫酸锌、葡萄糖酸锌等。无机锌对胃黏膜刺激性大，且人体吸收困难，现已改用葡萄糖酸锌作强化源。固体饮料中强化量为 1000mg/kg。

强化食品已成为食品中的一大类。其目的是保证人体在各个生长发育阶段及各种劳动条件下获得全面合理的营养。果蔬花卉汁饮料中使用的大多是水溶性强化剂，由于强化剂本身具有颜色、气味，要防止影响原有成品的色香味。强化剂遇热、光、氧等均易受破坏，因此在加工及贮藏过程中会有部分损失，要辅以稳定剂、抗氧化剂等保护手段，提高强化剂在饮料中的保存率。特殊用途如供儿童、老年人、运动员、高温作业人员、糖尿病患者饮用的饮料，须从营养的角度根据不同的生理要求，进行专门设计。营养强化剂有多种产品，但其含量、可吸收性、稳定性均不同，应掌握其性能正确使用。随着人们对营养的需求和认识的增长，以及科学技术手段的发展，越来越多的营养素的功能将得到重新认识和强化。

（7）抗氧化剂　食品因氧化所引起的变质已屡见不鲜，加工方法中也相应地采取了一系列对策，如脱氧、充氮、防止金属离子混入起催化作用等，都可减少氧化作用的发生。但微量氧的完全除去是困难的，为保证加工食品的品质，进一步降低氧化作用引起的变质，在食品加工中通常使用添加抗氧化剂的方法，尽可能地将氧化作用降到最低限度。在使用抗氧化剂的同时，往往还要使用金属离子螯合剂，以提高其抗氧化效果。这些金属离子螯合剂隶属于抗氧化剂的增效剂范畴。

① 抗坏血酸、异抗坏血酸及其钠盐。抗坏血酸一般在果实饮料中的使用量为 0.01%～0.05%，使用钠盐时，其量要增加一倍。使用抗坏血酸最好在果实破碎刚刚完毕时加入，且应在添加后尽快与空气隔绝，否则，在空气中长时间放置，会因氧化而失效。因此该品亦不能预先配制溶液放置，只能在使用前将其溶解并立即加入制品中。异抗坏血酸是抗坏血酸的旋光异构体，也称赤藻糖酸、D-阿拉伯抗坏血酸。生理功能为抗坏血酸的 1/20，但其抗氧化性质与抗坏血酸一致，使用量及其使用方法均与抗坏血酸一致。

② 二氧化硫和亚硫酸盐。如前所述，亚硫酸盐可兼有漂白、防腐和抗氧化作用。作为防止氧化变色的用量远低于其防腐用量。如防止柑橘汁在 $15～20℃$ 贮藏时变色，以二氧化硫计，只需 $10～90mg/kg$；葡萄浓缩汁用 $20mg/kg$ 即可。

③ 葡萄糖氧化酶。葡萄糖氧化酶可将 2mol 葡萄糖氧化为 2mol 葡萄糖酸而消耗 1mol 氧，从而表现出抗氧化作用。在反应过程中生成的过氧化物会因同时存在的过氧化氢酶而分解。在果实饮料中添加，可以防止变色，防止风味变化，防止金属罐中锡离子、铁离子的溶出。日本规定可用于加果粒的果实饮料之外的其他饮料。

④ 抗氧化剂的增效剂。可螯合金属离子的柠檬酸、琥珀酸、富马酸等有机酸和植酸、聚磷酸盐类均可在果实饮料中使用。植酸是淡黄色的液体,易溶于水,120℃以下短时间加热稳定,是天然存在的物质。

其他水溶性抗氧化剂有 L-半胱氨酸盐酸盐,由自身氧化为 L-胱氨酸而表现抗氧化作用,可以推迟食品的褐变。日本规定可用于天然果汁饮料。

(8)增稠剂　凡能增加液态食品混合物或食品溶液的黏度,保持体系相对稳定性的亲水性物质都可称为食品增稠剂。增稠剂又名糊料,用来改变食品的物理状态。增稠剂大部分相对分子质量很大,并能形成凝胶和多糖。

① 琼脂。琼脂别名冻粉、琼胶、洋菜,是一种多糖物质。琼脂分条状和粉状两种产品,都是从红藻类植物石花菜及其他数种红藻植物中提取并经干制而成的。琼脂是以半乳糖为主要成分的一种高分子糖类,食用后不被人体酶分解,几乎没有营养价值。琼脂易分散于热水,即使 0.5% 的低浓度也能形成坚实的凝胶。但在 0.1% 以下的浓度不胶凝化而形成黏稠状溶液,1% 的琼脂液在 42℃ 固化,其凝胶即使在 94℃ 也不熔化,有很强的弹性。琼脂的吸水性和持水性高,干燥琼脂在冷水中浸泡时,徐徐吸水膨润软化,可以吸收 20 多倍的水,琼脂凝胶含水量可高达 99%,有较强的持水性。琼脂凝胶的耐热性较强,因此加工很方便。琼脂的耐酸性比明胶和淀粉强,但不如果胶。

在食品饮料工业中使用琼脂可以增加果汁的黏稠度。在使用时先用冷水冲洗干净,调制成 10% 的溶液后再加入混合原料中,在果酱加工中可应用琼脂作为增稠剂,可以增加成品的黏度。如制造柑橘酱时,每 500kg 含橘肉橘汁加琼脂 3kg;制造菠萝酱时,低糖度菠萝酱每 125kg 碎果肉加琼脂 1kg,高糖度菠萝酱每 125kg 碎果肉加琼脂 375g。琼脂还可以作为胶沉剂用于果酒的澄清等方面。

② 果胶。果胶分原果胶和果胶。由于果胶具有可溶性(原果胶不溶于水),所以在饮料生产中常使用果胶。果胶的主要成分是多缩半乳糖醛酸甲酯,它与糖、酸在适当条件下可形成凝胶。果胶存在于水果和蔬菜以及其他植物的细胞壁中,商品果胶为白色或淡黄褐色的粉末,稍有异臭,溶于 20 倍水中则呈黏稠状液体。对石蕊试剂呈酸性,不溶于乙醇等其他溶剂,用乙醇、甘油或蔗糖浆润湿,与 3 倍或 3 倍以上的砂糖混合,则更易溶于水,对酸性溶液较对碱性溶液稳定。

果胶可用于制造果酱、果冻、果汁、果汁粉、巧克力、糖果等食品,也可用作冷饮食品如冰淇淋、雪糕等的稳定剂。在果汁或果汁汽水中加入适量的果胶溶液,就能延长果肉的悬浮效果,同时可改善饮料的口感。如果是制造浓缩汁也可以加入果胶,使其稍成胶冻,然后再把该胶冻搅拌打碎即可,此浓缩汁冲稀饮用时,同样可达到上述效果。果胶在果汁饮料中起着悬浮剂和稳定剂的作用。果胶还可以用来制造乳酸饮料,所制造的饮料在微生物方面和物理方面都是稳定的。

③ 羧甲基纤维素钠(CMC-Na),为白色纤维状或颗粒状粉末,无臭、无

味，在潮湿空气中会吸湿。1∶100 的悬浮性水溶液的 pH 值为 6.5～8.0，易分散于水中成胶体，不溶于乙醇、乙醚等有机溶剂，其吸湿性随羧基的酯化度而异。pH 值的影响因酸的种类和酯化度不同而异，一般在 pH 值小于 3 时成为游离酸生成沉淀。CMC-Na 的水溶液对热不稳定，其稳定程度随温度升高而降低。

CMC-Na 是现代食品工业中的一种重要的食品添加剂。CMC-Na 具有增稠、分散、稳定等作用。在果酱和奶酪中，CMC-Na 不但可增加黏度，而且可增加固形物含量使其组织状态改善；在果汁饮料中可起到增稠作用；在酸性饮料如酸性牛奶、果汁牛奶、乳酸菌饮料中可防止蛋白质沉淀，使产品均匀稳定。

④ 藻酸丙二醇酯（PGA）。PGA 是能在酸性条件下稳定存在的藻酸衍生物，呈淡黄色略带芳香气味的粉末。黏度随温度和 pH 值变化而变化，随着温度升高，其黏度降低；在 pH 值 3～5 之间，pH 值上升黏度降低，pH 值 7 以上发生水解。对热较稳定，即使在 90℃、pH 值 3.1 的酸性溶液中，也相当稳定。在酸性溶液中，PGA 比羧甲基纤维素的黏度降低得少。PGA 通常用作酸性乳饮料的稳定剂和乳化剂，它与羧甲基纤维素、果胶对蛋白质的稳定效果不同，当添加量超过电荷中性时，在 PGA-蛋白质结合物上可更进一步吸附 PGA，将蛋白质的负电荷围起来，使之成为极稳定的分散体系，这种稳定的乳蛋白即使添加果汁，也不会产生沉淀。PGA 使用时一般配成 1%～5% 的溶液，添加量为 0.3% 左右。若使用量不足，则不能中和蛋白质电荷，给人以糊状物的感觉。

⑤ 环状糊精（CD）。淀粉等多糖在环糊精转葡萄糖基酶的作用下，可制得环状糊精。因环状糊精的葡萄糖苷基上的羟基均位于环状结构的外围，故整个环状结构呈现内部为疏水性、外围为亲水性的特征。其内部可以包入各种物质，与有机分子生成复合物，减少有机物与周围环境接触的机会，所以它有许多特殊的作用。环状糊精在饮料生产中有以下几种作用：减少饮料中易挥发性物质的挥发，保持饮料特有的气味和风味；除去饮料中的异味，掩盖苦湿味；增强饮料对热、光、空气的稳定性；改善饮料的理化性能，如提高溶解度，防止色素、荧光物质变化；增强稳定性，使水不溶性物质上浮或液化。

（9）乳化剂　用于降低互不相溶的油水两相界面张力，产生乳化效果，形成稳定乳浊液的添加剂称乳化剂。

① 蔗糖脂肪酸酯（SE）。蔗糖脂肪酸酯由脂肪酸甲酯和蔗糖反应生成。控制酯化程度可以得到不同的产品，产品的亲水亲油平衡值（HLB 值）可以为 1～16，产品牌号按 HLB 值分档，蔗糖脂肪酸酯无臭、无味、无毒，乳化作用比其他乳化剂强些，无论含脂量在 10% 以下或 40%～85%，只要使用 1%～5% 的蔗糖脂肪酸酯就可获得理想的效果。蔗糖脂肪酸酯在水溶液中对热和 pH 的耐受性较差，在高温或酸性条件下会缓慢分解，但分解到一定程度后就难以分解，越是亲油性的越稳定。

单独使用蔗糖脂肪酸酯作乳化剂时，添加在水相中，加热到 60～80℃使之溶解，即可在搅拌下将油慢慢加入。与其他乳化剂合用时，蔗糖脂肪酸酯加在水相中，其他乳化剂则加在油相中，或者蔗糖脂肪酸酯与其他乳化剂混合后加在油相中，加热至 60～70℃溶解，同时把水相加热至 60～80℃，在水相搅拌条件下，将含乳化剂的油加入。

② 山梨醇酐脂肪酸酯（司盘）及其聚氧乙烯衍生物（吐温）。山梨醇酐脂肪酸酯（司盘）一般由山梨糖醇或山梨聚糖加热失水成酐后再与脂肪酸酯化而得。常用的司盘类乳化剂 HLB 值为 4～8，产品分类是以脂肪酸构成划分的，如司盘 20（月桂酸 12C）、司盘 40（棕榈酸 14C）、司盘 60（硬脂酸 18C）、司盘 80（油酸 18C 烯酸等）。司盘类与环氧乙烷起加成反应可得到吐温类乳化剂，这类乳化剂的特点是亲水性好（HLB 16～18），乳化能力强。此类乳化剂为淡黄色、淡褐色油状或蜡状物质，有特异臭味。

（10）加工助剂　加工助剂指在食品加工中以消泡、助滤和吸附等为目的而使用的化学物质，这些物质最后多从成品中除去。常用的消泡剂有乳化硅油、山梨糖醇等；助滤剂及吸附剂有活性炭、硅藻土、高岭土等；此外还有抗结块剂、助溶剂、润滑剂等。对于果蔬花卉汁加工而言最重要的是吸附剂、助滤剂。

① 活性炭。以竹、木、果核等经炭化、精制而得，为黑色细微的粉末，成品有粒状和粉状两类，有多孔结构，每克的总表面积可达 500～1000m²。对气体、胶态固体有较强的吸附能力，是重要的工业吸附剂，常用于饮料的脱色、脱臭，对除焦糖色素、单宁色素、皮渣色素效果较好。经活性炭脱色后的果汁可制取澄清透亮的浓缩汁。在酸性条件下脱色有利，一般 pH 值 4.0～4.8，30min 左右可达到吸附平衡。添加量按类型不同差别很大，一般为 20～30g/1000mL 果蔬花卉汁。为充分发挥作用，一般采用 100～120r/min 搅拌，以保证充分接触，或做成柱色谱连续吸附。成品中应将活性炭除尽。

② 硅藻土。是由硅藻类的遗骸堆积海底形成的一种沉积岩，经过酸洗等精制而成，主要成分是二氧化硅的水合物。为黄色或浅灰色粉末，多孔且轻，有强吸水性，能吸收其本身质量 1.5～4 倍的水，作助滤剂时，先将其放入水中搅匀，然后流经过滤机滤布，开机循环，使其在滤布上形成 1mm 厚的硅藻薄层，即可过滤。果汁中预加入 0.1％硅藻土，视成品澄清度的下降情况适时更换硅藻土。

③ 高岭土。高岭土又名白陶土，因在我国江西景德镇附近的高岭地区被发现而得名，是各种结晶岩（花岗岩、片麻岩）风化后的产物，主要成分为含水硅酸铝。纯净的高岭土为白色粉末，一般含有杂质，呈灰色或淡黄色，质软，有滑爽感，有土味，易分散于水中或其他液体中，相对密度为 2.54～2.60，常作澄清剂使用，是一种选择性蛋白质吸附剂。果蔬汁中存在酚类、单宁、果胶等物质，其中蛋白质和果胶物质与多酚类化合物形成了能产生浑浊的胶体，必须用澄

清剂和吸附剂将其除去。悬浮物具有在任何界面聚集的倾向，可被高岭土有效地吸附。高岭土在水相悬浮液中，成为不溶的硅酸盐片状小颗粒，小颗粒带有一个负电荷，且有 $750 m^2/g$ 的比表面积，能与带正电荷的蛋白质发生选择性吸附，被吸附蛋白质所覆盖的硅酸盐颗粒会再吸附某些单宁、酚类，很快形成致密而沉重的聚合体，通过过滤即可除去。配合选择性亲和单宁等多酚类化合物的澄清剂（明胶）共同作用于果蔬花卉汁，可达到满意的澄清效果。

加工助剂因在最终产品中要被除掉，所以往往不为使用者和消费者所注意，但如果使用的助剂不符合食品添加剂规格要求，往往会由于砷、铁等重金属的存在，给质量带来影响。

二、果蔬花卉汁饮料的加工工艺流程

用新鲜水果、蔬菜、花卉生产的原果蔬花卉汁、带肉果蔬花卉汁和浓缩果蔬花卉汁是果蔬花卉汁饮料的主要原料。一般工艺流程如下：

果蔬花卉汁→过滤→调配（加酸味剂、甜味剂、水、其他辅料）→
均质→脱气→杀菌→灌装→成品

三、果蔬花卉汁饮料的工艺要点

1. 主要原辅料

（1）果蔬汁　生产中常用的是原果蔬汁和浓缩果蔬汁。果蔬汁的主要成分是水、糖类、有机酸、维生素、单宁、芳香物质、色素、含氢物质和矿物质，此外，还含有一些非水溶性物质，如纤维素、淀粉、原果胶等。一般应当选择糖分高，酸度适中，色、香、味俱佳的原汁，以充分体现原果蔬汁的独特风味，或者采用多品种的混合果蔬汁，以生产出新型风味的优良饮料。

（2）花卉汁　在花盛开时，采用人工采摘，通过急速脱水干燥、超微粉碎，以确保原料色香味、可速溶性和稳定性。然后用不同的方法提取其中的芳香物质及有效成分，可以直接饮用，也可掺入其他果蔬汁制成花卉复合饮料。

（3）甜味剂　用于果蔬花卉饮料的甜味剂多为天然甜味剂，如砂糖、葡萄糖、果糖、果葡糖浆等，其中以果糖最甜。这些天然甜味剂除使饮料具有甜味外，还能提供营养。不同的甜味剂，其风味、特性也不同。为此，必须对各甜味剂的不同属性了解清楚，还要注意甜味剂对色、香、味协调性的影响。

（4）酸味剂　不同的果实所含的酸味不同，一般以含柠檬酸、酒石酸和苹果酸为多。为了使生产出来的饮料能恢复到果蔬汁原来的风味，应尽量按原来酸味剂所占的比例添加进去。还要注意甜酸度的比例，合适的甜酸比能使风味更佳。不同的饮料种类，为突出某种风味，可以单独使用一种酸味剂，也可以混合使用。对于酸度较高的饮料，可以使用这些有机酸的盐类，以缓和酸味。

（5）香料　原料果蔬花卉汁由于经过一系列的处理，其果实的基本香味已散失很多，再加以稀释，原来的果香就很弱了。为了恢复香气，改善风味，增进食欲，就应当添加香料。合适的香料，除了能使饮料具有令人畅快的风味外，还能掩盖原汁中带来的异味。

（6）色素　原料果蔬花卉汁中的色素在生产中失去了大部分，当使其成为稀释果蔬花卉汁时，色泽就更加淡了。因此，为了改善饮料的色泽，就必须使用色素进行着色，使饮料符合所使用果蔬汁的本色。天然色素的安全性一般较高，并有一定的营养价值，色调较自然，多被采用。但溶解度较低，着色力较差。不同的色素都有其特有的性质（如对热的敏感性，紫外线导致色素的分解，pH 值和金属引起的变色等），要根据饮料品种、特性的不同来选用色素。

（7）防腐剂　果蔬花卉原汁在稀释制成饮料后，由于添加了甜味剂和酸味剂，其甜度和酸度均比原汁要高，使微生物难以正常生长繁殖。但某些菌种还是会存活下来，并生长繁殖而引起风味的变化。因此添加少量防腐剂是有必要的。目前在果蔬花卉汁饮料中使用较多的防腐剂是苯甲酸及其钠盐和山梨酸及其钾盐，它们都适宜于在酸性环境中使用，且对风味影响最小。

2. 配料调和

配料是把各种原料按比例计量后，并依预定的调和顺序均匀地混合在一起。配料前应对各种原料，特别是原料果蔬花卉汁、甜味剂等进行详细检验和处理，其他原料亦应进行检验。各种原料处理后即可进行调和，一般是在一个很大的搅拌槽中进行。应按制订的顺序进行操作。通常先把水、果蔬花卉汁、糖液进行充分地搅拌混合，再添加溶于水的酸味剂、色素、防腐剂、香料等添加剂，在添加的同时，应不停地搅拌，为避免搅拌过度引起空气的混入，搅拌时间应尽可能短，温度应尽可能低。

配料是饮料生产中的关键工序，应根据果蔬花卉汁原有的甜度、酸度来确定不同的配比，其中色泽是饮料的重点，和谐悦目的色泽能大大刺激人的食欲。原料果蔬花卉汁经稀释后，色泽会发生变化，要使生产前后的色泽基本上不变。柑橘类饮料应添加增稠剂，使其带有一定的浑浊度，给人以真实感。总之，配料的目的是生产出色、香、味俱佳的饮料。

3. 过滤

经配料后的混合料应加以过滤。过滤因饮料的要求不同而异，对于浑浊类饮料，由于需要保持一定的浑浊度，因此不能把其中的悬浮颗粒和胶粒全部排除，要除去的只是粗大的杂质，在选择过滤介质时，一般以不锈钢丝网为多。对于澄清类饮料，则要求其透明清亮，因此需要把其中的全部悬浮杂物除去，采用的过滤介质以致密者为多，如滤布、滤板等。

4. 均质

对于浑浊饮料，还需要进行均质处理，使悬浮粒子微细化，以生产稳定的悬浊液，防止液固相分离和沉淀的产生，并提高黏度。均质处理一般应用于浑浊类果蔬花卉汁，如柑橘汁、番茄汁饮料等。均质处理在均质机中进行。

5. 脱气

在饮料生产过程中，由于各种原料本身都含有一定量的氧气，而在配料、搅拌、过滤、均质等一系列工艺过程中又难免不与空气接触，空气中的氧会进入到混合料中，引起饮料色、香、味的改变。因此，必须加以脱气处理，即除去混合料中含有的氧。脱气操作因饮料种类、混合料的属性以及芳香物质的特性不同而异。常用的脱气法有真空脱气和置换法，前者效率较高，但会造成芳香物质的损失和水分的蒸发，后者的损失较小。

6. 杀菌

杀菌的目的是杀灭混合料中的有害微生物，并使各种酶失去活力，使饮料得以久存。这些微生物大致分为酵母、霉菌、细菌三类。酵母适宜于在含糖分多而酸度低的环境中生长，霉菌的生长需要氧气，细菌主要是乳酸菌和醋酸菌，但在混合料的环境中，它们都难以生存。混合料中含果蔬花卉汁多，糖分也高，如采用常温加热杀菌，易于发生色调褐变和香味变化，维生素 C 也会分解，从而使饮料失去应有的风味和营养价值。通常采用的杀菌方法可分两类：一类是巴氏杀菌法，是在一定的温度下，保持较长时间来完成杀菌的要求；另一类是闪流杀菌法，它是在较高温度下持续很短时间，以迅速完成杀菌要求。闪流杀菌法的设备分板式和管式两类。实质上是一种热交换器，用蒸汽或热水进行加温，由于接触面积大，热传导效率高，经过短时间（1min 左右）的加热，即可达杀菌的目的。

7. 灌装

混合料经杀菌后即可进行灌装。灌装的容器有玻璃瓶和铁罐两种，而以玻璃瓶为多。果蔬花卉汁饮料的灌装和碳酸饮料的灌装不同，碳酸饮料属于冷灌装，而果蔬花卉汁饮料属于热灌装。加热杀菌后的饮料，温度为 85～90℃。如果把温度这样高的饮料灌注于玻璃瓶，易造成玻璃瓶的破裂。因此用于灌装的玻璃瓶应加一道温瓶工艺，使瓶子温度与饮料温度相近。温瓶的热源可用热风、热水或蒸汽。

用灌装机把杀菌后的饮料趁热灌入经加温后的瓶中，应立即封盖，然后使瓶子反转，瓶口朝下，使瓶盖内面和瓶子上部空间部分接触高温饮料而杀菌，然后尽快地进行冷却。冷却设备通常采用隧道式冷却机，里面分成几个不同的温度区段，各区段中都安有喷头，以经过冷却机后的饮料温度降低到 40℃ 左右为合格。冷却时，在瓶子能够承受的范围内，要求速度尽可能快，以免饮料的风味丧失。

第三节　果蔬花卉汁及果蔬花卉汁饮料的质量检验

果蔬花卉汁常见的质量问题是理化因素和微生物因素引起的浑浊与沉淀，酶促褐变及非酶促褐变引起的变色，细菌、霉菌和酵母引起的变味，由原料引入的农药残留，添加剂的滥用及超标使用，以及果蔬汁的掺假。

果蔬花卉汁及果蔬花卉汁饮料的质量可按照《食品安全国家标准　饮料》（GB 7101—2022）、《原果汁通用技术条件》（SB/T 10197）、《浓缩果汁通用技术条件》（SB/T 10198）和《绿色食品　果蔬汁饮科》（NY/T 434）的要求检验。试验方法按标准中指定的方法或《果汁通用试验方法》（SB/T 10203）执行。主要检验项目有：感官检验、净含量及负偏差检验、理化检验、卫生监测及标签标识检验。

一、感官检验

感官检验包括色泽、外观及杂质检验、香气及滋味检验。应符合表 3-1 的规定。

表 3-1　感官要求

项　目	要　求	检验方法
色泽	具有该产品应有的色泽	液体饮料：取约 50mL 混合均匀的被测样品置于无色透明的容器中，在自然光下观察色泽，鉴别气味，并用温开水漱口，品尝滋味，检查其有无外来异物。饮料浓浆按产品标签标示的冲调方法稀释后进行检测
滋味、气味	具有该产品应有的滋味、气味，无异味，无异嗅	
状态	具有该产品应有的状态，无正常视力可见外来异物	

二、净含量及负偏差检验

用计量检定合格的与标识容量相适应的量筒量取，并计算出负偏差。

三、理化检验

理化检验内容包括可溶性固形物含量、果汁含量、总酸、挥发酸、乙醇、二氧化硫残留等。理化指标应符合表 3-2 的规定。

表 3-2　理化指标

项目		指标	检验方法
锌、铜、铁总和[①]/(mg/L)	≤	20	GB 5009.13，GB 5009.14，GB 5009.90
氰化物(以 HCN 计)[②]/(mg/L)	≤	0.05	GB 5009.36
脲酶试验[③]		阴性	GB/T5009.183

① 仅适用于金属罐装果蔬花卉汁类及其饮料。

② 仅适用于添加了杏仁或杏仁制品的饮料，检测结果换算为以 HCN 计。

③ 仅适用于添加了大豆或含大豆蛋白的制品的饮料。

注：固体饮料、饮料浓浆按产品标签标示的冲调方法稀释后应符合本标准要求。

可溶性固形物、总酸、氨基态氮、抗坏血酸和总糖的测定方法按《果汁通用试验方法》（SB/T 10203—1994）规定的方法检测。

四、卫生监测

卫生监测内容包括砷、铅、铜、锌、铁、锡、农药残留、糖精钠、山梨酸（钾）、苯甲酸（钠）、合成着色剂、其他食品添加剂、菌落总数、大肠菌群、致病菌（肠道致病菌和致病性球菌）、霉菌、酵母、展青霉素以及商业无菌检验。

1. 污染物限量和真菌毒素限量

污染物限量应符合 GB 2762 的规定。

真菌毒素限量应符合 GB 2761 的规定。

2. 农药残留限量

农药残留限量应符合 GB 2763 的规定。

3. 微生物限量

经商业无菌生产的产品，应符合商业无菌的要求，按 GB 4789.26 规定的方法检验。

其他产品的致病菌限量应符合 GB 29921 规定，微生物限量还应符合表 3-3 的规定。

表 3-3 微生物限量

项目	采样方案[①]及限量				检验方法
	n	c	m	M	
菌落总数[②]/（CFU/g 或 CFU/mL）	5	2	$10^2(10^4)$	$10^4(5\times10^4)$	GB 4789.2
大肠菌群[③]/（CFU/g 或 CFU/mL）	5	2	1(10)	$10(10^2)$	GB 4789.3
霉菌/（CFU/g 或 CFU/mL）≤	20(50)				GB 4789.15
酵母[④]/（CFU/g 或 CFU/mL）≤	20				GB 4789.15

① 样品的采集及处理按 GB 4789.1 和 GB/T 4789.21 执行。

② 不适用于添加了需氧和兼性厌氧菌种的活菌（未杀菌）饮料。

③ 饮料浓浆按照括号中的限量执行。

④ 不适用于固体饮料。

注：括号中的限值适用于固体饮料。

4. 食品添加剂和食品营养强化剂

食品添加剂的使用应符合 GB 2760 的规定。

食品营养强化剂的使用应符合 GB 14880 的规定。

5. 砷、铅、铜、锡的检验

砷、铅、铜、锡的检验分别按 GB 5009.11、GB 5009.12、GB 5009.13 和 GB 5009.16 的规定执行。

技术实例篇

第四章 果品的制汁技术与复合饮料实例

04 Chapter

随着生活水平的提高，人们的饮食结构也发生变化，果汁及果汁饮料成为备受青睐的饮品，这是因为果汁不仅能消暑解渴，还具有非常重要的生理功能。果汁富含重要的营养物质，如较多的维生素和矿物质，以及一些其他食品中缺乏的特殊成分，果汁中的营养成分主要是蛋白质、脂肪、糖、有机酸、维生素、矿物质、芳香物质和色素等，果汁因较好地保留了原料中含有的营养成分，而备受大众的喜爱。

第一节 仁果类果实的制汁技术与复合饮料实例

本类水果属于蔷薇科。果实的食用部分为花托、子房形成的果心，所以植物学上称其为假果，例如苹果、梨、海棠、沙果、山楂、木瓜等。其中苹果和梨是北方的主要果品。本节介绍部分仁果类果实的制汁技术与复合饮料实例。

一、苹果的制汁技术与复合饮料实例

苹果（*Malus pumila* Mill.）为蔷薇科苹果属植物。原产于欧洲东南部、小亚细亚及南高加索一带。1870 年前后传入我国烟台，近年来在东北南部及华北、西北各省广泛栽培。果实为仁果，颜色及大小因品种而异。苹果含有丰富的糖类、蛋白质、脂肪、维生素 C、果胶、单宁、有机酸以及钙、磷、铁、钾等矿物质。除此之外苹果还具有排出盐分、降低血压、降胆固醇、刺激肠道蠕动、利尿通便等作用。苹果营养价值高，有益健康，深受人们的喜爱。苹果中的果胶可以调节人体生理机能，苹果被科学家称为"全方位的健康水果"。

1. 苹果澄清汁

【原辅料配比】

苹果汁 100％。

【工艺流程】

苹果→清洗→破碎→榨汁→筛滤→杀菌→冷却→离心分离→澄清→过滤→

杀菌→灌装→检验→成品

【操作要点】

(1) 原料选择　选择成熟度适中、新鲜饱满、无病虫害及腐烂的苹果为原料，并注意剔除所夹带的杂质。

(2) 清洗　苹果汁加工的第一道工序是清洗，通过清洗可将苹果原料携带的微生物量降低到原来的 2.5%～5.0%。苹果清洗的方法有流槽清洗、刷洗、喷淋等。一般几种方法结合起来使用。

(3) 破碎　破碎的果块要大小适宜且均匀。果块过小，在榨汁时，水果外皮的果汁很快被榨出，果实被压实，内部果汁流出的通道被堵塞，使出汁率降低。破碎时，果块最好在 3～4mm，并尽量避免物料与空气的接触，以防止果肉的褐变。同时在果实破碎时一定要加护色剂如维生素 C、氯化钠、柠檬酸等，一般采用喷淋式添加方式，一边破碎一边向已破碎好的物料中喷洒护色剂。

(4) 榨汁　榨汁是获取原汁的主要方法，也是一个关键工序。榨汁要求做到出汁率高，榨出的汁液内含的果肉颗粒少，褐变和营养素损伤少，生产效率高。由于苹果果实含果胶量较多，在榨汁前应进行果胶酶处理，以利于果胶的分解，提高出汁率。果胶酶的用量应根据苹果原料的果胶含量来确定，一般在 0.3%～0.4%左右，酶解温度为 40℃，处理时间为 2h。

(5) 筛滤、杀菌　榨取的汁液经过滤装置过滤，滤液经高温瞬时杀菌处理。

(6) 冷却、离心分离　杀菌后的汁液冷却后经离心机离心弃去沉淀，保留上清液。

(7) 澄清　澄清是生产苹果澄清汁最主要的工序，可以除去苹果汁中的大颗粒果肉，从而得到澄清透明的苹果澄清汁。澄清的方法主要有果胶酶-明胶-硅溶液澄清法、硅藻土澄清法和明胶-硅溶液澄清法。

(8) 过滤　过滤的目的是将苹果汁中的固体粒子除去，固体粒子包括果肉微粒、澄清过程中出现的沉淀物及其他杂物。

(9) 杀菌　苹果汁生产中主要采用巴氏杀菌法和瞬时高温杀菌法。巴氏杀菌法为 85～100℃ 杀菌数分钟。高温瞬时杀菌法的温度为 135℃，杀菌数秒至 6min。

(10) 灌装、检验　目前使用的灌装方法主要有热灌装、冷灌装和无菌灌装等。

【质量标准】

(1) 感官指标　目前市场上出售的苹果汁大部分为清汁，即加工的产品中无任何沉淀物，果汁清晰透明。清汁比较爽口，也易于配制其他果汁饮料。

(2) 理化指标与微生物指标 均达到国家标准要求。

2. 带肉苹果汁

【原辅料配比】

苹果原浆 25％，白砂糖 8％，蛋白糖 0.01％，柠檬酸 0.12％～0.25％，稳定剂 0.13％～0.21％，D-异抗坏血酸钠 0.02％，无菌软化水定容至 100％。

【工艺流程】

苹果→清洗→切块→软化→打浆→过滤→调配→均质→真空脱气→高温瞬时杀菌→

热灌装→封口→冷却→成品

【操作要点】

(1) 原料选择 选择成熟度适中、新鲜饱满、无病虫害及腐烂的苹果，并注意剔除所夹带的杂质。

(2) 清洗 必须将附着在果实上的泥土、残留农药等冲洗干净，可选用 1.2％氢氧化钠溶液短时间浸泡后冲洗干净。

(3) 切块、软化 将洗净的苹果切成 2cm×3cm 的小碎块，并批量投入盛有 0.1％柠檬酸水溶液的夹层锅内，保持水温 95～100℃，热烫 8～10min，迅速灭活苹果中的多酚氧化酶、果胶酯酶等酶系，以保证产品具有良好的色泽和稳定性。

(4) 打浆、过滤 采用筛网孔径 0.6～1.2mm 的不锈钢双道打浆机打浆过滤，贮存于暂贮罐内备用。

(5) 调配 将苹果原浆泵入调配罐中进行调配、定容。在调配过程中，先将复合稳定剂用少许热水浸溶，再同其他辅料的水溶液按顺序加入调配罐中，以热无菌软化水定容，搅拌均匀。

(6) 均质 将均匀的物料通过胶体磨进行微细化处理，再经过高压均质机乳化均质，使得液料的组织形态更加细腻均匀，均质压力为 25～30MPa，均质温度控制在 70～75℃之间。

(7) 脱气 将均质料液泵入真空脱氧机内进行脱气处理，真空度为 0.06～0.08MPa，温度为 55℃左右。

(8) 杀菌 杀菌操作温度为 97～98℃，时间 25～30s，冷却温度为 91～93℃。杀菌完毕应迅速泵入保温无菌罐中，并尽快灌封。

(9) 灌装、封口、冷却 可选用复合膜封装或马口铁易拉罐包装。灌装温度应保持在 90℃以上。封装后倒置 3～5min。随之用冷水喷射，快速冷却至 38℃左右。

【质量标准】

(1) 感官指标 产品呈淡黄色且均匀一致；汁液呈稳定的胶体状态，久置无明显沉淀；具有苹果的自然香气，口感润滑细腻。

(2) 理化指标 可溶性固形物含量（以折光计）为 15％～17％；总酸（以

柠檬酸计）为 0.5%～0.6%。

（3）微生物指标　达到国家标准要求。

3. 铁皮石斛苹果复合饮料

【原辅料配比】

苹果汁 40%，铁皮石斛汁 60%，黄原胶 0.04g/100mL，白砂糖 4.0g/100mL，柠檬酸 0.1g/100mL。（辅料黄原胶、白砂糖和柠檬酸的用量按果蔬汁总体积计算。）

【工艺流程】

苹果 → 清洗 → 去皮、去核 → 护色 → 打浆 → 过滤 → 苹果汁┐
铁皮石斛 → 清洗 → 漂烫 → 打浆 → 过滤 → 铁皮石斛汁┘├→ 混合→调配→均质→灌装
成品←冷却←杀菌←┘

【操作要点】

（1）苹果汁的制备　将新鲜苹果用清水洗净表面污物、去皮、去核、切块后迅速放入复合护色剂（抗坏血酸钠 0.01%、亚硫酸钠 0.1%、柠檬酸 0.1%、EDTA 0.01%）中护色 30min。护色后漂洗，以料液比 1∶1（质量体积比）打浆，过滤，即得苹果汁。

（2）铁皮石斛汁的制备　选择无腐烂、无霉变的鲜铁皮石斛，搓洗表皮，沸水漂烫 5min。取出，洗净切成约 2cm 小段，按料液比 1∶15（质量体积比）打浆，过滤，即得铁皮石斛汁。

（3）调配　将铁皮石斛汁、苹果汁按 6∶4 混合搅拌，搅拌时加入白砂糖、柠檬酸、黄原胶等辅料，使其充分混合溶解。

（4）均质、脱气　将调配好的铁皮石斛苹果复合饮料在压力 25 MPa 下均质 10min，重复 2 次，使其口感细腻，然后加热到约 95℃，保持 10min，使料液中气体脱出，保证产品品质。

（5）灌装、杀菌、冷却　将铁皮石斛苹果复合饮料装入已灭菌的玻璃瓶中，加热至 90～95℃，灭菌 15～20min，灭菌后用冷风迅速冷却至室温储藏。

【质量标准】

（1）感官指标　浅黄绿色，均匀一致，无明显沉淀；具有明显铁皮石斛和苹果清香，酸甜适中，口感柔和，细腻圆润，无异味。

（2）理化指标　可溶性固形物含量 7.1% 左右，pH 值 4.4～4.9。

（3）微生物指标　产品常温储藏 2 个月后，菌落总数≤3CFU/mL，大肠杆菌及致病菌不得检出。

4. 苹果山药山楂复合果蔬浆

【原辅料配比】

苹果浆 40%，山楂浆 40%，山药浆 20%，白砂糖 0.2g/100mL，复合稳定剂（黄原胶：CMC-Na＝1∶1）0.1g/100mL。（辅料白砂糖、复合稳定剂用量按果蔬汁总体积计算。）

【工艺流程】

苹果 → 选果 → 清洗 → 去皮 → 切片 → 护色
苹果浆 ← 制浆 ← 冷却 ← 软化

山楂 → 选果 → 清洗 → 去柄、去核 → 软化 ├ 调配 → 细化、脱气 → 灌装
山楂浆 ← 制浆 ← 冷却 　　　　　　　　　成品 ← 冷却 ← 灭菌

山药 → 清洗 → 去皮 → 切块 → 护色 → 软化
山药浆 ← 制浆 ← 冷却

【操作要点】

（1）苹果浆的制备　选择优质的红富士苹果为原料。将红富士苹果放入水中浸泡，加少量食盐搓洗，去除其表面残留的污物。将洗净的苹果削皮、去核、切片后迅速放入所配制的护色液（1％食盐，0.1％柠檬酸）中。将处理好的果片投入定量的沸水中，保持5～8min，至果片软烂。把软化后的果片迅速降至室温。冷却后将果片放入打浆机内制浆，制取的苹果浆冷藏备用。

（2）山楂浆的制备　选择颜色均一、形状相似、无明显腐烂的山楂果实为原料。将山楂果用流动的水反复清洗，去除柄与蒂中隐藏的泥土及污物。将清洗后的山楂果加入同等质量的水加热软化。软化后立即冷却至室温，再放入打浆机打浆，得到的山楂浆冷藏备用。

（3）山药浆的制备　选择粗细均匀、无腐烂的铁棍山药为原料。将山药表面的泥土用流动水清洗干净，去皮后切成小片。将切片后的山药添加等量热水加热软化。软化后立即冷却至室温，再放入打浆机打浆，得到的山药浆冷藏备用。

（4）调配　将制备好的苹果浆、山楂浆、山药浆按照配方比例混合，再加入白砂糖和复合稳定剂，搅拌均匀。

（5）细化、脱气　把调配好的果蔬浆预热后通过胶体磨、均质机反复研磨1～2次，达到果肉微细、口感细腻的状态。然后加热至90～95℃，保持15～20min，使料液中的气体完全脱除。

（6）灌装　将瓶及瓶盖清洗后加热消毒并沥干水分，趁热将复合果蔬浆饮料装入瓶中，封盖。注意灌装量要准确，封盖要迅速紧密，并尽快灭菌。

（7）灭菌　将封盖后的饮料迅速投入热水中，加热至95℃，保持20～25min灭菌。

（8）冷却　灭菌后的饮料要迅速冷却至室温，贮藏备检。

【质量标准】

（1）感官指标　呈浅黄色或棕黄色，均匀一致，有轻微的沉淀；具有苹果、山楂的果香；微酸甜，无苦涩味及异味。

（2）理化指标　可溶性固形物含量3％～5％，pH值4。

（3）微生物指标　达到国家标准要求。

二、山楂的制汁技术与复合饮料实例

山楂（*Crataegus pinnatifida* Bge. var. major N. E. Br.）为蔷薇科山楂属植物，别名山里红、胭脂果、南山楂、小叶山楂、红果子。山楂原产于中国、朝鲜和俄罗斯西伯利亚。山楂含多种维生素、酒石酸、柠檬酸、山楂酸、苹果酸等，还含有黄酮类、内酯类、糖类、蛋白质、脂肪和钙、磷、铁等矿物质，所含的酶能促进脂肪类食物的消化。中医认为，山楂具有消积化滞、收敛止痢、活血化瘀等功效，主治饮食积滞、胸膈痞满、疝气、血瘀、闭经等症。山楂中含有的萜类和黄酮类成分，具有显著的扩张血管及降压作用，有增强心肌、抗心律不齐、调节血脂及胆固醇含量的功能。山楂只消不补，脾胃虚弱者不宜多食。

1. 浓缩山楂汁

【原辅料配比】

山楂汁100％。

【工艺流程】

山楂果→清洗→破碎→软化（醇解）→浸提→过滤→离心分离→澄清（酶反应）→

离心分离→过滤→山楂清汁→芳香物质的回收→浓缩→杀菌→冷却→灌装→密封→

贮藏→浓缩山楂汁

【操作要点】

（1）原料选择　用于提汁的山楂果应是充分成熟的、色泽红艳的新鲜果实，果实大小不限，但要尽可能剔除病虫及腐烂的不合格果实。

（2）清洗　用流动的净水将山楂果洗涤干净，并经过挑选，以去除其中的草、叶等杂物，剔除不合格的山楂果。

（3）破碎　为了加速山楂汁的提取，提高出汁率，常将山楂果压裂。压裂可以使用辊式破碎机，通过调节两辊轮之间的距离，使果实被压成扁平状而不破碎。如果山楂果实大小不一，在加工量大时，最好于破碎前对果实进行大小分级，否则会使破碎程度不均，影响出汁率，或者会压破大果的果核，使核中的不良成分进入浸汁中影响汁的风味。对于小规模的加工厂，一般以数量较大的中等大小果实为准来调节压辊之间的距离。也可以不用机械方法压裂，例如可利用浸提水与山楂果的温差，使山楂表皮破裂，使果实中的可溶性固形物加速向浸提水中扩散。

（4）软化与酶解　山楂果实中的汁液较少，同时果胶含量高，使汁液较黏，加之山楂果核占整果质量的15％～20％，山楂果肉质地紧密，直接用压榨法很难提取山楂汁，因此，在浸提前需要进行预处理。生产中常用以下两种方法。

① 加热软化。山楂果在破碎以后进行加热软化，目的在于使细胞原生质中

的蛋白质凝固，形成凝块，改变原生质层的半透性，使细胞中的可溶性固形物容易向外扩散，同时使果肉软化，果胶质可溶化，降低汁液的黏度，提高出汁率。另外，加热还可促进色素和风味物质的渗出，使果肉的酶失去活性，稳定果汁的浑浊度。加热温度一般为 85～90℃，时间 15～20min。

② 酶处理。在现代果汁加工技术中，果胶酶起着很重要的作用。在果汁的生产和贮存中，果胶酶可以引起产品的变质，也可能产生有利的效果。在生产山楂清汁的过程中，添加果胶酶是为了有效地降解果肉组织中的果胶物质，降低山楂果肉汁的黏度，便于榨汁和过滤，提高浸提率，同时破坏果胶对悬浮物的保护作用，便于汁的澄清。添加果胶酶时，首先将洗净的山楂破碎，在果肉中加适量的水，加热至 45～60℃，加入果胶酶制剂充分搅拌均匀，然后在 40～50℃温度下进行 3～4h 的酶反应。酶反应的最佳温度为 45℃左右，果胶酶制剂的添加量一般为果肉质量的 0.01%～0.03%。加水是为了增加果肉与酶制剂的接触。果胶酶的活性与反应温度有关，温度过高会使酶失去活性，因此，常先将果肉加热至 80～85℃，杀菌灭酶，抑制山楂果中的含氧成分后冷却至酶处理的最佳温度，再加入酶制剂，可以迅速发挥酶的活性，促进果胶分解，缩短酶反应的时间，提高浸出率。

（5）浸提

① 一次浸提法。浸提过程一般是在浸提罐内进行的。料水量一般为罐容量的 80%～85%。浸提时可根据罐的容量，按料水比 1∶（2～2.5）的比例放入所需要的水，加热至沸腾，再加入相应量的山楂果，用辊式破碎机压裂山楂果，略加搅动，浸提 6～8h，放出浸汁。浸汁经过过滤和澄清，作为原料汁使用，滤渣不再浸提取汁。一次浸提的可溶性固形物含量一般为 4.5～6.0°Bx，汁中的果胶含量低，透明度好，色泽和风味均佳，但一次浸提有效成分的浸提率低。

② 压榨法。

a.凝胶压榨法。将山楂果去核后加入一定量的水并用破碎机破碎。由于山楂果中的果胶含量较高，经过一定时间，破碎的山楂果肉就会凝固，形成凝胶。将凝胶搅碎，用压榨机压榨，就可获得浓度稍高的山楂汁。在榨渣中加水，经过 20～30min 后再行压榨，得到浓度较低的洗渣汁，可将其加入去核的新鲜山楂中，再用上述方法使其凝胶，可以获得浓度更高的山楂汁。

b.酶解压榨法。将洗净的山楂果破碎，在果料内加入果料量 0.5～1 倍的沸水，搅拌均匀，在 45～50℃温度下加入果料质量 0.1%～0.3% 的果胶酶制剂，并在上述温度下保持 4h 左右，用压榨机压榨，可获得 8～10°Bx 的山楂汁。这种方法操作简单，可减少山楂营养成分的损失，浸提率高。

③ 真空浸提法。浸提罐为一真空容器，放入山楂果后，使容器内减压，利

用真空破坏果实细胞壁。在生产清汁时，可同时加入果胶酶，在提汁的同时进行酶处理。

（6）过滤　浸提出的山楂汁，以不锈钢制作的平筛、回转筛或振动筛进行粗滤，粗滤的目的是在保持色泽、气味和香气等果汁特征前提下，除去分散、悬浮在汁中的粗大颗粒或其他杂质，粗滤也是精滤和澄清以前的预操作。筛网以 32～60 目为宜。

（7）离心分离　将粗滤液装入离心管中，以 6000～11000r/min 离心沉降，以除去山楂汁中的夹杂物、沉淀物和部分果肉等固体小颗粒。

（8）澄清

① 自然澄清法。将山楂汁置于密闭容器中，经过较长时间的静置，果胶物质就会逐渐水解，从而可降低山楂汁的黏性，汁中的悬浮物质就会沉淀到容器底部，蛋白质和单宁也会逐渐形成不溶性沉淀。

② 明胶单宁澄清法。向离心后的山楂汁中加入明胶与单宁，明胶与单宁形成絮状物沉淀，使果汁中的悬浮颗粒被缠绕而随之下沉，果汁被澄清。此外，果汁中的果胶、纤维素、单宁等带有负电荷，酸介质、明胶带正电荷，正负电荷微粒相互作用，凝结沉淀，也能使果汁澄清。

③ 加热凝聚澄清法。将山楂汁迅速加热至 80～82℃ 并保持 1～2min，然后迅速冷却至室温，静置。果汁中的蛋白质和其他胶体物质由于温度的剧变发生变性，凝固析出，使果汁澄清。

④ 加酶澄清法。向离心后的山楂汁中加入果汁质量 0.004%～0.05% 的果胶酶，于 45～55℃ 反应 3～4h。

（9）离心分离、过滤　经过澄清处理后的山楂汁，放入离心设备中进行离心处理，离心后的上清液用袋滤器、纤维过滤器、板框压滤机、真空过滤机、纸板过滤机等进行过滤，进一步分离山楂汁中的沉淀物和悬浮物，使山楂汁清澈透明。

（10）芳香物质的回收　将山楂汁通过提香器，山楂汁通过加热闪蒸使香气成分挥发变成气体，再通过冷凝器使气体冷凝为香液。

（11）山楂汁的浓缩　提香处理后的山楂汁放入离心薄膜式蒸发器进行浓缩，浓缩时间 1～3s，可完成 8～10 倍的浓缩，得到浓缩果汁。

（12）杀菌、冷却　浓缩山楂汁采用高温瞬时杀菌法杀菌，随后冷却至 30℃。

（13）灌装、密封、贮藏　冷却后的山楂汁进行无菌灌装、密封。而后转入大容量的内涂料罐内保藏。保藏的适宜地方为 −25～−20℃ 的冷库，这样可以明显减少褐变，而且微生物也显著减少，果汁的风味、色泽变化较少，可以保持良好的状态。

【质量标准】

(1) 感官指标　浓缩山楂汁呈深红棕色，久置后允许稍有褐变；将浓缩山楂汁稀释至可溶性固形物含量的10%，并按比例回兑加工过程中收集的天然山楂香精时，应具有鲜山楂果所固有的滋味和香气，口味纯正；浓缩山楂汁为黏稠状透明液体，无悬浮物；不允许有肉眼可见的杂质。

(2) 理化指标　可溶性固形物含量与总酸见表4-1。铜≤10mg/kg；铅≤1.0mg/kg；砷≤0.5mg/kg。

表4-1　山楂汁可溶性固形物含量与总酸的关系

可溶性固形物含量(20℃,折光率)	总酸(以苹果酸计)
70%±2%	4%～12%
60%±2%	3.4%～10.3%
50%±2%	2.8%～8.6%

(3) 微生物指标　菌落总数≤100CFU/mL；大肠菌群≤6MPN/100mL；致病菌不得检出；没有微生物作用引起的腐败现象。

2. 山楂果茶

【原辅料的配比】

山楂汁60%，胡萝卜汁40%，黄原胶0.1～0.4g/100mL，果胶酶0.01g/100mL，阿斯巴甜50～70mg/100mL，胭脂红按规定剂量添加，柠檬酸0.1g/100mL。(辅料用量按果蔬汁总体积计算。)

【工艺流程】

山楂 → 清洗 → 热烫 → 打浆 → 浸提 → 离心 ┐
　　　　　　　　　　　山楂汁 ← 酶处理 ┘ ├ 调配 → 均质 → 脱气 → 杀菌
胡萝卜 → 清洗 → 切片 → 蒸煮 → 打浆 → 酶解 ┘ 　　　　　　成品 ← 灌装 ┘
　　　　　　　　胡萝卜汁 ← 磨浆 ← 离心 ┘

【操作要点】

(1) 山楂汁的制备

① 原料选择。选用山楂鲜果，剔除病果、烂果、虫果、未成熟果、枝等杂质，置洗果槽内。

② 清洗。洗果时间应根据鲜果带泥沙等污物量而定。一般在槽中轻轻搅动3～5min就能洗净。如果带泥沙等污物较多时，可适当增加搅动时间，直至洗净，不允许浸泡时间过长。

③ 热烫。将洗净后的山楂倒入夹层锅内保持水温95℃左右热烫3～5min，手感发软即可，不可时间过长。

④ 打浆。采用筛孔直径1mm的打浆机即可，在打浆时添加一定量的水并记

录添加水量。

⑤ 浸提。将山楂浆通过交换器打入搅拌器的罐内，温度保持在 50℃ 左右，搅拌 2h。

⑥ 离心。将保温浸提后的山楂汁通过离心机（3000～4000r/min）除去残渣，通过热交换器保温 50℃ 打入脱胶罐内进行酶处理。

⑦ 酶解。添加 0.02% 的果胶酶，反应时间为 2h，然后打入贮汁罐待用。

（2）胡萝卜汁的制备

① 原料选择。选择成熟适度而未木质化，肉质新鲜，皮薄肉厚，纤维少，组织紧密而脆嫩，无病虫害及机械损害，表皮及根肉呈鲜艳红色或橙红色的品种；农药残留量不得超过国家食品卫生标准。

② 清洗。洗净表皮的泥沙杂质，除去个别胡萝卜残存的黑斑及根须等，采用滚筒式洗涤机进行清洗。

③ 切片。用切片机切片，要求片厚 2～3mm 且均匀一致。

④ 蒸煮。用 0.1MPa 蒸气压，蒸 14～15min，间隙排气。蒸煮可消除胡萝卜的生焖味，软化组织，利于打浆。

⑤ 打浆。用筛孔直径 0.5mm 打浆机打浆，在打浆过程中添加适量含 0.1% 柠檬酸的纯水，防止胡萝卜浆产生凝聚。

⑥ 酶解。将打浆后的胡萝卜浆通过热交换器保持温度在 50℃ 左右，添加 0.01% 的果胶酶，反应 2h。

⑦ 离心。将酶处理后的胡萝卜汁进行离心，进一步除去纤维果屑。

⑧ 磨浆。将离心后的胡萝卜汁通过胶体磨进一步粉碎，使之成为更加均匀一致的胡萝卜汁，打入贮汁罐待用。

（3）调配　山楂汁与胡萝卜汁按比例打入调配罐调配。

（4）均质　采用高压均质机均质，工作压力在 19MPa 以上，使组织均一，有滑感，并避免产品产生沉淀。

（5）脱气　其目的是避免果汁氧化褐色和风味变化。脱气条件为温度 40～50℃，真空度 0.0078～0.0105MPa。

（6）杀菌　温度 137℃，时间 21s，冷却温度为 28～30℃，然后输送到无菌包装机包装。

（7）无菌包装　这是最后和最重要的工序，操作时要求果汁无菌、管道无菌和包装无菌等，包装要密封良好，这是确保产品质量和产品保存期的重要一环。

【质量标准】

（1）感官指标　色泽淡鲜红色，均匀一致；汁液是均匀胶体浑浊状态，无杂质，久置后无沉淀；具有山楂鲜果浓郁的香味，无异味，口感滑润，具有稠厚感。

（2）微生物指标　菌落总数＜100CFU/mL；大肠杆菌、致病菌不得检出。

3. 金橘山楂复合饮料

【原辅料配比】

金橘山楂萃取液（山楂：金橘＝1：1.6）30％，白砂糖6％，冰糖1％，柠檬酸0.15％，苹果酸0.05％，玫瑰茄浓缩液0.05％，异抗坏血酸钠0.04％，柠檬酸钠0.02％，食用盐0.02％，维生素C 0.02％，饮料用水62.65％。

【工艺流程】

山楂、金橘拼配→清洗→萃取→过滤→金橘山楂萃取液→调配→均质→杀菌、灌装→成品

【操作要点】

（1）原料的拼配、清洗　将金橘片、山楂片按1：1.6的比例进行拼配。分别将金橘片、山楂片用干净流动的纯水进行清洗，去除表面灰尘等杂质。

（2）萃取　萃取水温度达到95℃时，按料水比1：12加水到萃取容器中，然后加入混合好的金橘山楂原料，进行恒温萃取70min。

（3）过滤　萃取好的样品趁热通过270目筛网过滤，得到萃取液。

（4）调配　将配方比例的白砂糖、冰糖、玫瑰茄浓缩液、柠檬酸、柠檬酸钠、异抗坏血酸钠、苹果酸、食盐及维生素C加入金橘山楂萃取液中，混合均匀后，加水定容。

（5）均质　将调配液通过均质机进行均质，均质压力17～19MPa。

（6）杀菌、灌装　将均质好的调配液，在设定杀菌温度110℃保持12s，进行超高温杀菌，随后冷却至30℃，进行无菌灌装。

【质量标准】

（1）感官指标　浅红色具有一定浊度的均一液体，无肉眼可见杂质；具有浓郁的熬煮金橘山楂特征香气，无异味；酸甜适中，金橘山楂味明显，口感细腻。

（2）理化指标　可溶性固形物含量9.5％±0.2％；总酸（以柠檬酸计）0.35％±0.02％；pH值3.3±0.2；浊度129NTU±20NTU。

（3）微生物指标　达到国家标准要求。

4. 山楂决明子苹果醋复合饮料

【原辅料配比】

苹果醋65％，山楂汁20％，决明子汁15％，木糖醇10g/L，柠檬酸0.15g/L。（辅料木糖醇、柠檬酸用量按果蔬汁总体积计算。）

【工艺流程】

苹果 → 洗净 → 破碎 → 榨汁 → 酶解 → 澄清 → 过滤 ┐
苹果醋 ← 过滤 ← 醋酸发酵 ← 酒精发酵 ← 灭菌 ┘
　　山楂 → 清洗 → 预煮 → 破碎 → 浸提 → 粗滤 ┐　─ 调配 → 预热(70℃) → 灌装 → 密封
　　山楂汁 ← 过滤 ← 澄清 ← 分离 ┘　　　　　　　成品 ← 冷却 ← 杀菌 ┘
　　决明子 → 清洗 → 破碎 → 浸提 → 粗滤 ┐
　　决明子汁 ← 过滤 ← 澄清 ← 分离 ┘

【操作要点】

（1）山楂汁的制备　挑选色泽良好、无病虫害的优质山楂，清洗干净，于70℃热水中预煮15min，并加入1g/L抗坏血酸溶液进行护色，待其变软后切成小块，按液料比10∶1（体积质量比）的比例加水浸取山楂汁，在65℃恒温水浴中热水浸提4h，随后用6层纱布过滤，浸提2次，合并滤液，即得山楂汁。

（2）决明子汁的制备　挑选无蛀虫害、大小均匀的优质干决明子，用粉碎机粉碎并过40目筛，按液料比10∶1（体积质量比）的比例加水浸取决明子汁，在65℃恒温水浴中热水浸提4h，随后用6层纱布过滤，浸提2次，合并滤液，即得决明子汁。

（3）苹果醋的制备　挑选果实饱满、成熟度高的优质红富士苹果，用自来水冲洗干净，去皮去核后切块，放入1g/L抗坏血酸护色液中浸泡10min，接着加入超过苹果块1倍体积的清水进行榨汁，得到苹果浆。随后将苹果浆在pH值6.5、温度45℃、果胶酶添加量0.2g/L的条件下酶解90min。用纱布过滤后得苹果汁。将苹果汁于95℃下灭菌6min后，用柠檬酸将pH值调至4.0，加入已灭菌的糖并调节其糖度至16%，接种体积分数为9%活化后的酵母菌液（5g酵母加入50mL 2%的蔗糖水中活化），于28℃酒精发酵5d。在酒精发酵的基础上再进行醋酸发酵，最佳工艺参数为：接种体积分数为8%的醋酸菌种子液，发酵温度36℃，发酵时间6d。将发酵液进行过滤，即得苹果醋。

（4）复合饮料的制备

① 混合调配。将山楂汁、决明子汁、木糖醇、柠檬酸按配方比例加入苹果醋中进行调配。

② 灌装、杀菌、冷却。灌装容器、瓶盖放在沸水中加热15min备用。将调配好的溶液灌装，旋盖封口，采用巴氏杀菌法（80℃，30min）灭菌，冷却，得到成品。

【质量标准】

（1）感官指标　外观澄清透亮，无悬浮物、沉淀物和分层现象，颜色呈橙红色，色泽鲜亮，均匀，有苹果和山楂特殊清新的果香气味，味道酸甜可口，无异味，口感细腻。

（2）理化指标　蛋白质含量8.4～8.8mg/100mL，总酸含量（以乙酸计）5.7～6.1g/100mL，总糖含量3.4～3.8mg/100mL。

（3）微生物指标　细菌总数≤100CFU/mL，大肠菌群≤6MPN/100mL，致病菌不得检出。

三、梨的制汁技术与复合饮料实例

梨（*Pyrus* spp.）为蔷薇科梨属植物。我国是梨属植物中心发源地之一，国内现栽培的白梨、沙梨、秋子梨等都原产于我国。我国梨产量最多的省是河北、山东、辽宁、江苏、四川、云南等。梨为多年生落叶果树，乔木。梨果实有圆、扁圆、椭圆、瓢形等，秋子梨及西洋梨果梗较粗短，白梨、沙梨、新疆梨类果梗一般较长。梨果实供鲜食，肉脆多汁，酸甜可口，风味芳香优美。富含糖类、蛋白质、脂肪及多种维生素，对人体健康有重要作用。梨具有助消化、润肺清心、消痰止咳、退热、解毒疮的功效，还有利尿、润便的作用。

1. 澄清梨汁

【原辅料配比】

梨汁100%。

【工艺流程】

梨→清洗→破碎→护色→榨汁→过滤→澄清→精滤→灌装→密封→杀菌→冷却→成品

【操作要点】

(1) 原料选择　选择新鲜、成熟、无虫蛀的梨为原料。

(2) 清洗　清洗是加工的首道工序，通过清洗应将果皮上携带的泥土、农药残留物去掉，使微生物量降至2.5%～5.0%。清洗方法有流槽漂洗、刷洗、喷淋等，常将几种方法结合使用。先经流槽对梨进行初步清洗，然后由斗式提升喷淋机对其进一步清洗，若仍未清洗干净，可再经辊轴式喷淋机清洗。

(3) 破碎、护色　由于梨皮较厚，肉质坚硬，石细胞含量多，因而破碎工序是提高出汁率的重要工序。破碎果块的大小要适宜，一般3～4mm，为防止果实与空气接触发生氧化褐变，破碎工序要采取护色处理，一般加入0.8%的柠檬酸或0.008%的维生素C，也可采用偏重K_2SO_3（添加量为100mg/kg）护色。破碎设备有锤片式破碎机、齿板式破碎机、离心式破碎机。

(4) 榨汁、过滤　榨汁是制汁工艺的重要环节，一般要求出汁率高、汁液色泽好、营养物损失少。由于果实中果胶含量较高，破碎后直接取汁出汁率低，且汁液浑浊，可加入0.2%的果胶酶使果胶分解，酶解温度35～45℃，处理2h。汁液经过粗滤装置进行过滤，收集滤液，弃滤渣。

(5) 澄清　澄清是制汁工艺的最关键工序，粗滤后的果汁常存在一些悬浮物及胶粒，主要成分是纤维素、蛋白质、酶、糖、果胶等物质，它们的存在严重影响果汁的透明和稳定。有以下两种澄清方法。

① 硅藻土澄清法。硅藻土的用量不超过420g/1000L。

② 明胶-单宁法。使用0.5%的明胶液和1%的单宁液，最适用量分别为7.5%和7%。

(6) 精滤　澄清后的梨汁还须除去沉淀及不稳定的悬浮颗粒。硅藻土过滤机过滤效果较好，硅藻土用量0.01%左右，过滤压力为0.3～0.35MPa。采用超滤技术生产的澄清果汁色泽、澄清度、稳定性均优于其他过滤方法。

（7）灌装、密封　精滤后的果汁进行灌装、封口。

（8）杀菌、冷却　冷灌装是果汁灌入瓶内封口，再放入杀菌器内于90℃杀菌10～15min，杀菌后的果汁冷却至室温保存。

【质量标准】

（1）感官指标　澄清梨汁含有梨鲜果中最有价值的成分，不论在风味或营养上，都是十分接近于鲜梨的一种制品，加工后不仅可供一般饮用，而且也是一种良好的婴儿食品和保健食品。

（2）理化指标与微生物指标　均达到国家标准要求。

2. 黑枸杞梨汁复合饮料

【原辅料配比】

梨汁45%，柠檬汁6%，黑枸杞5%，白砂糖21%，果胶0.3%，加水至100%。

【工艺流程】

黑枸杞、白砂糖、柠檬汁、稳定剂
↓
砀山酥梨→切块→护色→榨汁→酶解→粗滤→灭酶→澄清→离心→梨汁→调配→过滤→均质→灌装→杀菌→冷却→成品

【操作要点】

（1）梨汁的制备　将梨洗净去皮后切成小块，迅速加入0.5%的维生素C、0.4%的D-异抗坏血酸钠和0.2%的柠檬酸混合溶液进行护色，浸泡10min。将梨块沥水后榨汁，向果浆中加入0.15%的果胶酶，于40℃下酶解1h，用200目滤布过滤，向所得汁液中加入一定量的壳聚糖酸性溶液，在一定条件下进行澄清处理，以转速5000r/min离心10min，得到澄清梨汁。

（2）柠檬汁的制备　挑选新鲜、无虫害的柠檬，清洗后用榨汁机榨取汁液，用200目滤布过滤，备用。

（3）调配　将黑枸杞、梨汁、柠檬汁、白砂糖、稳定剂按照配方比例混合后，搅拌均匀，补足适量水。

（4）均质　为使产品为澄清均匀液体，并具有柔和细腻的感官品质，须在高压均质机内均质，均质压力20～50MPa。

（5）灌装、杀菌　将包装容器玻璃瓶和瓶盖洗净并煮沸20min，将调配好的料液进行热灌装，灌装后在90℃条件下杀菌10min。

【质量标准】

（1）感官指标　呈紫红色，清亮透明；均匀，无悬浮颗粒或杂质；有清新的梨及枸杞香气，无其他异味；酸甜适中，果味浓，口感柔和细腻。

（2）理化指标及微生物指标　均达到国家标准要求。

四、沙果的制汁技术与复合饮料实例

沙果（*Malus asiatica*）为蔷薇科苹果属植物，又名林檎、文林郎果、花红果、五色来、联珠果。原产我国黄河流域，现在内蒙古、东北、西北等地广为栽培。沙果可鲜食，也可加工成果汁、果干、果脯、果酒和果醋。沙果富含糖类、蛋白质、脂肪、粗纤维、钙、镁、磷、铁、胡萝卜素、核黄素等成分，具有生津止渴、消食化滞、涩精的功效，主治津伤口渴、消渴、泻痢、遗精等病症。

沙果饮料的加工技术介绍如下。

【原辅料配比】

沙果 3kg，胡萝卜 3kg，柠檬酸 0.01kg，白砂糖 0.8kg。

【工艺流程】

```
沙果 → 清洗 → 破碎 → 榨汁 → 过滤 ┐
沙果汁 ← 过滤 ← 灭酶 ← 澄清 ←    ├─ 调配 → 过滤 → 杀菌 → 灌装
胡萝卜 → 清洗 → 破碎 → 榨汁 → 粗滤 ┘              成品 ← 封盖 ┘
胡萝卜汁 ← 精滤 ← 澄清 ←
```

【操作要点】

（1）沙果汁的制备

① 原料选择。选择新鲜、成熟、无病虫害的沙果为原料。

② 清洗。用清水将沙果冲洗干净，沥去水分备用。

③ 破碎。将沙果放入粉碎机中，粉碎成适宜大小的块。破碎过程中加入 0.05％的维生素 C 溶液进行护色处理。

④ 榨汁、过滤。将粉碎后的沙果放入榨汁机中进行榨汁处理，汁液经 180 目筛过滤，收集滤液。

⑤ 灭酶。滤液立即加热到 94℃以上，并维持 25s，以破坏其中酶的活性。

⑥ 澄清、过滤。向灭酶处理后的汁液中加入澄清剂，静置澄清一段时间，至液体完全澄清为止，澄清液过滤，收集滤液即为沙果汁。

（2）胡萝卜汁的制备

① 原料选择。选择完全成熟、无病虫害及机械损伤的胡萝卜为原料。

② 清洗。用清水洗涤干净，洗涤后用刀削去外皮。

③ 破碎。将洗净的胡萝卜放入破碎机中破碎，将胡萝卜破碎成 0.3～0.4cm 的条状。

④ 榨汁、粗滤。把破碎后的胡萝卜条放入榨汁机中，榨汁后过滤，收集滤液，滤渣进行二次压榨，压榨后汁液过滤，收集滤液，弃滤渣。合并两次滤液备用。

⑤ 澄清。向粗滤液中加入 1% 的明胶，加入后搅拌均匀，在 15℃下静置 8～10h，使其沉淀。

⑥ 精滤。澄清后的液体过滤，以分离其中的沉淀和悬浮物，使汁液澄清透明，即得到胡萝卜汁。

（3）调配　将各原辅料抽入调配罐中充分搅拌混合均匀。

（4）过滤、杀菌　调配好的果汁进行过滤，收集滤液，并快速将其加热到 93℃以上，维持 20s，进行杀菌。

（5）灌装、封盖、成品　杀菌后的果汁及时灌装、封盖，经检验合格即为成品。

【质量标准】

（1）感官指标　产品呈橙红色，清亮透明；具有沙果和胡萝卜混合的典型气味；口感细腻，清凉爽口；组织均匀，无沉淀，无杂质。

（2）理化指标与微生物指标　均达到国家标准要求。

五、海棠的制汁技术与复合饮料实例

海棠（*Malus spectabilis*）为蔷薇科苹果属植物，又名海棠果、楸子、海红。我国有 25 种，除华南地区外均有分布。海棠果含有丰富的糖类、蛋白质、有机酸、果胶、单宁及多种维生素和钾、钙、磷、镁、铁、锌等矿物质，不但营养丰富，还具有生津止渴、消食健脾、缓解疲劳、收敛止泻和延缓动脉硬化的功能。海棠果肉脆多汁，味酸甜，带涩味，不宜生食，多用作加工带果肉果汁等保健食品的原料。

1. 海棠果汁饮料

【原辅料配比】

海棠果原汁 72.2%，白砂糖 8.55%，柠檬酸 0.05%，β-环糊精 0.24%，加水至 100%。

【工艺流程】

海棠果→挑选→去蒂、去籽→破壁→过滤→调配→均质→脱气→灌装→密封→

高温灭菌→冷却→成品

【操作要点】

（1）海棠果果汁的制备　选用无病、无霉烂、新鲜成熟的海棠果实，用清水洗净，去蒂，按料水比 1:3 加入超纯水，用破壁机破壁 3min，分别用 200 目和 400 目纱布过滤，分离得到澄清透明的海棠果果汁。

（2）调配　按配方比例将海棠果果汁与白砂糖、柠檬酸、β-环糊精混合均匀，加超纯水定容至 100%。

（3）均质　为便于添加剂更均匀地分布在溶液中，同时提高成品的整体质量，须用均质机对饮料进行均质处理，采用 20MPa，均质两次。

（4）灭菌　为保证果汁中维生素 C 和花青素等营养物质不被破坏，采用沸水浴灭菌处理，饮料灌装封口后，于 95℃下灭菌 20min，室温 25℃冷却或在 4℃冷库冷却，得到成品。

【质量标准】

（1）感官指标　呈淡红色，具有海棠果特有的天然色泽；具有浓郁的海棠果滋味，酸甜适中；澄清透明，无悬浮物，无明显沉淀。

（2）理化指标　达到国家标准要求。

（3）微生物指标　菌落总数≤100CFU/mL；大肠菌群≤1MPN/mL；致病菌不得检出。

2. 麦香型海棠果汁饮料

【原辅料配比】

海棠果干匀浆 95%，烘焙麦汁 5%，白砂糖 8g/100mL，羧甲基纤维素钠 0.08g/100mL，黄原胶 0.06g/100mL。（辅料用量按果蔬汁总体积计算。）

【工艺流程】

海棠果干 → 清洗 → 复水 → 打浆 → 离心 → 海棠果干匀浆┐
　　　　　　　　　　　　　　　　　　　　　　　　　　├ 调配 → 均质 → 灭菌 → 冷却
小麦 → 烘烤 → 浸泡 → 打浆 → 糊化 → 离心 → 烘焙麦汁┘
　　　　　　　　　　　　　　　　　　　　　成品 ← 灌装 ←┘

【操作要点】

（1）海棠果干匀浆的制备　挑选优质海棠果干果，清洗后复水 12h，按 1∶8 料液比打浆，3800r/min 离心 10min，取上清液备用。

（2）焙烤麦汁的制备　挑选无霉变小麦清洗后沥干，180℃焙烤 20min 后于 55℃水浴浸泡 2h，料液比 1∶10 打浆，匀浆液沸水浴 15min 糊化，3800r/min 离心 20min，取上清液备用。

（3）调配　在海棠果干匀浆中加入配方比例的烘焙麦汁、白砂糖、羧甲基纤维素钠和黄原胶，混合均匀。

（4）均质　一级压力 18MPa，二级压力 3MPa，使用高压均质机均质。

（5）灭菌　灌装后于 90℃杀菌 15min 后冷却。

【质量标准】

（1）感官指标　稠度适当，组织细腻，分散均匀，不分层；酸甜可口，余味绵长，口感柔和。

（2）理化指标　可溶性固形物含量 14.87%±0.16%；总酸（以柠檬酸计）含量 1.35%±0.01%。

（3）微生物指标　菌落总数≤100CFU/mL；大肠菌群≤3MPN/mL；致病菌不得检出。

第二节　核果类果实的制汁技术与复合饮料实例

核果通常由单雌蕊发展而成，内含一枚种子，三层果皮性质不一，外果皮极薄，由子房表皮和表皮下几层细胞组成；中果皮是发达的肉质食用部分；内果皮的细胞经木质化后，成为坚硬的核，包在种子外面。食用部分是中果皮，因其内果皮硬化而成为核，故称为核果，例如桃、李、杏、梅、樱桃等。本节介绍部分核果类果实的制汁技术与复合饮料实例。

一、杏的制汁技术与复合饮料实例

杏（*Prunus armeniaca*）为蔷薇科杏属植物。原产于我国，我国野生种和栽培品种资源都非常丰富。落叶乔木。小枝褐色或红褐色。核果近卵形，具缝合线和柔毛，淡黄色至黄红色。果熟期 6～7 月。杏树全身是宝，用途很广，经济价值很高。杏果实营养丰富，含有多种有机成分和人体所必需的维生素及无机盐类，是一种营养价值较高的水果。杏仁的营养更丰富，含蛋白质 23%～27%、粗脂肪 50%～60%、糖类 10%，还含有磷、铁、钾、钙等无机盐类及多种维生素，是滋补佳品。杏果有良好的医疗效用：主治风寒肺病，具有生津止渴、润肺化痰、清热解毒之功效。杏肉味酸、性热，有微毒，过食会伤及筋骨，诱发老病，甚至会落眉脱发、影响视力，若孕产妇及孩童过食还极易长疮生疖。同时，由于鲜杏酸性较强，过食不仅容易激增胃里的酸液伤胃引起胃病，还易腐蚀牙齿诱发龋齿。杏果肉可以加工成杏干、杏脯、杏汁、糖水罐头、果酱、话梅和果丹皮等。杏仁可制成高级点心的原料，如杏仁霜、杏仁露、杏仁酪、杏仁酱、杏仁油等。

1. 澄清杏汁

【原辅料配比】

杏汁 40%，糖 10%，柠檬酸 0.40%，加水至 100%。

【工艺流程】

杏→清洗→去核→榨汁→护色→过滤→酶解→调配→过滤→脱气→密封→杀菌→冷却→成品

【操作要点】

（1）原料选择　选择八成熟、无病虫害、无腐烂的鲜果为原料。

（2）清洗　用 0.01% 的高锰酸钾洗涤后用清水冲洗干净，以除去污垢和大部分微生物。

（3）去核、榨汁、护色　人工去核后用组织捣碎机破碎果肉，同时加入 1.5% 的抗坏血酸、0.25% 的柠檬酸和 0.2% 的氯化锌护色，能得到良好的护色效果。

（4）过滤　用 100 目滤布分离渣汁，收集滤液。

（5）酶解　用柠檬酸调节 pH 值为 4，向汁液中加入果胶酶 0.001％，于 45℃保温处理 40min。

（6）调配　按配方要求向调配罐中加入各组分，混合均匀。

（7）过滤　调配好的料液用 180 目筛布过滤，收集滤液。

（8）脱气　滤液入脱气机中进行热力脱气处理，脱气时间 10min。

（9）密封、杀菌、冷却　脱气后的汁液及时灌装，灌装后的杏汁进行杀菌处理，于 100℃杀菌 20min。杀菌的杏汁分段冷却至常温，即为成品。

【质量标准】

（1）感官指标　产品呈浅黄色或橙黄色；具有杏特有的风味，无异味，酸甜适口，有杏汁的滋味及杏酸味；液体澄清透明，无明显杂质。

（2）理化指标与微生物指标　均达到国家标准要求。

2. 杏浑浊型果汁饮料

【原辅料配比】

杏原汁 30％，白砂糖 16％，柠檬酸 0.4％，黄原胶 0.2％，加水至 100％。

【工艺流程】

原料→分选→清洗→烫漂→去皮去核→打浆→护色→调配→均质、脱气→灌装→封口→杀菌→冷却→检测→成品

【操作要点】

（1）分选、清洗　去除外来杂质及变质果实，将果实在浓度为 16mg/L 的二氧化氯溶液中浸泡 10min，对表面进行杀菌，再用流动水冲洗。

（2）烫漂、去皮去核　将清洗干净的杏置于沸水中烫漂 1min，迅速转移至冷水中冷却，并去掉皮核。

（3）打浆、护色　将杏肉放入组织捣碎匀浆机中打成浆状，加入 0.04％的异抗坏血酸溶液进行护色处理。

（4）调配　按配方比例将原辅料混合调配。

（5）均质、脱气　利用均质机对调配好的杏汁饮料进行均质，均质压力为 35MPa，时间为 5min。利用真空脱气机，在 0.07MPa 真空度下脱气 10min。

（6）灌装、封口　将杏汁饮料加热到 75℃灌装封口。

（7）杀菌、冷却　密封后的杏汁饮料在 95℃下杀菌 20min，迅速冷却至室温，即得成品。

【质量标准】

（1）感官指标　呈金黄色，稳定性较好，无沉淀、分层现象；口感饱满，酸甜适口，带有浓郁的杏典型香气。

（2）理化指标与微生物指标　均达到国家标准要求。

二、桃的制汁技术与复合饮料实例

桃（*Amygdalus persica* L. var. persica）属于蔷薇科桃亚属植物。原产于我国西北地区，我国除黑龙江省外，其他各地区都有桃树栽培。桃果味道鲜美，营养丰富，是人们最为喜欢的鲜果之一。除鲜食外，桃还可加工成桃脯、桃酱、桃汁、桃干和桃罐头。桃树很多部分还具有药用价值，其根、叶、花、仁均可入药，具有止咳、活血、通便等功能。桃仁含油量 45%，可榨取工业用油，桃核硬壳可制活性炭，是多用途的工业原料。

1. 白桃带肉果汁

【原辅料配比】

桃肉浆 20%，蔗糖 10%，柠檬酸 0.18%，琼脂 0.1%，羧甲基纤维素钠 0.1%，加水至 100%。

【工艺流程】

白桃→清洗→去皮→去核→护色→打浆→灭酶→调配→细化→均质→脱气→
灌装→封盖→杀菌→冷却→成品

【操作要点】

（1）原料选择、清洗　选用八九成熟白桃为原料，去除病虫害果，用自来水将白桃冲洗干净，除去果皮上的绒毛及污物。

（2）去皮、去核、护色　白桃清洗后放入 80～90℃的 2% 氢氧化钠溶液中浸泡 30～60s，浸泡后迅速放入喷淋池中用高压水漂洗、冷却，然后切半去核，剔除伤烂斑点等不合格果肉，用 0.1% 抗坏血酸及柠檬酸混合液浸泡，防止产品褐变。

（3）打浆、灭酶　用打浆机进行打浆，以防较大的硬块混入果肉中卡住胶体磨。采用片式热交换器迅速升温至 85～90℃，保温 5min 进行灭酶处理。

（4）调配　将琼脂和羧甲基纤维素钠预先用冷水浸泡 2～3h，加热溶解，并不断搅拌，将溶液在 42℃以上保温备用。将所有辅料按一定配比加入果浆中混匀。

（5）细化　调配好的料液采用胶体磨胶磨，以进一步减小果肉颗粒的直径，以利于均质处理。

（6）均质　采用 25～30MPa 的压力，使果肉中的果胶物质溶于果汁，增强果胶与果汁的亲和力，同时可提高果汁的稳定性，减少颗粒间的粒度及密度差，防止浆液分层沉淀，并可使组织均匀黏稠，口感细腻。

（7）脱气　均质后的料液必须进行真空脱气，防止汁液中含有氧气而影响风味。脱气条件为温度 40℃，真空度 8kPa。

（8）灌装、封盖、杀菌　将真空脱气后的原料灌入充分洗净的玻璃瓶中，迅速封盖后用巴氏杀菌法进行杀菌，杀菌公式为 5min-20min-5min/90℃。杀菌后的饮料冷却至常温。

【质量标准】

（1）感官指标　产品呈乳白色，或微显黄色；具有白桃特有的清香味，酸甜适口，爽口，无异味；呈乳浊型，无沉淀，无分层，无杂质。

（2）理化指标　可溶性固形物含量（以折光计）9％～10％；pH 值为 4.1；总糖含量 8.5％～9.3％。

（3）微生物指标　菌落总数≤100CFU/mL；大肠菌群＜3MPN/100mL；致病菌不得检出。

2. 蟠桃葡萄黑枸杞复合饮料

【原辅料配比】

蟠桃汁 60％，葡萄汁 20％，黑枸杞汁 20％，木糖醇 1g/100mL，三氯蔗糖 0.0014mg/100mL，罗汉果甜苷 0.0014mg/100mL，柠檬酸 0.1mg/100mL。（辅料用量按果蔬汁总体积计算。）

【工艺流程】

蟠桃 → 清洗 → 预煮 → 去皮、去核 → 打浆 → 离心 → 蟠桃汁 ┐

黑枸杞干果 → 清洗 → 打浆 → 离心过滤 → 黑枸杞汁 ├ 混合 → 调配 → 均质 → 灌装 ┐

葡萄 → 清洗 → 打浆 → 离心过滤 → 葡萄汁 ┘ 成品 ← 冷却 ← 杀菌 ┘

【操作要点】

（1）原料选择及预处理　挑选成熟度较高、无机械损伤的蟠桃，用流水清洗，经 85～95℃ 热水预煮 10min，去皮去核后打浆、离心（8500r/min、10min），取上清液备用。挑选无虫害的黑枸杞干果，用流水清洗，按料水比 1:10 打浆，加 0.01％的 D-异抗坏血酸钠，打浆后经 200 目尼龙筛过滤弃渣，8500r/min 离心 10min，取上清液备用。挑选新鲜无机械损伤的葡萄，打浆并过滤，离心（8500r/min、10min），取上清液备用。

（2）调配　将蟠桃汁、葡萄汁、黑枸杞汁按配方比例混合，辅以甜味剂木糖醇、三氯蔗糖、罗汉果甜苷，酸味剂柠檬酸混合调配。

（3）均质　为提高果汁的稳定性，采用均质压力 30MPa，均质 3 次。

（4）杀菌、冷却　将灌装好的复合饮料在 95～100℃ 杀菌 20min，采用分段式冷却至室温。

【质量标准】

（1）感官指标　具有果汁饮料的天然色泽；具有蟠桃、葡萄的浓郁香气，酸甜适口，无异味；均匀，无分层，无沉淀。

（2）理化指标及微生物指标　均达到国家标准要求。

三、枣的制汁技术与复合饮料实例

枣（*Zizyphus jujuba*）为鼠李科枣属植物，别名红枣、白蒲枣。原产于我国，主产于黄河流域冲积平原，全国各地均有栽培，为我国主要果树和木本粮食树种。核果长圆形，果核两端尖，通常仅1枚种子发育。花期5～6月，果期9月。枣营养丰富，既含糖类、氨基酸、铁、钙、磷、镁、钾、皂苷、生物碱、黄酮，还含有苹果酸、酒石酸、维生素C、维生素P、B族维生素和胡萝卜素。其所含维生素不仅种类多，而且含量高。红枣味甘，性平，具有补益脾胃、养血安神等功效。适用于脾胃虚弱、倦怠乏力、食少便溏及血虚、面黄肌瘦、精神不安等症。此外，红枣还可用于过敏性紫癜、慢性肝炎以及高胆固醇血症、白细胞减少等症。

1. 台湾青枣汁

【原辅料配比】

青枣汁100%，蔗糖9g/100mL，柠檬酸0.1g/100mL，黄原胶0.04g/100mL。（辅料用量按果汁总体积计算。）

【工艺流程】

青枣→选料→清洗→预煮→打浆→过滤→青枣汁→调配→均质→杀菌→

热灌装→倒瓶→杀菌→成品

【操作要点】

（1）选料、清洗　挑选无损伤、无病虫害的新鲜青枣为原料，去皮、去果核及不可食用部分，并清洗干净。

（2）预煮　将青枣放入沸水中预煮3min。

（3）打浆、过滤　青枣与水按1∶1在榨汁机中打浆后，用200目的过滤网过滤浆液，取滤液，得到青枣汁。

（4）调配　按配方比例将原辅料进行混合调配。

（5）均质　将调配后的果汁加热到60～70℃再进行均质，以提高均质的效果，均质压力为50～60MPa。

（6）杀菌　均质后的果汁于100℃条件下加热5min，趁热灌装。将灌装封盖后的青枣汁饮料倒瓶1min，对瓶盖和瓶身进行杀菌。

【质量标准】

（1）感官指标　呈乳白色，有青枣风味；酸甜适中，口感爽滑；均匀稳定，无分层，无沉淀。

（2）理化指标及微生物指标　均达到国家标准要求。

2. 红枣山楂百香果复合饮料

【原辅料配比】

红枣汁25%，山楂汁12%，百香果汁10%，白砂糖10%，黄原胶0.18%，海藻酸钠0.09%，CMC-Na 0.20%，加水至100%。

【工艺流程】

红枣 → 选料 → 清洗 → 去核 → 预煮 ┐
红枣汁 ← 过滤 ← 酶处理 ← 打浆 ┘
山楂 → 挑选 → 清洗 → 软化 → 去核 ┐ ├ 混合 → 调配 → 均质 → 灌装 → 封口
山楂汁 ← 过滤 ← 酶处理 ← 打浆 ┘ 成品 ← 冷却 ← 杀菌 ┘
百香果 → 清洗 → 切半 → 过滤 → 酶解 ┐
百香果汁 ← 离心 ← 取汁 ┘

【操作要点】

（1）原料挑选 选择形状饱满、无病虫害的新鲜原料。

（2）红枣汁制备 采用1:5的料液比在95℃水浴下预煮2 h。打浆后加入0.05％的果胶酶，于50℃下浸提50min，加热至85℃，保持3min，灭活果胶酶，用200目筛网过滤，即得红枣汁。

（3）山楂汁制备 将清洗后的山楂在1:6的料液比下，于95℃软化5min。用料理机中高速打浆5～10min，添加0.05％的果胶酶，于50℃下浸提50min，再加热至85℃并保持3min，灭活果胶酶，用200目筛网过滤，得山楂汁。

（4）百香果汁制备 将百香果清洗后，切成两半，挖取果肉后，加入2倍的纯净水，0.05％的果胶酶，于50℃下浸提50min，加热至85℃，保持3min，灭活果胶酶，用200目筛网过滤，得百香果汁。

（5）混合、调配 将红枣汁、山楂汁和百香果汁按照配方比例混合，加入白砂糖、柠檬酸、复合稳定剂进行调配，加水定容。

（6）均质、脱气 采用高压均质机，工作压力20MPa，于70℃均质2次。采用加热脱气法进行脱气，温度为80～85℃，保持15min。

（7）灌装、杀菌、冷却 灌装后的饮料采用高温瞬时杀菌（121℃，30s），然后冷却至室温即得成品。

【质量标准】

（1）感官指标 色泽纯正、均匀；有三种水果特有的香气，滋味协调，酸甜适口，无异味；均匀一致，无分层和沉淀。

（2）理化指标及微生物指标 均达到国家标准要求。

3.红枣蜜瓜复合果汁

【原辅料配比】

红枣汁46％，黄河蜜瓜汁30％，柠檬酸0.15％，白砂糖8％，山梨酸钾0.1％，加软化无菌水至100％。

【工艺流程】

红枣 → 选料 → 清洗 → 沥干 → 烘烤 ┐
红枣汁 ← 过滤 ← 萃取 ┘ ├ 混合 → 调配 → 澄清 → 过滤 → 脱气 ┐
黄河蜜瓜 → 选料 → 切分 → 去籽 → 去皮 ┘ 成品 ← 冷却 ← 灌装、灭菌 ┘
黄河蜜瓜汁 ← 过滤 ← 澄清 ← 压榨 ┘

【操作要点】

（1）红枣汁的制取

① 选料。选择成熟度高、颜色紫红、果肉紧密、枣香浓郁的小枣，剔除成熟度低、霉烂、虫蛀的枣，去除原料中的杂物。

② 清洗、烘烤。用清水浸泡并反复冲洗，尽可能冲净枣面杂物。将洗过后的枣捞出，放于带孔箩筛中控干水分。一般采用人工方法进行烘烤，即把枣铺于烤盘中，然后将其置于烘房或远红外线烘箱中烘烤。初温在 60℃ 左右，烘烤 1h 至枣发出香味为止，然后将温度升至 90℃ 再烘烤 1h 至枣发出焦香，枣肉紧缩、枣皮微裂即可。取出晾晒，枣经烘烤后取汁比直接取汁香味更浓郁。

③ 萃取。分两次萃取，首先加入干枣质量 10 倍的水于 65～75℃ 浸泡 12h，滤干，然后再加入原干枣质量 5 倍的水浸泡 12h，将两次浸出液混合，萃取时要注意保温和定时搅拌。

④ 过滤。用硅藻土过滤除去杂质即得红枣原汁。

（2）黄河蜜瓜汁的制取

① 选料。选用瓜皮泛黄、味甜、成熟度好的黄河蜜瓜。

② 切分。将选好的原料，手工纵切成均匀四瓣，并控出籽粒。

③ 去皮。切除、清理蒂和皮，注意保护瓜瓤的完整性，尽量减少损失。

④ 压榨。用螺旋连续压榨机在 12MPa 下压榨取汁。

⑤ 澄清。在不断搅拌下，每升黄河蜜瓜汁中加入约 50mL 浓度为 1% 的明胶溶液，室温下静置 8～10h。

⑥ 过滤。将澄清后的黄河蜜瓜汁用硅藻土过滤机过滤得黄河蜜瓜汁。

（3）调配 按配方比例将红枣汁、黄河蜜瓜汁加入配料锅，开动搅拌器，加入白砂糖和适量软化无菌水，再加入适量山梨酸钾水溶液和柠檬酸水溶液，最后用软化无菌水补足至规定的量，搅拌均匀。

（4）澄清、过滤 混合后的复合果汁中加入适量明胶水溶液，静置 24h 后，用硅藻土过滤机过滤，可得到透明的红枣蜜瓜复合果汁。

（5）脱气 过滤后的汁液立即用不锈钢真空脱气机在 25℃ 以下脱气，防止色泽、风味劣变。

（6）灌装、杀菌、冷却 将脱气后的混合果汁，用灌装压盖机定量灌装并封口，然后送入杀菌锅杀菌，100℃ 保持 20～30min。杀菌完毕后迅速投入流动水中冷却，使温度尽快降至 36℃ 以下。

【质量标准】

（1）感官指标 呈琥珀色，清亮透明，无悬浮物，允许有微量果质沉淀；具有浓郁的红枣芳香和黄河蜜瓜果实特有的芳香；酸甜适中，清凉爽口，无异味；无肉眼可见的外来杂质。

（2）理化指标　总糖 0.12%；砷（以 As 计）<0.5mg/kg；铅（以 Pb 计）<1.0mg/kg；铜（以 Cu 计）<10mg/kg。

（3）微生物指标　细菌总数≤100CFU/mL；大肠菌群<6MPN/100mL；致病菌不得检出。

四、李子的制汁技术与复合饮料实例

李子（*Prumus salicina* Lindl.）属于蔷薇科李属植物。我国李子产量最多的省（区）有广东、广西、福建，主要栽培中国李及其变种木奈李，其中福建省永泰是全国产李最多的县。核果卵球形，直径 4～7cm，先端常尖，基部凹陷。李子的果实不仅芳香、多汁、酸甜适口，而且营养丰富，是优良的鲜食水果，含有糖类、酸、蛋白质、脂肪及多种维生素，极有利于人体健康。李子的药用功能也很多，李子的果实有养肝、治肝腹水、破瘀等功能。李子的核仁有活血、利水、滑肠的功能。李子的果汁饮料可预防中暑。李子干为醒酒、解渴和止呕的佳品。

1. 新鲜李汁

【原辅料配比】

李子汁 100%，糖适量（调节糖度至 23°Bx 左右）。

【工艺流程】

李子→清洗→软化→打浆→去核→酶解→榨汁→过滤→稀释→杀菌→灌装→密封→成品

【操作要点】

（1）原料选择　选择新鲜成熟的李子为原料，去除腐烂、霉变、虫蛀的李子。

（2）清洗　将李子用清水清洗干净，洗净后沥干水分备用。

（3）软化　将清洗后的李子用蒸汽蒸 8～10min，使李子充分软化，同时也可防止由于水果自身的各种酶造成的褐变。

（4）打浆、去核　将加热过的李子通过一台装有筛孔直径非常粗的筛板的打浆机，以除去李子核，得到有皮的、很粗的李子泥。

（5）酶解　将李子泥在热交换器中冷却至 48℃以下，在李子泥中加入 0.2% 的果胶酶、2% 的硅藻土，混合均匀。

（6）榨汁、过滤、稀释　酶处理后的料液泵入榨汁机中进行榨汁处理，过滤果汁，测试果汁糖度，如果超过 25°Bx，则稀释至 23°Bx 左右，也可与其他果汁调配以获得所需糖度。

（7）杀菌、灌装、密封　将稀释后的果汁在连续式热交换器类型的巴氏杀菌器中进行瞬间巴氏杀菌，温度 87.7℃左右。在 82.2～85℃下将果汁装在用蒸汽杀过菌的瓶或有双层涂料的 L 型浆果罐中，立即密封。

【质量标准】

（1）感官指标　产品清澈透明；口感细腻，酸甜适中；具有李子的典型风味。

（2）理化指标与微生物指标　均达到国家标准要求。

2. 欧李山楂沙棘复合饮料

【原辅料配比】

欧李汁 40%，山楂汁 15%，沙棘汁 1%，蔗糖 14g/L，黄原胶 1g/L，超纯水 44%。（辅料用量按果汁总体积计算。）

【工艺流程】

欧李 → 清洗 → 去核 → 破碎 → 过滤 → 澄清 → 欧李汁┐
山楂 → 清洗 → 去核 → 切碎 → 浸取 → 过滤 → 浓缩 → 山楂汁├ 混合 → 调配 → 均质 → 灌装
沙棘 → 清洗 → 破碎 → 过滤 → 澄清 → 沙棘汁┘　　　　　成品 ← 灭菌 ←┘

【操作要点】

（1）欧李汁的制备　选取新鲜欧李果，清洗、去核、破碎、过滤，加入 20mg/L 的果胶酶，常温静置澄清 24h，再加入 0.5g/L 的维生素 C 增加稳定性。

（2）山楂汁的制备　选取新鲜山楂，洗清、去核、切碎，加入果肉 3 倍质量的水浸取山楂汁，在 85℃加热 30min，静置 24h 后，过滤，将滤液在 65℃下浓缩至原来体积的一半，目的是增加浓度和颜色，降低香气，避免掩盖欧李果的特殊香气。

（3）沙棘汁的制备　选取新鲜沙棘，清洗、破碎、过滤，按 0.03～0.06g/kg 的比例加入果胶酶，常温静置 24h，取上清液。

（4）调配　将欧李汁、沙棘汁、山楂汁、蔗糖按配方比例混合成原料液后，加入复合稳定剂黄原胶进行调配。

（5）均质、灌装、灭菌　调配后的饮料在 60℃、25MPa 条件下均质 10min 后灌装，于 90～95℃灭菌 15～20min，冷却即得欧李山楂沙棘复合饮料。

【质量标准】

（1）感官指标　呈亮红色，酸甜适中，口感协调，有欧李独特的风味，组织状态均匀无分层。

（2）理化指标及微生物指标　均达到国家标准要求。

五、樱桃的制汁技术与复合饮料实例

樱桃 [*Cerasus pseudocerasus* (Lindl.) G. Don] 为蔷薇科樱属植物，又名莺桃、荆桃、楔桃、英桃、牛桃。我国多产于辽宁、河北、陕西、甘肃、山东、河南、江苏、浙江、江西、四川等地。樱桃的果实发育期很短，早熟品种一般为 30d 左右，中熟品种为 40d，晚熟品种为 45～50d，极晚熟品种为 60d。每 100g

樱桃中含铁量多达 59mg，居于水果首位；维生素 A 含量比葡萄、苹果、橘子多 4～5 倍。此外，樱桃中还含有 B 族维生素、维生素 C 及钙、磷等矿物质元素。樱桃性温，味甘微酸，入脾、肝经，可补中益气、祛风胜湿，主治病后体虚气弱、气短心悸、倦怠食少、咽干口渴及风湿腰腿疼痛、关节屈伸不利、冻疮等病症。

樱桃果肉饮料加工技术介绍如下。

【原辅料配比】

樱桃果肉浆 100kg，砂糖 48kg，复合稳定剂 0.3kg，酸味剂 0.05kg，加水配成 600kg 饮料汁。

【工艺流程】

鲜果→清洗→去杂→热烫→打浆→去核→细化→调配→脱气→均质→灌装→

杀菌→冷却→成品

【操作要点】

（1）原料选择　选择新鲜饱满，表皮呈鲜红色、局部微黄色，成熟度在 95% 以上，无腐烂、杂质及生青的果实为原料。

（2）清洗、去杂　用清水洗除泥污脏物，除去果把、果叶或残余碎片，保持果实完整。

（3）热烫　在 100℃、0.1% 柠檬酸溶液中（果水比为 1∶1）热烫 2～3min。先将水煮沸，然后倒入已清洗的樱桃果，见果皮出现裂口即停止加热。

（4）打浆、去核　将热烫后的樱桃及热烫水一并送入打浆机中，进行打浆，分离去核。

（5）细化　将从打浆机中分离出的果肉浆送入胶体磨中微细化。

（6）调配　将原辅料加热水配制成 600kg 的调配液，同时加入色素进行调色，调配液温度高于 60℃，复合稳定剂在调配前先用 70℃ 温水溶胀。

（7）脱气　将调配液送入真空脱气机中进行脱气处理，脱气真空度 0.06MPa。

（8）均质　将脱气后的料液于 24.5～29.4MPa 压力下进行均质处理。

（9）灌装、杀菌　灌装时物料温度应低于 70℃，封底在真空度为 0.02～0.03MPa 下进行。封底后立即装入杀菌笼中，在 100℃ 沸水中杀菌 15min。

（10）冷却、入库、装箱　将杀菌后的果肉汁立即转入冷却槽内冷却，至罐内温度 38～40℃ 时取出，擦去罐外壁水珠，再装入常温库存放 7～10d，最后装箱即为成品。

【质量标准】

（1）感官指标　产品呈天然樱桃果肉果汁应有的淡红色；具有樱桃应有的风味和香味，无异味；产品爽口细滑，无明显分层，无杂质。

（2）理化指标　可溶性固形物含量（以折光计）＞7％，总酸度（以柠檬酸计）＞0.1％，含氮物 110mg/100g，铅（以 Pb 计）＜1.0mg/kg，砷（以 As 计）＜0.5mg/kg。

（3）微生物指标　无致病菌及因微生物作用引起的腐败现象。

六、梅的制汁技术与复合饮料实例

梅［*Prunus mume*（Sieb.）Sieb. et zucc］为蔷薇科植物。原产于中国，全国各地均有栽培。梅属于落叶乔木。核果近球形，两边扁，有纵沟，直径 2～3cm，绿色至黄色，有短柔毛。花期 3 月，果期 5～6 月。变种和品种极多，可分花梅及果梅两类。花梅主要供观赏。果梅其果实主要供加工或药用，一般加工制成各种蜜饯和果酱；用青梅加工制成乌梅供药用，为收敛剂，能治痢疾，并有镇咳、祛痰、解热、杀虫等功效，又为提取枸橼酸的原料；花蕾能开胃散郁、生津化痰、活血解毒。未成熟果实含柠檬酸、苹果酸、琥珀酸等；种子含苦杏仁苷；花含挥发油，油中含苯甲醛、苯甲酸等。

1. 杨梅汁饮料

【原辅料配比】

杨梅糖浆 80kg，蛋白糖 0.45kg，柠檬酸 1.35kg，山梨酸钾 0.08kg，加水至 560kg。

【工艺流程】

杨梅→清洗→热浸→过滤→杨梅原汁→杨梅糖浆→调配→灌装→封口→
杀菌→冷却→包装→成品

【操作要点】

（1）原料选择　选择成熟度八成左右，果实呈黄红色，味道清香，果脆汁多的梅，剔除霉烂和变质的果实。

（2）清洗　经挑选的杨梅果用清水清洗 2～3 遍。

（3）热浸　按杨梅和水 1∶5 的比例向容器中投料，加热煮沸，并用木棒搅拌，使可溶物浸出。为了保证产品质量，可用手持糖量计（折射仪）进行监测，当原汁可溶性固形物含量达到 5.0％时即可起锅。

（4）过滤　浸提液用滤布过滤得第一道汁液，将此液放入夹层锅中备用。按滤渣和水 1∶1 投料，充分搅拌捣烂后，用滤布过滤，得第二道汁液，将两道汁液混合即为杨梅原汁。

（5）杨梅糖浆的制备　为使杨梅原汁贮存放置一段时间后仍能保证其产品质量不腐烂变质，须将杨梅汁加工成高浓度的杨梅糖浆。在定量的杨梅原汁中加入定量的一级品质的白砂糖，加热溶解煮沸，过滤即得杨梅糖浆。将制得的杨梅糖浆装入洁净的塑料桶中密封，保存备用。贮存的杨梅糖浆的浓度要达到 55％以

上，计算公式为：杨梅糖浆浓度＝白砂糖质量/（白砂糖质量＋杨梅原汁质量）×100%

（6）调配　将杨梅糖浆送入配料罐中，按配方进行配料，即杨梅糖浆80kg，蛋白糖0.45kg，柠檬酸1.35kg，山梨酸钾0.08kg。边加入边搅拌，加料后定容至560kg，不足部分用经软化处理的饮料水补足。

（7）灌装、封口、杀菌　调配好的料液进行灌装，灌装后迅速封口，在75～85℃下热水杀菌20～30min。

（8）冷却、包装　杀菌后的饮料自然冷却，经检验合格后贴好标签，即为成品。

【质量标准】

（1）感官指标　产品呈杨梅本色，浑浊均匀，允许有少许沉淀；具有杨梅特有的香气，香味清淡协调，无异味；酸甜爽口，柔和。

（2）理化指标　原果汁含量（以杨梅果浸提物计）≥15%；可溶性固形物（以折光计）≥8.0%；总酸（以柠檬酸计）≥0.2%；砷（以As计）＜0.5mg/kg；铅（以Pb计）＜1.0mg/kg；铜（以Cu计）＜10mg/kg；山梨酸钾≤0.2g/kg。

（3）微生物指标　菌落总数≤100CFU/mL；大肠菌群＜6MPN/100mL；致病菌不得检出。

2. 玫瑰花青梅汁复合饮料

【原辅料配比】

青梅汁70%，玫瑰糖萃取液30%，蜂蜜1.5g/100mL，柠檬酸0.1g/100mL。（辅料用量按果汁总体积计算。）

【工艺流程】

```
青梅 → 去核 → 打浆 → 果浆浸提 ┐
青梅汁 ← 过滤 ← 压榨 ←        ├ 混合调配 → 均质 → 脱气 → 灭菌
玫瑰花＋红糖 → 手工搓揉 → 装坛 │                              │
玫瑰糖 ← 过滤 ← 萃取 ← 自然陈化┘      成品 ← 冷却 ← 灌装 ←
```

【操作要点】

（1）青梅汁的制备

① 青梅的选择。青梅的成熟度不但直接影响其含糖量，而且会影响产品品质、风味和口感，因此选取7～8分熟的青梅最为合适。挑选无病斑、无霉斑、无腐烂的新鲜青梅，洗净后用去核机将果肉、果核分开。

② 榨汁、过滤。去核后的果肉与水按料液比1:4混合打浆，并进行离心过滤，留取上清液；加入果胶0.10%，耐酸性羧甲基纤维素钠0.08%，黄原胶0.12%，均质后混匀，制得稳定的青梅汁备用。

（2）玫瑰糖的制备

① 玫瑰花的选取与加工。挑选新鲜、无腐烂、无虫害的可食用玫瑰花，摘取花瓣。

② 红糖的选择。挑选优质手工红糖，红糖应无蛀虫且口味纯正，将其打成红糖粉。

③ 玫瑰花瓣与红糖粉按 2∶1 的比例，投入配料罐中进行人工搓揉，每次加入 200～300g 玫瑰花瓣，再加一定比例的红糖粉进行搓揉、翻拌，20min 后，继续加入玫瑰花瓣，重复上述操作，直到红糖与花瓣融为一体，成为色泽艳紫的团块。将揉搓好的玫瑰糖装坛、封口，置于避光通风处自然陈化 100d，成熟后即成玫瑰糖。

④ 玫瑰糖的萃取。将玫瑰糖取出，玫瑰糖按照料液比 1∶5 添加去离子水，置 55℃搅拌 15min；过滤，取其滤液，即为玫瑰糖萃取液。

（3）调配　将玫瑰糖萃取液、青梅汁、蜂蜜和柠檬酸按配方比例混匀。

（4）均质、脱气　将复合饮料在压力 18～20MPa、温度 50℃条件下进行均质，使饮料达到稳定。均质后的饮料经真空脱气机脱气，防止溶于果汁中的空气将果汁氧化，发生颜色的改变，工艺条件为温度 40℃，真空度 8kPa。

（5）灭菌　采用超高压瞬时灭菌，灭菌温度 135℃，灭菌时间 3～5s。

（6）灌装　将复合饮料冷却至 85℃，趁热灌装，封盖，冷却至 38℃，取出，擦干、贴标、装箱、入库、贮藏。

【质量标准】

（1）感官指标　呈浅棕黄绿色，透明、均匀，无明显沉淀产生；具有玫瑰的清香和酸梅特有的味道，香气协调；酸甜可口，无异味，花香和果香协调，爽口。

（2）理化指标　可溶性固形物含量 13.2%±1.54%，总糖含量 8.40%±0.89%，蛋白质含量 9.34mg/mL±1.07mg/mL。

（3）微生物指标　菌落总数≤100CFU/mL；大肠菌群＜3MPN/100mL；致病菌不得检出。

七、橄榄的制汁技术与复合饮料实例

橄榄（*Canarium album* Raeusch）属于橄榄科橄榄属植物，又名青果、谏果、白榄。原产于中国南部地区，是南方特有的亚热带常绿果树之一。核果卵形，长约 3cm，青黄色。橄榄营养丰富，含有 17 种人体所需要的氨基酸，果肉富含钙质与维生素 C。每 100g 橄榄果肉含钙 204mg，脂肪 6.55g。橄榄仁含蛋白质 16.64%，脂肪 59.97%。橄榄果实的营养价值很高，尤其含钙质和维生素 C 十分丰富，对孕妇和儿童大有裨益，具有良好的保健功效。其性味甘酸涩平，主治功用为解毒生津、清肺利咽，常用于治疗咽喉肿痛、烦渴、咳嗽吐血、肠炎痢疾，也用于解河豚毒及解酒等。

1. 橄榄饮料

【原辅料配比】

橄榄汁 30%，柠檬酸 0.1%，白砂糖 8%，加水至 100%。

【工艺流程】

橄榄→清洗→脱苦→护色→热烫→去核→榨汁→过滤→酶解→粗滤→超滤→调配→
预热→灌装→封口→杀菌→冷却→成品

【操作要点】

（1）原料选择　选择无病虫害、无霉变、无腐烂及无机械损伤的鲜果为原料。

（2）清洗　用清水将橄榄上的泥沙冲洗干净。

（3）脱苦、护色　将橄榄放入 1% 氢氧化钠溶液中浸泡，以碱液浸入果肉厚度的 2/3～3/4 为宜。橄榄的苦涩味除了来自单宁外还来自一种橄榄苦苷，橄榄苦苷很容易在酸性或碱性条件下水解，因此用 1% 氢氧化钠溶液浸泡橄榄能很好地起到脱苦涩的作用，从而可赋予果汁良好的口感。被浸泡过的橄榄马上用清水清洗，清洗过程中不要暴露在空气中，以免被空气氧化，同时用维生素 C 护色。

（4）热烫、去核　冲洗后的橄榄用 0.1% 的柠檬酸水溶液热烫 3～5min，破坏表皮蜡层，利于榨汁。热烫后去除果核，保留橄榄肉。

（5）榨汁　破碎去核后的橄榄采用螺旋榨汁机榨汁，向汁液中加入适量乙二氨四乙酸（EDTA）防止果汁褐变。

（6）过滤　榨好的果汁用 5 层纱布过滤处理，收集滤液。

（7）酶解　向滤液中加入 0.01% 的果胶酶，滤渣加等量水调 pH 值至 4.5～5.0，同时加入果胶酶处理 90～120min，不时搅拌。

（8）粗滤　酶解后所得汁液先以 120 目筛过滤，除去汁液中颗粒较大的果肉。

（9）超滤　将粗滤所得汁液用中空纤维超滤，制得有橄榄特殊风味的橄榄汁。

（10）调配　按配方比例向调配罐中加入原辅料，充分搅拌均匀。

（11）预热、灌装　为了脱除果汁中混入的空气，保证果汁具有良好的风味和色泽，将果汁预热至 50～60℃ 灌装。

（12）封口、杀菌、冷却　灌装后的果汁立即封盖，并进行杀菌处理，杀菌温度 121℃，杀菌时间 10s，杀菌后的饮料冷却至常温贮存。

【质量标准】

（1）感官指标　产品呈淡黄色，均匀一致；汁液均匀，久置后允许有少量沉淀，但摇动后应呈均匀状态；具有橄榄原汁固有滋味及气味，苦涩味减弱，口感好。

（2）理化指标　可溶性固形物（以折光计）11%～13%；酸度（以柠檬酸计）0.25%～0.40%；砷（以 As 计）≤1.0mg/kg；铅（以 Pb 计）≤0.5mg/kg；铜（以 Cu 计）≤10mg/kg；食品添加剂符合国家标准规定。

（3）微生物指标　菌落总数≤100CFU/mL；大肠菌群≤6MPN/100mL；致病菌不得检出。

2. 橄榄木瓜复合果汁

【原辅料配比】

橄榄汁 25%，木瓜汁 75%，白砂糖 8g/100mL，蜂蜜 1g/100mL，瓜尔豆胶微量。（辅料用量按果蔬汁总体积计算。）

【工艺流程】

新鲜橄榄 → 清洗 → 烫漂 → 破碎 → 榨汁 → 粗滤 ┐
　　　　　澄清橄榄汁 ← 超滤 ← 脱苦 ←┘　├ 混合 → 均质 → 糖酸调整 → 杀菌
木瓜 → 去皮 → 切半 → 除籽、蒂 → 脱涩 → 切块 ┘　冷却 ← 真空封口 ← 灌装 ←┤
　　澄清木瓜汁 ← 超滤 ← 粗滤 ← 榨汁 ← 软化 ←┘　　　　└ 保温 → 成品

【操作要点】

（1）橄榄汁的制取

① 选果、清洗。选用成熟度一致的鲜橄榄果，剔除次果和烂果，用流动水充分洗净，去除所有杂质。

② 烫漂。用 100℃沸水烫漂 3～5min，以杀灭果实表面的大部分微生物，同时软化果皮。

③ 破碎、榨汁及粗滤。经破碎机破碎，由连续式螺旋榨汁机榨取果汁，果汁经粗滤后，进行脱苦处理。

④ 脱苦。在粗滤后的橄榄汁中，加 0.4%的氢氧化钠和 0.01～0.18mg/L 的硫酸钠，调整果汁的 pH 值至 8～10，在 60～65℃的条件下保持 10～20min，并不断搅拌，然后冷却至室温，加 0.5%柠檬酸，调整其 pH 值为 4～5。

⑤ 超滤。把经脱苦处理的橄榄汁，以 0.49MPa 的压力，在中空纤维超选机中进行超滤，所用的滤膜为醋酸纤维膜，清汁通过滤膜流出，收集起来。果汁中的微小颗粒被截留，用带压力的清水冲洗。

（2）木瓜汁的制取

① 选果、去皮。选用成熟度八成以上、无虫疤、无腐烂的新鲜木瓜。采用碱液去皮方法去掉木瓜的外皮，碱液为 12°Bé，温度 95～100℃，时间 1～1.5min。及时用清水冲洗，去掉果实表面残留的碱液。

② 切半、去籽。用不锈钢刀纵切对开，除去种子、果蒂。

③ 脱涩处理。采用 30～32℃ 水浸泡的方法脱掉涩味，时间控制在 4h 以内。

④ 切块、软化。将果肉切成大小均匀的小块，放在 95～100℃ 水中软化 3～5min。

⑤ 榨汁。将软化的木瓜肉碎块放入螺旋式榨汁机中进行榨汁，果汁收集在不锈钢槽中，同时排出果渣。

⑥ 粗滤、超滤。用 240 目尼龙网筛作为介质进行过滤，得到粗滤果汁。超滤方法同橄榄汁。

（3）复合果汁的生产

① 混合、均质。依据质量要求，橄榄汁与木瓜汁按配方比例混合，过滤后加入白砂糖和蜂蜜，经 30～40MPa 压力均质处理，以达到均匀、细腻、防止沉淀的目的。并添加微量瓜尔豆胶作为增稠剂，以增强制品的口感。

② 糖酸调整。将混合、均质后的复合果汁在冷热缸中不断搅拌，依据质量要求和口感要求，进行糖酸等成分调整，直到达到满意为止。

③ 预热、超高温瞬间杀菌、灌装、冷却。将调配好的橄榄木瓜汁预热到 80～85℃，将料液泵入超高温瞬时杀菌器内，杀菌温度为 130℃，杀菌时间为 4～5s。杀菌后趁热装入洗净并经高压蒸汽消毒的铁罐内，迅速进行真空封口，密封后的罐中心温度达到 95～100℃，然后及时冷却至 40℃ 以下，在 37℃ 的保温库中存放。

【质量标准】

（1）感官指标　呈微乳黄色，清澈透明；具有橄榄、木瓜和蜂蜜的纯正香气，风味独特；酸甜适口，浓厚，橄榄、木瓜味突出；无分层、无沉淀现象，各组分呈均一分散相。

（2）理化指标　可溶性固形物 12%～14%；总酸（以柠檬酸计）0.4～0.5g/100g；总糖（以葡萄糖计）10～12g/100g；维生素 C 15～16mg/100g；二氧化硫（以游离 SO_2 计）≤0.5g/kg；砷（以 As 计）≤0.5mg/kg；铅（以 Pb 计）≤1mg/kg；铜（以 Cu 计）≤10mg/kg。

（3）微生物指标　细菌总数≤50CFU/mL；大肠菌群≤3MPN/100mL；致病菌不得检出。

八、芒果的制汁技术与复合饮料实例

芒果（*Mangifera indica* Linn）为漆树科芒果属植物，又名檬果、羡子。原产于印度、缅甸、马来西亚一带，现印度为主产国，其次为巴基斯坦、巴西、墨西哥等。中国于唐代从印度引入，台湾栽培最多，广东、广西、福建、云南等地也有栽培。核果椭圆形或肾形，微扁，夏季成熟时淡绿色或黄色；内果皮坚硬，并覆被粗纤维，内藏种子 1 枚。性味酸、涩、平，入肺、胃、肝三经，主治行气散结、化痰消滞，也用于治疗外感食滞引起的咳嗽痰多、胃脘饱胀、疝气痛。

1. 芒果百香果复合饮料

【原辅料配比】

芒果汁 25％，百香果汁 5％，蔗糖 10％，柠檬酸 0.04％，加水至 100％。

【工艺流程】

芒果 → 清洗 → 挑选 → 热烫 → 破碎 ┐
　　　芒果汁 ← 打浆 ← 　　　　　├ 混合 → 调配 → 均质 → 灌装
百香果 → 清洗 → 挑选 → 切半 → 挖取果肉 ┘　　　　　成品 ← 杀菌 ←
　　　百香果汁 ← 过滤 ← 榨汁 ┘

【操作要点】

（1）芒果汁的制备　选择新鲜、果肉为黄色、含糖量高、水分充足且表面无损伤的中等大小芒果。用不锈钢刀靠近芒果果核将芒果一分为三，去皮，切成大小均匀、适中的长方体状，立即投入 1％淡盐水中浸泡 2min，然后热烫 3min。处理好的芒果直接用多功能榨汁机榨汁、破碎、打浆，浆汁通过滤布进行过滤，分离得到芒果原汁。

（2）百香果汁的制备　将果实清洗后对半切开，用不锈钢勺子挖取浆状果肉，放入搅拌机中，控温灭酶慢速搅拌，防止转速过高把籽打碎，造成果汁苦涩。用滤布过滤除去籽，分离得到百香果原果汁。

（3）复合果汁调配　按配方比例将原辅料混合，并搅拌均匀。

（4）均质处理　均质处理工艺可使果汁饮料体系中较大的果肉微粒更细微化。在系统中添加适量的稳定剂，可调整分散介质的密度，保持果汁的稳定性。均质压力为 15MPa。添加 0.3％的琼脂与 0.3％的 CMC 作为混合果汁的稳定剂最佳。

（5）杀菌　对调配好的复合果汁进行灭菌，采用 90℃常压杀菌 10min 即可达到杀菌目的，产品常温下保质期 12 个月。

【质量标准】

（1）感官指标　呈黄色，具有浓郁的芒果香气，酸甜适口，细腻，均匀无沉淀。

（2）理化指标　可溶性固形物≥12％；总酸（以柠檬酸计）≥1.35％；总糖（Brix）≥12％。

（3）微生物指标　细菌总数≤100CFU/mL；大肠菌群≤3MPN/mL；致病菌不得检出。

2. 芒果果肉饮料

【原辅料配比】

芒果汁 100％，黄原胶 0.15g/100mL，羟甲基纤维素 0.05g/100mL，果胶

0.05g/100mL，柠檬酸 0.1g/100mL，白砂糖 7g/100mL。（辅料用量按芒果汁体积计算。）

【工艺流程】

芒果→清洗→去皮→去核→切块→软化→打浆→细化→均质→脱气→灌装→

密封→杀菌→冷却→成品

【操作要点】

（1）原料选择、清洗　选择充分成熟、无病虫害、无腐烂的鲜芒果，将芒果用水清洗干净，去除表面灰尘与杂质。

（2）去皮、去核、切块　清洗后的芒果去皮，用刀切开后去除芒果核，用刀切成小块。

（3）软化　将果块放在沸水中煮 3～5min，软化果块，钝化或破坏多酚氧化酶，稳定色泽，改善组织和风味，同时排出原料中的空气，阻止加工中空气的混入，避免氧化褐变。

（4）打浆、细化　将软化后的芒果块置于筛网孔径≤0.08mm 的打浆机中打浆，制成芒果浆，再用胶体磨将芒果浆磨细。

（5）均质　将磨细后的芒果浆用高压均质机在 20～25MPa 均质 2～3 遍，使料液均匀一致，控制料液分层沉淀，使口感细腻。

（6）脱气　将调配好的饮料置于真空脱气机中进行脱气处理，以脱除饮料中的气体。真空度 0.65～0.75MPa，温度 90～95℃，脱气 10～15min。

（7）灌装、密封　脱气后的液体用饮料瓶进行灌装，并封盖。

（8）杀菌、冷却　将密封好的饮料瓶放入高温瞬时杀菌设备中进行杀菌处理，121℃，杀菌 10s。杀菌后的饮料冷却至常温贮存。

【质量标准】

（1）感官指标　产品有光泽，甜美爽口；有芒果特有的芳香，无异味；组织均匀，流动性好，无分层和沉淀现象。

（2）理化指标　总糖 9.2%，总酸（以柠檬酸计）0.15%，可溶性固形物（以折光计）10.5%。

（3）微生物指标　菌落总数≤100CFU/mL；大肠菌群≤4MPN/mL；致病菌不得检出。

第三节　浆果类果实的制汁技术与复合饮料实例

果实含有丰富的浆液，故称浆果，例如葡萄、醋栗、树莓、猕猴桃、草莓、番木瓜、石榴、人参果等，其中葡萄是我国北方的主要果品之一。本节介绍部分浆果类果实的制汁技术及复合饮料实例。

一、葡萄的制汁技术与复合饮料实例

葡萄（*Vitis vinifera* Linn.）为葡萄科葡萄属植物，又名草龙珠、蒲桃、山葫芦，我国各地均有栽培。落叶木质藤本，花后结浆果，果椭球形、圆球形。为著名水果，亦为酿酒制干果的原料。每100g果实中含蛋白质0.2g，钙4mg，磷15mg，铁0.6mg，钾252mg，钠2.0mg，镁6.6mg，氯2.2mg，胡萝卜素0.04mg，硫胺素0.04mg，核黄素0.01mg，烟酸0.1mg，维生素C 4mg，维生素A 0.4mg。另含有葡萄糖、果糖、蔗糖、木糖以及酒石酸、草酸、柠檬酸、苹果酸等多种营养成分。性平，味甘酸，入肺、脾、肾经，具有补气益血、滋阴生津、强筋健骨、通利小便之功效，主治气血虚弱、肺虚久咳、肝肾阴虚、心悸盗汗、腰腿酸痛、筋骨无力、风湿痹痛、面肢浮肿、小便不利等病症。

1. 葡萄汁

【原辅料配比】

葡萄汁100%，白砂糖调整糖度至16%，偏酒石酸3g/100mL。（辅料用量按葡萄汁总体积计算。）

【工艺流程】

葡萄→清洗→去梗→破碎→加热→榨汁→过滤→调配→澄清→加热→灌装→
密封→杀菌→冷却→成品

【操作要点】

（1）原料选择　选择具有良好风味、汁多的品种。果实要新鲜良好、充分成熟，呈紫色。剔除未成熟果、过熟果及机械损伤果。

（2）清洗、去梗　用0.03%的高锰酸钾溶液浸泡3min，用流动清水漂洗至清水不带红色为止。去除果梗，防止苦味物质影响口感。

（3）破碎、加热　将葡萄放入破碎机中破碎成浆。将破碎果浆加热至60～70℃，维持15min，使葡萄的色素充分溶入果汁中。

（4）榨汁、过滤　加热处理后的葡萄浆用压榨机取汁或手工压榨取汁。榨汁后用绒布袋过滤，除渣。

（5）调配　加入糖液将果汁糖度调整至16%，再添加偏酒石酸，以防止果汁中析出酒石。

（6）澄清　可采用明胶-单宁法，先加入0.004%的单宁，经8h后再加0.006%的明胶，澄清温度以8～12℃为宜。

（7）加热、灌装、密封　将果汁加热到80～85℃，灌装到已消毒的玻璃罐中，加盖密封。

（8）杀菌、冷却　在85℃的热水中杀菌15min，逐渐加冷水降温至35℃，经检验合格即为成品。

【质量标准】

（1）感官指标　产品为紫色或浅紫红色；具有葡萄鲜果木酯香味，酸甜适口，无异味；清澈透明，长期放置后允许有少量沉淀和酒石结晶析出。

（2）理化指标　可溶性固形物含量（以折光计）15%～18%，总酸含量（以酒石酸计）0.4%～1.0%。

（3）微生物指标　达到国家标准要求。

2. 人参果枸杞葡萄复合饮料

【原辅料配比】

复合汁（葡萄汁：枸杞汁：人参果汁＝5：3：4）44%，柠檬酸0.1%，白砂糖6.7%，CMC-Na 0.1%，卡拉胶0.15%，加水至100%。

【工艺流程】

葡萄 → 清洗消毒 → 去籽 → 榨汁 → 酶解 ┐
　　　葡萄汁 ← 过滤 ←┘

枸杞 → 清洗 → 预煮 → 打浆 → 保温浸提 ┤── 调配 → 均质 → 脱气 → 灌装 → 杀菌
　　　枸杞汁 ← 过滤 ←┘　　　　　　　　　　　 成品 ← 冷却 ←┘

人参果 → 清洗 → 破碎 → 护色 → 灭酶 ┘
　　　人参果汁 ← 过滤 ← 榨汁 ←┘

【操作要点】

（1）葡萄汁的制备　挑选饱满成熟、无腐烂的葡萄果实，于清水中浸泡8～10min，然后用0.03%的高锰酸钾溶液浸泡3min，用清水清洗干净后脱粒，只将籽去除。按照葡萄与水等质量的比例榨汁，然后用4层纱布过滤，于95℃杀菌后迅速冷却至45℃左右。为提高葡萄汁的澄清度，需用浓度为0.01%～0.05%的果胶酶处理2～3h，果胶酶处理后用8层滤布过滤，即得葡萄原汁。

（2）枸杞汁的制备　选择色泽鲜红、无霉烂变质的枸杞，用自来水清洗干净。先加5倍水，在90℃条件下预煮30min，并加入0.02%的抗坏血酸进行护色，取出降温至60℃。将预煮后的枸杞及预煮液一起用榨汁机榨汁，并取得汁液。在汁液中按40μL/100mL添加果胶酶，并将汁液置于60℃恒温水浴中保温浸提4h，用8层滤布滤出汁液后，再加5倍水，继续浸提4h，用8层滤布过滤，将两次汁液混合，即得枸杞汁。

（3）人参果汁的制备　选择个大、肉厚、无病虫害的八成熟人参果，用自来水清洗干净，去皮去籽后分成若干瓣，将人参果浸泡在0.1%的抗坏血酸溶液中进行护色，然后于85℃热水中灭酶2min，压榨出汁后进行粗滤，在滤液中加入0.1%的果胶酶，边搅拌边酶解，2h后用双层滤布过滤，即得人参果汁。

（4）调配、均质　将葡萄汁、枸杞汁、人参果汁、白砂糖、柠檬酸和稳定剂按配方比例进行混合调配，加水定容，混合的复合果汁经过均质机均质，达到较理想的细度和均匀度。均质温度为40～50℃，压力为15～20MPa，均质2次。

（5）脱气、灌装、杀菌　在果汁中加入少量抗坏血酸以达到脱气的目的，然后进行灌装，最后采用高温瞬时杀菌，杀菌温度95℃，杀菌时间为10～15s。

【质量标准】

（1）感官指标　呈亮橙红色，均匀；混合香气突出且协调，兼有葡萄、人参果和枸杞的香味；酸甜适宜，味道协调适当，无异味；组织均匀，不分层，无沉淀。

（2）理化及微生物指标　均达到国家标准要求。

3.紫甘蓝-葡萄汁复合乳饮品

【原辅料配比】

脱脂牛乳75％，葡萄汁25％，紫甘蓝粉1g/100mL牛乳，发酵菌剂接种量紫甘蓝牛乳的5％。

【工艺流程】

脱脂牛乳　接种菌液
↓　↓
新鲜葡萄、紫甘蓝→预处理→混合、灭菌→发酵→调配→均质→装瓶→紫甘蓝-葡萄汁复合乳饮料

【操作要点】

（1）鲜葡萄汁的制备　选用表皮与果肉色泽良好、成熟度适中、甜度较高的玫瑰香葡萄，洗净后去皮和去籽，然后用榨汁机榨汁，汁液于65～70℃保持20～30min进行巴氏灭菌处理，于4℃保存备用。

（2）紫甘蓝粉的制备　选用成熟度适中、表皮无机械损伤的紫甘蓝。因其具有较大蔬菜气味，应在清洗后切分成块状，利用真空冷冻干燥机干燥（−80℃处理4～6h），在保证其营养成分、抗氧化花青素等成分的结构和活性不被破坏的同时，最大限度地去除蔬菜的生苦气味。干燥后利用粉碎机将紫甘蓝粉碎成粉，过40目筛后备用。

（3）混合　以紫甘蓝粉与牛乳以1∶100（质量体积比）的比例混合均匀后，加入质量分数8％～10％的蔗糖，通过70℃、30min巴氏灭菌，冷却至40℃备用。

（4）发酵　以德氏乳杆菌保加利亚亚种菌为发酵菌剂，取−80℃冻存的乳杆菌，以1％的接种量接入10mL的MRS液体培养基中，于37℃摇床培养箱中以220r/min培养13h进行活化，活化后按接种量为5％接种到紫甘蓝牛乳混合液中，在发酵温度为39℃的条件下发酵12h，至总酸含量保持不变时，终止发酵。

（5）调配、均质　发酵酸乳在无菌环境下加入25％已灭菌的新鲜葡萄汁后均质（23MPa、55℃），即可制得一款淡蓝色、口感细腻、风味独特的紫甘蓝-葡萄汁复合乳饮料。

【质量标准】

(1) 感官指标　呈现紫甘蓝特有的淡紫色,质地细腻,口感顺滑,酸甜适中,无乳清析出,酸奶的芳香与葡萄和甘蓝的清香味结合呈现特殊的风味,无异味。

(2) 理化指标　非脂乳固体 8.1g/100g±0.3g/100g;蛋白质 4.8g/100g±0.5g/100g;酸度 8.14%±0.5%;铅≤0.05mg/kg;铬≤0.3mg/kg;总砷≤0.1mg/kg。

(3) 微生物指标　乳酸菌数≥$1×10^6$CFU/mL;大肠杆菌数≤1CFU/100mL;致病菌不得检出。

二、草莓的制汁技术与复合饮料实例

草莓(*Fragaia ananassa* Duchesne)为蔷薇科草莓属植物,又名洋莓、地莓、地果、凤梨、红莓等。原产于欧洲,20世纪初传入我国而风靡华夏。多年生草本。草莓外观呈心形,果肉多汁,酸甜适口,芳香宜人,营养丰富,故有"水果皇后"之美誉。草莓营养丰富,含有丰富的维生素 B_1、维生素 B_2、维生素 C 以及钙、磷、铁、钾、锌、铬等人体必需的矿物质元素。草莓是人体必需的纤维素、铁、维生素 C 和黄酮类等成分的重要来源。祖国医学认为草莓具有极大的药用价值,其味甘、性凉,具有止咳清热、利咽生津、健脾和胃、滋养补血等功效。近年来医学研究表明,草莓有益心健脑的独特功效,特别是对于防治冠心病、脑出血(又称脑溢血)及动脉粥样硬化等病症有很大作用。研究表明,草莓还有抗癌的功效。

1. 草莓原汁

【原辅料配比】

草莓汁100%。

【工艺流程】

草莓→浸洗→去杂→消毒→冲洗→烫果→榨汁→过滤→澄清→过滤→调配→
杀菌→灌装→杀菌→冷却→成品

【操作要点】

(1) 原料选择　选择充分成熟、无病虫害污染及腐烂的果实。可选择两个品种以上搭配使用。

(2) 清洗、去杂　在流动的水槽内洗涤,洗去泥沙和叶片之类的黏附物。洗净后的草莓去掉果柄和萼片。

(3) 消毒、冲洗　草莓用 0.03% 的高锰酸钾溶液消毒 1min,然后用流水冲洗 2~3 次,再淋洗一次,沥水待用。

(4) 烫果　烫果不能用铁锅,可用不锈钢锅或搪瓷盆,采取蒸汽加热或明火加热,把沥水后的草莓倒入沸水中烫 30~60s,使草莓果中心温度达 60~80℃即可，捞出放在干净的盆中。果实受热后可以减少胶质的黏性和破坏酶的活性，阻止维生素 C 被氧化损失，还有利于色素的榨出，可提高出汁率。

（5）榨汁、过滤　榨汁可用各种榨汁机，也可用离心甩干机或不锈钢绞肉机来破碎草莓。草莓破碎后，放到滤布袋内，在离心甩干机内离心，由出水口收集果汁，把 3 次压榨出的汁混合在一起，出汁率可达 75％。

（6）澄清、过滤　榨出的草莓汁，为防止升温变质，常添加 0.05％ 的苯甲酸钠作防腐剂。常温下草莓汁在密闭的容器中放置 3～4d 即可澄清，低温澄清速度更快。可用直径 0.3～1mm 刮板过滤机或内衬 0.18mm 孔径绢布的离心机过滤澄清。过滤的速度随滤面上沉积层的加厚而减慢，因此过滤桶可采用加压或减压方法，使滤面上下有压力差，以加快过滤速度。

（7）调配　调配使产品标准化，可增加风味。主要调整糖度和酸度。

（8）杀菌　将调配后的果汁加热到 80～85℃，保持 20min。对浑浊果汁采取超高温杀菌法，在 135℃ 维持数秒钟，可减少对风味的影响。

（9）灌装、杀菌　果汁杀菌后趁热装入洗净、消毒的瓶中，立即封口，在 80℃ 左右的热水中杀菌 20min 后自然冷却。

【质量标准】

（1）感官指标　呈红紫色，澄清透明，有草莓特有的香味和滋味，酸甜适口，无异味，组织细腻，无沉淀、分层。

（2）理化指标及微生物指标　均达到国家标准要求。

2. 草莓苦瓜复合果蔬汁

【原辅料配比】

草莓汁 50％，苦瓜汁 25％，白砂糖 14％，柠檬酸 0.05％，羧甲基纤维素钠 0.02％，加软化水至 100％。

【工艺流程】

```
苦瓜 → 选瓜 → 清洗 → 去籽、切分 → 烫漂 ┐
苦瓜汁 ← 过滤 ← 打浆 ← 护色 ←────────┤── 混合 → 调配 → 均质 → 脱气 → 灌装封口
草莓 → 选果 → 清洗 → 去除果柄 → 烫果 ┘         成品 ← 冷却 ← 杀菌
      草莓汁 ← 过滤 ← 榨汁 ┘
```

【操作要点】

（1）草莓汁的制取

① 选果。选择充分成熟、无病虫污染及腐烂的果实。选择两个品种以上搭配使用，制得的草莓汁风味更佳。

② 清洗、去除果柄。在流动的水槽内洗涤，洗去泥沙和叶片之类的黏附物。洗净后用 0.03％ 的高锰酸钾溶液消毒 1min，然后再用流水冲洗 2～3 次。摘除果柄和萼片。

③ 烫果。烫果不能用铁锅，可用不锈钢锅或搪瓷盆。采取蒸汽加热或明火加热，把沥去水的草莓倒入沸水中烫 30～60s，使草莓果中心温度达 60～80℃ 即可，捞出放在干净的盆中。果实受热后可以减少胶质的黏性、破坏酶的活性，阻止维生素 C 被氧化损失，还有利于色素的榨出，可提高出汁率。

④ 榨汁。榨汁可用各种压榨机，也可用离心甩干机来破碎草莓。草莓破碎后，放到滤布袋内，在离心甩干机内离心，由出水口收集果汁，把 3 次压榨出的汁混合在一起，出汁率可达 75%。

⑤ 过滤。可采用孔径 0.3～1mm 刮板过滤机，也可用内衬 0.18mm 孔径绢布的离心机。采用加压过滤或减压过滤方法，可增加过滤推动力，加快过滤速度。

（2）苦瓜汁的制取

① 选瓜、清洗。将采收的新鲜苦瓜及时挑选，去除杂质、烂瓜、病虫害瓜。

② 去籽、切分。剖开去瓤、去籽洗净，切成约 0.5cm 厚的小块。

③ 烫漂、护色、打浆。将苦瓜块置于 0.1% 复合护色剂的水溶液中，煮沸5～8min，热烫软化，然后按照料水比 1：1 入打浆机打浆。打浆榨汁时，为防止氧化，可加入适量的抗坏血酸。

④ 过滤。先用 60 目滤布进行粗滤，再将粗滤的汁液用胶体磨磨细，最后将浆液经 120 目离心过滤机过滤。

（3）混合、调配　将苦瓜汁和草莓汁按配方比例混合，再将白砂糖（预先用水溶解）、柠檬酸、羧甲基纤维素钠等依次加入。加入各种原料时要不断搅拌，以便混合均匀。

（4）均质、脱气　在料液温度 60℃ 左右进行均质处理，均质压力为 10MPa。均质处理后立即将料液打入真空脱气机，在真空度为 0.091MPa 的条件下脱气 5min。

（5）灌装、杀菌　将上述处理好的复合果蔬汁趁热装到经过杀菌处理好的耐热玻璃瓶中，封盖，放入灭菌机内进行杀菌，杀菌温度 100℃，时间 15min，分级降温，冷却。

【质量标准】

（1）感官指标　红宝石色，有光泽，均匀一致；澄清透明，无沉淀及悬浮物，无杂质；口感柔和，气味芳香，略带苦瓜特有的清香味，入口生津、提神，耐回味。

（2）理化指标　可溶性固形物含量（以折光计）9%～10%，总酸度（以柠檬酸计）0.5%～0.8%；重金属含量不得超标。

（3）微生物指标　细菌总数≤100CFU/mL；大肠杆菌≤3CFU/100mL；致病菌不得检出。

三、香蕉的制汁技术与复合饮料实例

香蕉（*Musa paradisiaca* L. var. sapientum O. Kuntze）为芭蕉科芭蕉属植物，又名弓蕉、香牙蕉、甘蕉。香蕉为芭蕉科植物甘蕉的果实。原产于亚洲东南部，我国台湾、广东、广西、福建、四川、云南、贵州等地均有栽培。香蕉是多年生高大的草本果树。香蕉富含碳水化合物，营养丰富，每 100g 果肉中含碳水化合物 20g、蛋白质 1.23g、脂肪 0.66g、粗纤维 0.9g、无机盐 0.7g，水分占 70%，并含有维生素 A、维生素 B_1、维生素 B_2、维生素 C 以及维生素 U 等多种维生素，此外，还含有人体需要的钙、磷和铁等矿物质。香蕉植株具有较高的药用价值，果实性寒，能滑大肠、通便、润肺；茎、叶可利尿，能治水肿、脚气；根捣碎后可治疮毒、结热和痢疾；花和花苞可治吐血和便血。

1. 澄清香蕉汁

【原辅料配比】

香蕉 100%。

【工艺流程】

香蕉→去皮→切片→浸泡→热烫→冷却→打浆→酶处理→灭酶→离心→精滤→
灌装→杀菌→成品

【操作要点】

（1）原料选择　选择果实饱满、果皮呈黄色、果肉较软、有深厚甜味和芳香味的新鲜香蕉为原料，剔除有病虫害、腐烂及过生的香蕉。

（2）去皮　人工剥去果皮，尽量在剥皮时把丝络除去，有少部分难以除去的可以在后面的工序中处理。

（3）切片、浸泡　将香蕉横切成厚度为 0.5cm 的香蕉片，切片后立即投入预先调配好的护色液中，浸泡一段时间，防止氧化变黑。

（4）热烫　将护色浸泡后的香蕉片捞起沥干水分，立刻放进 100℃ 的开水中热烫 7min。

（5）冷却　将热烫后的香蕉片立即放入冰浴中进行冷却处理。

（6）打浆　冷却后的香蕉片进行打浆处理，同时加入少量水和维生素 C 溶液，将香蕉片打成匀浆状。

（7）酶处理　向浆液中先加入 0.3% 的淀粉酶，于 55℃ 下处理 30min。在处理后的浆液中加入 0.04% 的果胶酶，于 45℃ 下处理 90min。将酶解液迅速加热至 85℃，使酶失活。

（8）离心、精滤　灭酶后的浆液用离心机分离，3600r/min 离心 15min，用 140 目滤布进行辅助过滤。

（9）灌装、杀菌　精滤后的汁液及时进行灌装、封盖，采用高温瞬时杀菌，

121℃，10s。

【质量标准】

（1）感官指标　呈黄色，澄清透明；具有浓郁的香蕉味道，口味纯正。

（2）理化指标　可溶性固形物 10%～12%，总酸（以柠檬酸计）≥0.18%，香蕉出汁率 80% 以上。

（3）微生物指标　达到国家标准要求。

2. 香蕉红枣复合果汁

【原辅料配比】

香蕉汁 20%，红枣汁 20%，白砂糖 10%，复合稳定剂 0.47%，加水至 100%。

【工艺流程】

```
香蕉 → 选料 → 剥皮 → 护色 → 切分 ┐
香蕉汁 ← 酶解 ← 打浆 ← 热烫 ┘         ┐ 混合 → 配制 → 均质 → 杀菌
红枣 → 精选 → 清洗 → 预煮 → 打浆 ┘       成品 ← 冷却 ┘
           红枣汁 ← 过滤 ┘
```

【操作要点】

（1）香蕉汁的制取

① 选料。选择符合原料品质要求的香蕉，剔除霉烂等不合格者。

② 去皮、切分。表面清洗干净，沥去表面水分后去皮并切成 2～3cm 厚的块。

③ 混合、打浆。与含 0.5% 柠檬酸的果胶酶液混合（1000g 香蕉肉加酶液 500mL），并用 50 目打浆机进行初步打浆。

④ 酶解。果胶酶用量 0.03%，酶解温度 45℃，酶解时间 2h。

⑤ 打浆。酶解后的香蕉液再用 50 目打浆机进行打浆离心（4000r/min，10min）并取得香蕉汁。

（2）红枣汁的制取

① 精选。选择符合原料品质要求的红枣干果，剔除霉烂、虫蛀等不合格者。

② 清洗。用流动水反复搓洗，除去附着在红枣表面的泥沙等杂质。

③ 预煮。将红枣倒入夹层锅进行预煮，料水比例 1：7，于 75～80℃ 煮制 35min。

④ 打浆。预煮后的红枣与预煮液一起用 50 目打浆机进行打浆，使果肉与果核分离并取得浆液。

⑤ 过滤。将胶体磨调成 500～600 目，打碎果肉，经过滤可得红枣汁。

（3）复合果汁的生产

① 复配。按配方比例混合香蕉汁、红枣汁和白砂糖，加入 0.15% 的亚硫酸

氢钠护色，加水定容，于 100℃ 热烫 5～6min，于 15MPa、25MPa 各均质 1min，于 100℃ 杀菌 20min。

② 稳定性。香蕉中含有的丰富的果胶对饮料稳定性有很大影响，因此选用成熟的果实，并用 0.1％ 的果胶酶进行部分酶解以降低果胶含量，有助于饮料的稳定性，再添加一定量合适的稳定剂，完全能够使香蕉汁获得良好状态。复合稳定剂用量 0.47％，其中明胶 0.2％，羧甲基纤维素钠 0.12％，海藻酸钠 0.15％。果浆含量 20％。

【质量标准】

(1) 感官指标　色泽均匀一致；口感柔和，酸甜可口，具有香蕉的芳香味；细腻、均匀，无沉淀。

(2) 理化指标　可溶性固形物含量 10％～13％；总酸度（以醋酸计）0.6％～0.7％；重金属含量不得超标。

(3) 微生物指标　细菌总数≤100CFU/mL；大肠菌群≤6MPN/100mL；致病菌不得检出。

四、猕猴桃的制汁技术与复合饮料实例

猕猴桃（*Actinidia chinensis* Planch.）为猕猴桃科猕猴桃属植物，又名藤梨、白毛桃、毛梨子。猕猴桃原产于我国长江流域，分布于长江以南各省区。浆果卵形或长圆形，横径约 3cm，密被黄棕色有分枝的长柔毛；花期 5～6 月，果熟期 8～10 月。猕猴桃是一种深受消费者喜爱的水果，其果实细嫩多汁，清香鲜美，酸甜宜人，营养极为丰富。它的维生素 C 含量极为丰富，比柑橘、苹果等水果高几倍甚至几十倍，同时还含大量的糖、蛋白质、氨基酸等多种有机物和人体必需的多种矿物质。猕猴桃有调中理气、生津润燥、解热除烦之功效，可用于消化不良、食欲减退、呕吐、烧烫伤。猕猴桃的根和根皮可清热解毒、活血消肿、祛风利湿，可用于风湿性关节炎、跌打损伤、丝虫病、肝炎、痢疾、淋巴结结核、癌症等。

1. 猕猴桃原汁

【原辅料配比】

猕猴桃汁 100％

【工艺流程】

猕猴桃→消毒→清洗→去皮→压榨→加热→过滤→灌装→密封→杀菌→冷却→成品

【操作要点】

(1) 原料选择　剔除生青果、病虫果和发酵变质果，采用新鲜的充分成熟发软的猕猴桃，要求果实多汁、香气浓、维生素 C 含量高。

(2) 清洗、消毒　将猕猴桃放入高锰酸钾溶液中浸洗，然后用流动水淋洗干

净，以除去猕猴桃果皮绒毛中附着的大量微生物。

（3）去皮、压榨　将猕猴桃放入 100～150g/L 氢氧化钠溶液中煮 45～95s，以除去猕猴桃的外皮。去皮后的猕猴桃可采用热压榨或冷压榨的方法取汁处理。

（4）加热　将榨得的果汁迅速加热至 70～80℃，目的是抑制酶的活性，减少维生素 C 的氧化损失，使蛋白质凝固沉淀，减少贮藏中产生沉淀和微生物污染，提高装瓶温度，增强杀菌效果，排出果汁中的空气，提高瓶内真空度。

（5）过滤　预热后的果汁用绒布或四层纱布过滤，即可灌装。

（6）灌装、密封　猕猴桃汁的灌装一般采用热灌装，装罐后立即密封，中心温度控制在 70℃以上。灌装前，空罐和盖子须经清洗、蒸汽消毒 15min，沥水后方可使用。

（7）杀菌、冷却　一般采用高温杀菌，升温 3～5min，沸水杀菌 8min 后立即冷却至 37℃。

【质量标准】

（1）感官指标　产品为绿色液体；具有猕猴桃特有的风味，酸甜适口，无异味；均匀，无沉淀。

（2）理化指标及微生物指标　均达到国家标准要求。

2. 猕猴桃苹果复合果汁

【原辅料配比】

猕猴桃汁 22.5%，苹果汁 7.5%，白砂糖 13%，黄原胶 0.01%，羧甲基纤维素钠 0.24%，山梨酸钾 0.05%，香料 0.04%，柠檬黄 0.0417%，亮蓝 0.025%，水加至 100%。

【工艺流程】

猕猴桃 → 清洗 → 榨汁 → 过滤 → 杀菌 → 灌装 ┐
　　　　　　猕猴桃汁 ← 密封 ←┘　　　┣ 混合 → 调配 → 均质 → 脱气
苹果 → 清洗 → 破碎 → 压榨 → 筛滤 → 灭酶 → 分离 ┘　冷却 ← 杀菌 ← 密封
苹果汁 ← 冷却 ← 密封 ← 灌装 ← 杀菌 ← 脱气 ← 均质 ┘　　　┗→ 成品

【操作要点】

（1）猕猴桃汁的制取

① 选果。果实要求新鲜良好，成熟完全，组织变软，风味正常，无病虫害及腐烂。

② 清洗。用流动水洗净果皮上的泥沙和杂质，然后用高锰酸钾溶液漂洗，再用清水淋洗。

③ 破碎。采用锤式破碎机破碎。破碎粗细要适中，粒度过大会降低出汁率，粒度过小果浆易呈糊状，压榨时渣汁难分离，造成提汁困难，影响出汁率。

④ 榨汁。选用卧式榨汁机提汁，出汁率达 65%。

⑤ 过滤。选用棉饼过滤机,循环过滤。

⑥ 杀菌、灌装。巴氏杀菌法30℃,加热1min,60℃加热5min,90℃加热3min。趁热灌装、封存。

(2) 苹果汁的制取

① 苹果选种。可采用多品种复合制汁,主要品种为国光、红玉、红富士等,可配合黄香蕉以增加产品风味,比例为3∶1或4∶1为宜。苹果的成熟度应在八成以上,具有浓郁苹果香味,一般采用鲜摘果或贮藏没有发绵的果实,将一些成熟度不够、腐烂、虫害果及枝叶剔除。

② 破碎。将苹果放入破碎机中进行破碎,同时喷雾添加维生素C,含量为0.05%~0.1%,防止苹果因破碎果肉与空气接触发生氧化反应而褐变。

③ 筛滤。采用振动分离筛,滤网120目。过滤过程中滤网处于振动状态,能防止滤网的堵塞,保证过滤的连续进行,并能及时排除滤渣。

④ 灭酶、分离。经过滤后的果汁要及时灭酶,防止果汁中的果胶酶对果胶的分解,提高产品的稳定性。灭酶温度为85~90℃,灭酶后迅速冷却至室温,避免长时间加热对产品风味和营养成分造成不良影响。果汁进入碟式分离机,将一些大的颗粒和经灭酶加热后不稳定的物质分离,以减少浑浊沉淀,提高果汁的稳定性。

⑤ 均质、脱气。均质可以使果汁中的悬浮颗粒变细,还可以使颗粒中的果胶溶出,有助于产品的稳定,生产中使用17.6~19.6MPa的压力。均质后应脱除果汁中的空气,防止氧化反应,保持果汁颜色和营养成分的稳定,真空度为0.08~0.087MPa。

⑥ 杀菌、灌装。采用93~96℃,杀菌4~6s。铁罐内部采用100℃蒸汽杀菌3s,盖采用100℃热水或75%酒精消毒。热灌装,灌装温度应大于90℃,否则,产品易出现胀罐现象。灌装后立即密封。

⑦ 冷却。罐内产品温度很高,需要立即冷却至30~40℃,否则对产品品质影响很大。冷却用水要进行氯化处理,有效氯浓度应为1~2mg/L。

(3) 复合果汁的生产

① 混合。按配方比例将猕猴桃汁、苹果汁及各种辅料混合。

② 均质。均质压力为50MPa,均质2次。

③ 脱气、杀菌、灌装与密封、冷却。与上述苹果汁的方法相同。

【质量标准】

(1) 感官指标 具有水果原有的滋味与香气,无异味;均匀透明,无外来杂质。

(2) 理化指标 可溶性固形物(折光计法)≥8.5%;总酸度(以柠檬酸计)0.3%~0.6%;原汁含量≥20%;砷≤0.2mg/kg;铅≤0.3mg/kg;

铜≤5mg/kg。

（3）微生物指标　细菌总数≤100CFU/mL；大肠菌群≤3MPN/100mL；致病菌不得检出。

五、无花果的制汁技术与复合饮料实例

无花果（*Ficus carica* Linn.）属桑科榕属植物，又名映日果、奶浆果、蜜果、树地瓜。原产于欧洲地中海沿岸和中亚地区，西汉时引入中国，以长江流域和华北沿海地带栽植较多，北京以南的内陆地区仅见有零星栽培。落叶灌木或乔木，聚花果梨形，熟时黑紫色；瘦果卵形，淡棕黄色。花期4～5月，果自6月中旬至10月均可成花结果。无花果含枸橼酸、延胡索酸、琥珀酸、丙二酸、脯氨酸、草酸、苹果酸、莽草酸、奎尼酸、生物碱、苷类、糖类、无花果蛋白酶等。果可润肺止咳、清热润肠，用于咳喘、咽喉肿痛、便秘、痔疮等症。根、叶可用于治疗肠炎、腹泻，外用可治痈肿。

1. 无花果恰玛古复合果蔬汁

【原辅料配比】

无花果原浆15%，恰玛古原浆10%，白砂糖4%，柠檬酸0.12%，CMC-Na 0.05%，黄原胶0.07%，卡拉胶0.04%，加水至100%。

【工艺流程】

```
无花果干果 → 挑选 → 清洗 → 浸泡 ─┐
无花果原浆 ← 打浆         ├→ 调配 → 均质 → 灌装 → 杀菌
恰玛古 → 清洗、去皮 → 切丁 → 预煮 ─┘
恰玛古原浆 ← 打浆 ←         检测、成品 ← 冷却 ─┘
```

【操作要点】

（1）无花果原浆的制备

① 原料选择、清洗。选择新鲜、成熟、无病虫害、无霉变、含糖量高、色泽较好的无花果，用流动水清洗干净，彻底去除泥沙等杂质。

② 去皮。将清洗后的无花果投入浓度为4%的沸碱液中处理1～2min，并不断搅拌，直到果皮脱离，捞出并用清水冲洗，除去脱离的果皮。

③ 护色、漂洗。去皮后的无花果用1%亚硫酸氢钠溶液漂洗15～20min，以中和去皮时残留的氢氧根离子，同时起到护色作用。然后用清水漂洗去除残留液。

④ 灭酶。将漂洗好的果实放入1∶1的沸水中煮10～15min，破坏氧化酶和果胶酶的活性，抑制酶促褐变及果胶物质降解，同时还可以软化组织并去除果实的生青味，突出果香。

⑤ 打浆、细化。将煮后的果实连同煮液一起加入打浆机进行打浆，然后用

胶体磨将浆液细磨 2~3 次，得到无花果原浆。

（2）恰玛古原浆的制备 选择产自新疆本地、无病虫害、外表完好、无霉变的恰玛古鲜果，清洗干净去皮切丁，加入 0.02% 的小苏打和 0.03% 的维生素 C 护色，采用打浆法制得恰玛古原浆。

（3）调配 将无花果原浆和恰玛古原浆按配方比例混合均匀，加入白砂糖、柠檬酸、稳定剂等进行调配，用水补充到终产品所需浓度。

（4）均质 均质可以减小饮料中悬浮颗粒的半径，从而提高产品的稳定性。均质机压力采用 18~24MPa，连续处理 2 次，可保持颗粒良好的悬浮性，改善口感。

（5）灌装、杀菌 均质后的料液立即灌装、封盖。封盖后的果汁于 121℃ 杀菌 20min，立即冷却至 38℃ 即为成品。

【质量标准】

（1）感官指标 呈淡黄色，均匀一致；有无花果、恰玛古特有的香气，纯正，无异味；酸甜适中；果肉均匀一致，无分层和沉淀。

（2）理化指标及微生物指标 均达到国家标准要求。

2. 无花果复合果酒

【原辅料配比】

100% 无花果汁，海红果汁（调整 pH 值至 3.3~3.4），白砂糖（17g/L 产生酒精度 1°），FC9 酵母接种量 0.25g/L。

【工艺流程】

无花果→挑选清洗→切片、复水→酶解→果汁成分调整（海红果汁、糖）→灭菌→
酶解→接种→酒精发酵→澄清→成品

【操作要点】

（1）采果 采收成熟度 8~9 分的无花果，采收需注意轻拿轻放，避免机械损伤。

（2）无花果汁制备 将无花果清洗后进行切片破碎，按照 1∶1 比例复水；添加 20mg/L 焦亚硫酸钾进行杀菌护色。然后添加果胶酶进行酶解，酶解时间 2h。

（3）无花果汁成分调整 在上述无花果汁中添加海红果汁进行酸度调整，将 pH 值调整至 3.3~3.4；按照 17g/L 糖产生酒精度 1° 进行补加蔗糖（以生产 12%vol 无花果复合果酒为目标），调整后添加 30mg/L 焦亚硫酸钾进行杀菌。

（4）酵母活化 将干酵母按照 1∶1 比例添加至 37℃ 热水中进行活化，待出现细腻泡沫时，将酵母添加至果汁中。

（5）酒精发酵 FC9 酵母接种量在 0.25g/L，发酵温度 20℃，发酵 35d。

（6）澄清　采用自然澄清加冷冻澄清2种澄清方法，进行无花果复合果酒的澄清。

【质量标准】

（1）感官指标　呈宝石红或浅宝石红色，色泽一致，澄清透亮；具有无花果和海红果的典型香气，果香浓郁；具有醇厚的口感，酒体丰满。

（2）理化指标及微生物指标　均达到国家标准要求。

六、桑葚的制汁技术与复合饮料实例

桑葚为桑科植物桑（*Morus alba* L.）的成熟聚合果，又名葚、桑实、乌葚、文武实、黑葚、桑枣、桑葚子、桑果、桑粒、桑藨。原产于我国中部，有约4000年的栽培史，国内栽培范围广泛。聚花果（桑葚）紫黑色、淡红或白色，多汁味甜。花期4月，果熟5～7月，桑葚嫩时色青，味酸，老熟时色紫黑，多汁，味甜。成熟桑葚果含葡萄糖、蔗糖、琥珀酸、酒石酸、维生素 B_1、维生素 B_2、维生素C、烟酸、色素等。常食桑葚可以明目，可以缓解眼睛疲劳干涩的症状。桑葚具有免疫促进作用。桑葚对脾脏有增重作用，对溶血性反应有增强作用，可防止人体动脉硬化、骨骼关节硬化，可促进新陈代谢。桑葚可以促进血红细胞的生长，防止白细胞减少，并对治疗糖尿病、贫血、高血压、高血脂、冠心病、神经衰弱等病症具有辅助功效。桑葚具有生津止渴、促进消化、帮助排便等作用，适量食用能促进胃液分泌，刺激肠蠕动及解除燥热。中医认为，桑葚性味甘寒，具有补肝益肾、生津润肠、乌发明目等功效。

1. 桑葚浓缩汁

【原辅料配比】

桑葚汁100%。

【工艺流程】

原料选择→清洗、去杂→榨汁→过滤→离心分离→调配→杀菌→浓缩→灌装→密封→
冷却→成品

【操作要点】

（1）原料选择　选取成熟、呈紫色、无霉烂、无杂质的新鲜原料。

（2）清洗、去杂　桑葚原料用符合饮用标准的自来水在漂洗池中漂洗后，再经水淋洗，除去杂质异物。

（3）榨汁　漂洗沥干的原料由螺旋输送机送至螺旋压榨机榨汁，破碎压榨，果汁从孔径3mm的滤网流出，贮存于暂存罐中。

（4）过滤　由螺旋压榨机获得的果汁中混有少量桑子、果肉碎屑及悬浮物，需用精滤机将其除去，其滤网孔径为0.3mm。

（5）离心分离　经精滤后的桑葚汁液中仍含有细小微粒和不溶性悬浮物，既影响果汁透明度，也影响其稳定性，故须用高速离心机进一步分离。条件为流量 2000L/h，转速 7000r/min，压强 0.5MPa。

（6）调配　为改善桑葚浓缩汁的贮藏性，在不影响原有风味的基础上，可适当调整糖酸比例。

（7）杀菌　经调配后的桑葚汁因易受微生物污染和酶的影响而变质，故须加热杀菌和钝化酶。此过程在板式热交换器完成。工作蒸汽压强 0.3MPa，料液流量 180～2000L/h，杀菌温度 100℃，时间 30s。

（8）浓缩　经杀菌处理后的果汁，由泵输入贮罐，然后再泵入离心薄膜真空浓缩罐中进行浓缩。浓缩时受热温度在 60℃左右，受热时间仅需 3min 左右，即可使桑葚原汁的浓度提高 5～6 倍。流量 1400～1950L/h，蒸汽工作压强为 6MPa，罐内真空度 0.08kPa，操作温度为 61～62℃，出口温度 60℃，浓缩汁成品浓度为 30～52°Bx。

（9）灌装、密封、冷却　浓缩桑葚汁达到规定的浓度后，经管道导入经杀菌处理的包装容器中，立即密封，迅速冷却，送入冷库。包装容器采用内衬双层无毒聚乙烯塑料袋的铁桶，铁桶内壁涂有一层无毒涂料瓷漆，使用前用紫外线杀菌。

【质量标准】

（1）感官指标　外观为玫瑰紫色，汁液澄清透明；具有桑葚特有的香味和滋味，不含杂质。

（2）理化指标　铜（以 Cu 计）≤10mg/kg；砷（以 As 计）≤200mg/kg；铅（以 Pd 计）≤2mg/kg。

（3）微生物指标　无致病菌及微生物引起的腐败现象。

2. 桑葚蔓越莓复合果汁饮料

【原辅料配比】

桑葚汁 12％，蔓越莓汁 12％，白砂糖 5.75％，苹果酸 0.16％，加水至 100％。

【工艺流程】

蔓越莓→挑选 → 清洗 → 加热 → 打浆 → 酶解 ┐
蔓越莓汁 ← 离心 ← 过滤 ← 灭酶 ┘　├─ 调配 → 抽滤 → 灌装 → 密封
桑葚 → 拣选 → 清洗 → 加热 → 打浆 → 过滤 ┐　成品 ← 杀菌
桑葚汁 ← 离心 ← 酶解 ← 灭酶 ┘

【操作要点】

（1）桑葚汁的制备　挑选成熟度好、无腐烂的果实，清洗干净表面的泥沙，加入 0.08％～0.15％的维生素 C 和六偏磷酸钠溶液护色，热烫 30s 捞出，加入 1.5 倍的水进行打浆。将滤液加热到 95℃，灭酶 3～5min 后，快速降温至 50℃

以下，加入体积比 0.02%～0.03% 的果胶酶，在 50～55℃ 环境下酶解 15min，加热至 90℃ 左右保温 15～20min，进行灭酶处理，过滤后在 10000r/min 下离心 10min，得桑葚汁。

（2）蔓越莓汁的制备 挑选成熟度好、无腐烂虫害的果实，清洗干净，放入沸水中，加入 0.08%～0.15% 的维生素 C 和六偏磷酸钠溶液护色，热烫 122s 捞出，加入 2 倍的水打浆，在制得的原浆中加入果胶酶，充分搅拌均匀进行酶解反应。加热至 90℃ 左右保温 15～20min，进行灭酶处理，过滤后在 10000r/min 下离心 10min，得蔓越莓汁。

（3）桑葚蔓越莓复合饮料的制备 按配方比例依次加入原辅料，搅拌均匀，将调配好的料液在过滤器压力 0.06MPa 下抽滤，滤液加热至 96℃ 以上灌装，趁热旋紧瓶盖，于 95～100℃ 加热杀菌 15～20min，冷却至室温即得成品。

【质量标准】

（1）感官指标 呈紫红色，色泽明亮；具有桑葚和蔓越莓特有的果香，香气浓郁自然；清爽，酸甜适口；均匀一致，澄清透明，无杂质。

（2）理化指标 可溶性固形物含量 9.4%，总酸含量 2.8g/L，透光率 58%。

（3）微生物指标 菌落总数≤1CFU/mL，大肠菌群≤1MPN/100mL，致病菌不得检出。

七、石榴的制汁技术与复合饮料实例

石榴（*Punica granatum* Linn.）为石榴科石榴属植物，又名安石榴、丹若、金罂、金庞、涂林。石榴的原产地是亚洲中部伊朗及其周边地区。果实含单宁、糖类，根皮含石榴皮碱，果皮含生物碱、单宁、熊果酸等。石榴具有预防癌症、软化血管、降低血脂、延缓妇女绝经等诸多方面的功效。石榴根皮碱有驱除绦虫作用。石榴树根、干枝皮煎剂作用于寄生虫的肌肉，使其陷于持续收缩，故有驱虫效果，而且有明显的抑制细菌作用。

1. 浓缩石榴汁

【原辅料配比】

石榴汁 100%。

【工艺流程】

石榴→清洗→剥皮→取籽→清洗→护色→打浆→过滤→均质→浓缩→杀菌→灌装→
密封→冷却→成品

【操作要点】

（1）原料选择 选择九成熟以上、无病虫害、无霉变、无腐烂的新鲜石榴为原料，以保证果汁的质量。

（2）清洗 将石榴用清水浸泡后用喷淋或流动水洗，洗除表皮的灰尘、杂质、微生物和部分农药残留物。

（3）剥皮、取籽   采用人工方法，用刀具将石榴皮划破，用手剥果去皮，去白色隔膜，取出籽粒。

（4）清洗   用符合标准的饮用水流动冲洗石榴籽，除去剥皮时残留下的破碎表皮和碎隔膜等杂质，洗去附在籽粒上的微生物，洗完后沥干水分。

（5）护色   将石榴籽浸泡于0.5%的柠檬酸护色液中，以防石榴在打浆后果汁变色。护色液量为果肉质量的3倍，在常温下护色15min后打浆。

（6）打浆   洗净的籽粒送入打浆机，打浆过程中严格控制打浆工作条件，使果核与果肉既能充分分离又不导致果核破裂，以免引起石榴汁的变色与变味。

（7）过滤   用板框压滤机过滤除去打浆时残留在果汁中的果渣。

（8）均质   将石榴汁在15～20MPa压力下通过高压均质机，使其中的果肉在强烈的剪切力和气蚀力的作用下破碎，并均匀地分散于汁液中而达到稳定。也可用胶体磨进行均质。

（9）浓缩   石榴果汁用真空浓缩机进行浓缩处理，浓缩温度为25～35℃，真空度为0.094～0.099MPa。

（10）杀菌   浓缩后的石榴汁进行巴氏杀菌，杀菌条件为85～92℃，30～50s。

（11）灌装、密封   浓缩果汁立即灌装密封，灌装用的容器应先清洗杀菌，有条件时可采用无菌灌装法灌装。

（12）冷却   密封后立即冷却，采用分段降温方法，冷却后即为成品。

【质量标准】

（1）感官指标   浓缩汁颜色应与石榴原汁相似且略深，无明显褐变现象；无杂质，有明显果肉悬浮物存在；具有石榴的香气和滋味，无异味。

（2）理化指标   可溶性固形物≥68%；砷（以As计）≤0.2mg/kg；铅（以Pb计）≤0.1mg/kg；铜（以Cu计）≤10mg/kg。

（3）微生物指标   菌落总数≤50CFU/mL；大肠菌群≤600MPN/100mL；致病菌不得检出。

2. 石榴芦荟柠檬复合发酵饮料

【原辅料配比】

石榴汁25%，芦荟汁30%，柠檬汁20%，白砂糖25%，菌种接种量1%（乳酸菌：酵母菌为2：3，接种量按饮料总体积计算）。

【工艺流程】

石榴、库拉索芦荟、柠檬→清洗削皮→榨汁→加水加糖→巴氏灭菌→酶解→复合发酵→成品

【操作要点】

（1）石榴汁的制备   选用全熟、无腐烂及无虫害的新鲜石榴，剥皮、分离石

榴籽。用水洗净、沥水，压榨取汁，添加 0.1g/100mL 的异抗坏血酸钠进行护色。

(2) 芦荟柠檬汁的制备　挑选新鲜的芦荟和柠檬，用无菌水洗净并晾干；去除芦荟的外皮，将芦荟果肉切成 1cm 左右的块状，放入无菌水中浸泡 0.5h 去毒；将柠檬带皮切成 1cm 的块状备用，整个过程都在无菌台内进行操作。将切成块状的芦荟和柠檬分别用榨汁机打碎成汁。

(3) 调配　按配方比例将果蔬汁、白砂糖和无菌水混匀，用碳酸钠调节 pH 值至 3.6，有利于微生物生长。

(4) 灭菌　混合果汁于 65℃巴氏灭菌 30min。

(5) 复合酶解　在灭菌后的石榴芦荟柠檬果汁中按质量分数添加 0.4%的纤维素酶和 0.2%的果胶酶，在 50℃的环境中酶解 180min，使果汁中的有效成分分解成容易被人体吸收的小分子。

(6) 活化菌种　根据接种量，取乳酸菌和酵母菌，加入适量的无菌水和糖，在 37℃下活化 60min。

(7) 接种、发酵　在无菌室中接种，于 37℃的保温箱内发酵 15h。

【质量标准】

(1) 感官指标　呈红黄色，澄清透明；具有石榴柠檬香气，无刺激性气味；口感柔顺，酸甜适中；质地均匀，无悬浮物。

(2) 理化及微生物指标　均达到国家标准要求。

第四节　坚果类果实的制汁技术与复合饮料实例

坚果类水果的食用部分是种子（种仁），在食用部分外面有坚硬的果壳，所以又称为壳果或干果，例如栗子、核桃、山核桃、榛子、开心果、银杏、香榧等。本节介绍部分坚果类果实的制汁技术及复合饮料实例。

一、核桃的制汁技术与复合饮料实例

核桃（*Juglans regia*）属胡桃科核桃属，又名胡桃、羌桃。原产于欧洲东南部及亚洲西部、南部，但早在汉代便已传入我国，主要分布在美洲、欧洲和亚洲很多地方。果实球形，直径约 5cm，灰绿色。幼时具腺毛，老时无毛，内部坚果球形，黄褐色，表面有不规则槽纹。花期 3～4 月，果期 8～9 月。核桃堪称抗氧化之"王"。核桃中所含的精氨酸、油酸、抗氧化物质等对保护心血管，预防冠心病、阿尔茨海默病（又称老年性痴呆）等颇有裨益。核桃中的磷脂，对脑神经有良好的保健作用。核桃油含有不饱和脂肪酸，有防治动脉硬化的功效。核桃仁中含有锌、锰、铬等人体不可缺少的微量元素，其镇咳平喘作用也十分明显。

1. 核桃枣汁复合饮料

【原辅料配比】

核桃仁浆 25％，红枣汁 20％，柠檬酸 1％，白砂糖 5％，加水至 100％。

【工艺流程】

精选核桃仁、红枣→原料预处理→磨浆提汁→混合、调配→过滤、均质→高温杀菌→
灌装→灭菌→成品

【操作要点】

（1）原料预处理　精选无病虫、无霉病的上等优质核桃仁和红枣，将红枣用
清水冲洗，加 4 倍水混合打浆，加入 0.03％的果胶酶，随后于 60℃浸提 2h，使
红枣的香味和营养成分充分释放出来，以提高复合饮料的营养价值。将挑选好的
核桃仁置于 1.5％的 NaOH 溶液中，于 5min 后迅速捞出，用清水反复冲洗浸泡
过的核桃仁，以去除核桃内衣，避免核桃枣汁复合饮料出现发苦口味；随后将去
除内衣的核桃仁进行磨浆榨汁。

（2）混合、调配　将处理好的核桃仁浆和红枣汁按配方比例进行混合调配，
同时加入白砂糖和柠檬酸使其口感更丰富，加水定容。

（3）过滤、均质　将混合调配好的饮料进行膜过滤，过滤完成后在 80℃、
70MPa 环境下使用均质机均质 2 次，使复合饮料充分混合，形态更均匀，口感
更细腻。

（4）高温杀菌　将均质完成的核桃枣汁复合饮料置于沸水中高温杀菌
10min，随后冷却至室温。

【质量标准】

（1）感官指标　呈现乳白浅红色，色泽饱满，无杂色；有浓郁核桃味，酸甜
适中，红枣香味明显；混合均匀，形态组织细腻，无沉淀。

（2）理化指标和微生物指标　均达到国家标准要求。

2. 奇亚籽杏仁核桃复合饮料

【原辅料配比】

杏仁浆 40％，核桃浆 60％，奇亚籽 15g/100mL，麦芽糖醇 7g/100mL，黄
原胶 0.07g/100mL，羧甲基纤维素钠 0.09g/100mL，蔗糖脂肪酸酯 0.08g/
100mL，单脂肪酸甘油酯 0.12g/100mL。（辅料用量按果汁总体积计算。）

【工艺流程】

核桃 → 去壳 → 清洗 → 脱衣 → 浸泡 → 打浆 → 过滤 ┐
　　　　　　　　　　　　　　　　核桃浆 ←┘
　　甜杏仁 → 浸泡 → 去皮去苦心 → 清洗 → 打浆 ┐── 调配 → 加入奇亚籽 → 灭菌
　　　杏仁浆 ← 过滤 ← 均质 ← 胶体磨 ←┤　　　　成品 ← 冷却 ←┘
　　　　奇亚籽 → 浸泡 → 过滤 → 备用 ┘

【操作要点】

(1) 核桃浆的制备

① 原料选择。挑选饱满、外观完好的核桃，去除核桃中有霉变、有油溢出、发软的不新鲜核桃。

② 去壳。人工或机械去除核桃外壳及其他杂质，得到核桃仁。

③ 清洗、脱衣。将核桃仁用清水冲洗干净，洗净的核桃仁放入 90℃、0.5%～1.0%的氢氧化钠水溶液中浸烫 3～5min，以钝化酶类，易于脱仁衣，保持产品色泽。

④ 浸泡。将核桃仁用 0.5%的碳酸氢钠溶液浸泡，除去核桃仁种皮的色素，并用清水冲洗干净。浸泡是为了软化细胞结构，有利于营养物质溶出；同时可降低磨浆时耗能，减少机器的磨损。浸泡时间根据生产季节、水温的高低来确定，一般夏季 1～2h，冬季 3～4h。

⑤ 磨浆、过滤。将浸泡好、洗净的核桃仁加 20 倍的清水，用胶体磨磨浆，先用 100 目筛粗滤，再用 200 目筛精滤，得核桃浆。

(2) 杏仁浆的制备　选择新鲜完好的杏仁，挑出其中霉变、虫蛀、发黑及不新鲜的杏仁。添加甜杏仁 10 倍的水在容器中进行浸泡，每 10h 左右进行一次换水，浸泡 1～2d，使杏仁毒性削弱。杏仁经浸泡后，杏仁皮非常易脱落，手工即可将其剥离。去皮后的杏仁可以分成两半，将尖部中心的芯去掉，以免影响口味。然后冲洗干净，去除多余杂质。按料液比选择 1∶20 加水进行打浆，打浆完的浆液放入胶体磨中磨细，均质 20min。用细网过滤掉残渣，得到杏仁浆。

(3) 奇亚籽的前处理　奇亚籽用常温水浸泡 2h 左右，中途搅拌一次，使每粒奇亚籽都饱满。把泡好的奇亚籽倒入细网中过滤，尽可能滤出多余的水分。

(4) 调配　按照配方比例混合核桃浆和杏仁浆，把羧甲基纤维素钠、黄原胶、蔗糖脂肪酸酯、单脂肪酸甘油酯按比例溶解后加入混合浆中，最后加入甜味剂麦芽糖醇即可。

(5) 加入奇亚籽　搅拌均匀后加入泡发的奇亚籽。

(6) 杀菌、冷却　采用 85℃、10min 的高温短时杀菌法进行杀菌，杀菌后立即冷却至室温。

【质量标准】

(1) 感官指标　呈淡褐色；奇亚籽颗粒分布均匀，黏稠度合适，无分层，有极少或无沉淀；奇亚籽、杏仁、核桃配比协调，无杂味，甜度适中，口感柔和。

(2) 理化及微生物指标　均达到国家标准要求。

3. 核桃蛋白饮料

【原辅料配比】

核桃仁 42kg，白砂糖 30kg，乳化稳定剂（单甘油脂肪酸酯 0.1kg、双甘油脂肪酸酯 0.3kg、硬脂酰乳酸钠 0.015kg、羧甲基纤维素钠 0.015kg、瓜尔胶（0.07kg）0.5kg，甜蜜素 0.2kg，安赛蜜 0.05kg，三氯蔗糖 0.015kg，三聚磷酸钠 0.3kg，核桃香精 0.3kg，碳酸钠调整 pH 值至 7.6～7.8。

【工艺流程】

核桃仁 → 挑选 → 去皮 → 磨浆 → 过滤 → 核桃浆 ┐
白砂糖、稳定剂 → 溶解 ──────────────── ├ 混合 → 调配 → 定容、调香 → 均质 ┐
成品 ← 杀菌、冷却 ← 灌装 ←────────────────────────────┘

【操作要点】

（1）核桃仁处理

① 去皮。采用 2%～3% 的氢氧化钠水溶液煮制脱皮。将夹层锅内的氢氧化钠水溶液升温至 90～95℃，投入核桃仁，开动搅拌器，使核桃仁之间相互摩擦，以加快脱皮速度，处理 3～5min，捞出核桃仁置于带护板的筛网上，用带一定压力的自来水清洗，冲去核桃仁表面残留的棕色表皮和碱液，直至核桃仁表皮脱尽。

② 磨浆。将去皮后的核桃仁倒入可以进行浆渣分离的磨浆机中，加入常温饮料用水进行磨浆，去除残渣，浆液输送至储罐。为提高蛋白质提取率，可进行三次磨浆，以最大限度地提取出核桃仁中的营养物质。

（2）白砂糖与乳化稳定剂的溶解 乳化稳定剂先与部分白砂糖均匀混合，再加入 80～85℃ 的纯水中，采用高速剪切乳化器在 1400r/min 的条件下剪切 15～20min，直到乳化稳定剂充分溶解，成为均匀乳胶液，应无肉眼可见杂质。然后加入剩余的白砂糖及其他甜味剂等辅料，溶解后经 80 目筛过滤后泵入配料罐备用。

（3）混合、定容、调香 将核桃浆与上述溶解后的辅料按配方比例混合均匀，加水定容至规定量，并控制温度在 65～70℃。再加入适量香精，搅拌 5min，使其香气均匀。

（4）高压均质 调配好的核桃蛋白饮料在 65～70℃ 下进行两次均质，第一次均质压力为 25～30MPa，第二次均质压力为 40～45MPa。均质后的料液泵入暂存罐。

（5）灌装、杀菌 均质后的料液输入灌装机中进行灌装。灌装时应检查封口情况，要求无漏液、漏气。灌装完成后立即送入杀菌釜中进行杀菌处理，杀菌条件为温度 121～123℃，时间 20～25min。杀菌后冷却至 35℃ 以下。

【质量标准】

各项指标均达到国家标准要求。

二、板栗的制汁技术与复合饮料实例

板栗（*Castanea mollissima* Blume）为山毛榉科栗属植物，又名栗子、毛板栗。板栗原产于我国，分布于我国辽宁以南各地，多生于低山丘陵缓坡及河滩地带，河北、山东是板栗著名的产区。果实壳斗球形，径 3~5cm，外具尖锐的针形刺，内藏坚果 2~3 枚，深褐色。花期 5 月，果期 9~10 月。板栗营养价值很高，甘甜芳香，含淀粉 51%~60%，蛋白质 5.7%~10.7%，脂肪 2%~7.4%，还富含糖、粗纤维、胡萝卜素、维生素 A、B 族维生素、维生素 C 及钙、磷、钾等矿物质，可供人体吸收和利用的养分高达 98%。果实性味甘、温，可益气健胃、补肾，主治肾虚腰痛、咳嗽、瘰疬。

1. 板栗饮料

【原辅料配比】

板栗浆 6.1%，白砂糖 6%，羧甲基纤维素钠 0.17%，植脂末 0.13%，黄原胶 0.06%，加水至 100%。

【工艺流程】

板栗→熟制→去壳去衣→磨浆→均质→添加稳定剂→调配→二次均质→灌装→

杀菌→冷却→成品

【操作要点】

（1）制取板栗汁

① 原料选择。选择九成熟、无虫蛀、无霉变的优质板栗为原料。

② 熟制。将板栗在底部皮厚处划一切口，在糖砂中炒制 25min，捞出后趁热剥皮。

③ 破壳去衣。采用十字刀法，先在生板栗上划十字刀口，熟制后剥壳去衣。

④ 打浆。用 7 倍于板栗仁质量的纯净水打浆。

（2）胶磨、护色　打浆后的板栗液放入胶体磨进行研磨。研磨后立即加入 0.11% 的柠檬酸、0.06% 的维生素 C 和 0.015% 的 EDTA-2Na 进行护色。

（3）均质　采用高压均质机进行均质处理，压力为 40MPa，均质 5min。

（4）添加稳定剂　在板栗浆中加入配方比例的复合稳定剂（羧甲基纤维素钠 0.17%、植脂末 0.13%、黄原胶 0.06%）。

（5）调配　按照配方比例，加入纯净水、白砂糖，充分搅拌均匀。

（6）二次均质　将添加了稳定剂并且调配好的饮料经过均质机处理，使稳定剂和其他添加剂与纯板栗饮料充分混合，使果肉颗粒均匀稳定地分散在饮料中。二次均质压力为 20MPa，时间 5min。

（7）灌装、杀菌　饮料用玻璃瓶进行热灌装，灭菌温度为 85℃，灭菌时间为 15min。

【质量标准】

（1）感官指标　产品浅褐色，均匀一致，无沉淀和分层现象；有板栗特有的香味，无异味；口感细腻润滑，甜度适中。

（2）理化指标　可溶性固形物（折光计法）≥12.0%；总酸（以柠檬酸计）≤0.2g/L；总砷（以 As 计）≤0.1mg/L；铅（Pb）≤0.05mg/L。

（3）微生物指标　菌落总数≤100CFU/mL；大肠菌群≤3MPN/100mL；霉菌≤20CFU/mL；酵母≤20CFU/mL；致病菌不得检出。

2. 板栗黄芪饮料

【原辅料配比】

板栗浆 80%，黄芪提取液 6%，白砂糖 6%，稳定剂 0.23%（CMC-Na 0.15%，蔗糖脂肪酸酯 0.04%，六偏磷酸钠 0.04%），加水至 100%。

【工艺流程】

板栗 → 去壳 → 护色 → 磨浆 → 酶解 → 板栗浆 ─┐
　　　　　　　　　　　　　　　　　　　　　　　├─ 调配 → 均质 → 灌装 → 杀菌 → 成品
黄芪 → 粉碎 → 提取 → 过滤 → 黄芪提取液 ─┘

【操作要点】

（1）板栗浆的制备　挑选优质、无病虫害、完整的板栗为原料。将板栗去壳后与水按质量比 1∶7 进行混合，加入复配护色剂（0.1%的柠檬酸、0.03%的维生素 C 和 0.02%的 EDTA-2Na），混匀后进行打浆，得板栗浆液。然后加入 α-淀粉酶进行酶解。酶解可使可溶性固形物的含量增加，淀粉含量减少，淀粉颗粒变小，黏度和离心沉淀率降低，板栗浆稳定性提高。酶解条件为温度 55℃，酶解时间 70min，酶添加量 7U/g。

（2）黄芪提取液的制备　挑选优质、上等、无病虫害的黄芪，清洗后用粉碎机进行粉碎。按料水比 1∶16 混合，在 87℃下提取 180min，抽滤，收集滤液并用旋转蒸发仪浓缩至 1/3 体积，即可制得黄芪提取液。

（3）板栗黄芪饮料的制备

① 调配。在板栗浆中按质量分数加入配方比例的白砂糖、黄芪提取液和稳定剂，加水定容，混合均匀。

② 均质。将调配好的板栗黄芪饮料在均质压力 30MPa 下均质。均质后板栗黄芪饮料中可溶性固形物含量增加，微观颗粒变小，黏度和离心沉淀率下降，饮料稳定性提高。

③ 灌装。将均质后的板栗黄芪饮料趁热灌装于 250mL 玻璃瓶中，封盖。

④ 杀菌。将装罐后的板栗黄芪饮料进行杀菌，杀菌条件为 100℃ 杀菌 15min。

【质量标准】

（1）感官指标　产品颜色呈黄色，颜色均匀一致；状态均匀，无沉淀和分层现象；板栗的香味与黄芪香味和谐，无异味。

（2）理化指标　脂肪含量 0.6%±0.22%；粗蛋白 0.5%±0.01%；可溶性固形物 11.6%±0.1%；总酸度 0.51%±0.002%。

（3）微生物指标　均达到国家标准要求。

三、银杏的制汁技术与复合饮料实例

银杏（*Ginkgo biloba* L.）为银杏科银杏属植物，又名白果、公孙树、鸭脚子。为我国特产，主要分布于浙江（西天目山）等地。种子核果状，椭圆形至近球形，种熟期9～10月。银杏叶性味微苦、平，活血止痛，主治心绞痛、高胆固醇症、痢疾、象皮肿。银杏（白果）性味甘、苦、平，有毒，定痰喘，止带浊，主治慢性气管炎、支气管哮喘、肺结核、白带、遗精、小便频数。注意银杏有毒，不可超量服用。

1.金银花白果草本饮料

【原辅料配比】

金银花提取液60%，银杏汁30%，白砂糖8.0%，柠檬酸0.15%，甜菊糖苷0.2%，β-环糊精0.1%，羧甲基纤维素钠0.1%，加水至100%。

【工艺流程】

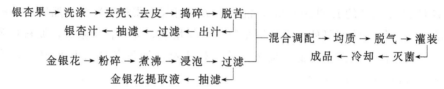

【操作要点】

（1）银杏汁的制备　选择外壳光滑、洁白，并且大小均匀，果仁饱满、坚实、无霉斑的银杏果实。将采集的银杏洗净、风干，然后去壳、去皮，将处理后的果肉捣碎，与水按1∶10的料液比混合，加入0.1%的β-环糊精脱去苦涩味，将混合液加热至45℃并不停搅拌30min，使银杏中的汁充分流出并与水更好地互溶，用两层纱布趁热过滤2次，再抽滤2次，得到均匀透明的银杏汁。

（2）金银花提取液的制备　选择新鲜、无虫害、无腐烂、可食用的金银花，摘取花瓣。将采摘的金银花瓣洗净、晾干，用恒温烘箱在65℃左右烘干，用超微粉碎机将其粉碎，将处理好的金银花按料水比1∶15在95～100℃热水中煮5min，盖上夹层锅盖浸泡20min，冷却后，用纱布过滤3次，再抽滤2次，加入0.1%的羧甲基纤维素钠、0.15%的柠檬酸，均质混合后得到澄澈、无沉淀、较纯的金银花汁提取液备用。

（3）饮料的调配　将制备的金银花提取液、银杏汁与白砂糖、甜菊糖苷等其他辅料按照配方比例进行混合。

（4）均质　将调配好的料液进行两次均质。第一次在压力16～18MPa、温度50℃的条件下进行；第二次在压力为16～18MPa、温度为45℃的条件下进行。经过两次均质后复合饮料中的颗粒均超细化。

（5）脱气　将均质后的复合饮料迅速采用真空脱气法脱气，防止复合饮料温度降低。使用离心喷雾的形式使料液在脱气机中形成雾状，设置的工艺条件为温度 45℃，真空度 0.0986 MPa。

（6）灌装、灭菌　先将复合饮料加热至 85℃，然后迅速趁热灌装，封盖。采用超高压灭菌法，在 136℃的温度下灭菌 3～5s。冷却至 38℃，装箱、入库、贮藏即可。

【质量标准】

（1）感官指标　淡橙黄色，稳定、透明，无固体颗粒、沉淀；金银花、银杏风味浓郁，可口柔和，酸甜适宜，风味协调。

（2）理化指标　可溶性固形物含量 11.32%～14.58%，总糖含量 7.35%～9.43%。

（3）微生物指标　菌落总数≤30CFU/mL；大肠菌群≤3MPN/100mL；致病菌不得检出。

2. 银杏叶绞股蓝复合保健饮料

【原辅料配比】

银杏叶提取液 5%，绞股蓝提取液 25%，低聚果糖 9%，柠檬酸 0.08%，加水至 100%。

【工艺流程】

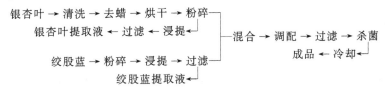

【操作要点】

（1）银杏叶提取液的制备　选择干燥、色绿的银杏叶为原料，去除杂物和枯黄叶。将挑选好的银杏叶用清水洗净、沥干。将沥干的银杏叶放入 90℃热水中热烫 3min，除去叶面的蜡质和水分，于 65℃干燥箱中烘干。加入粉碎机粉碎，取 20～40 目之间的碎叶，粉碎粒度不要过大或者过小，否则不利于活性物质的浸出以及后续的过滤。以银杏叶与水质量比为 1∶50 加水浸泡 30min，升温至 95℃浸提 60min。迅速冷却，用细纱布过滤，滤渣在相同条件下进行第二次浸提。合并两次滤液在 4℃下贮藏备用。

（2）绞股蓝提取液的制备　选择优质、无病虫害的绞股蓝为原料。粉碎并过筛，取 20～60 目之间的碎片，按照绞股蓝与水质量比为 1∶50 加水，充分浸泡 4～5h，在 95℃下搅拌煮沸 30min，在其迅速冷却之后用细纱布过滤，滤渣在相同条件下进行第二次浸提。合并两次滤液备用。

（3）复合饮料的调配　按配方比例将制备好的银杏叶提取液、绞股蓝提取液与低聚果糖、柠檬酸进行调配,加水定容并混合均匀。

(4)过滤 采用硅藻土对调配好的饮料进行过滤,可得到清凉透明有光泽的产品。

(5)杀菌 先在 60~70℃ 的热水中进行预热,然后在沸水中加热 15min 杀菌,冷却即为产品。

【质量标准】

(1)感官指标 呈黄色,均匀一致;银杏叶、绞股蓝气味不冲突且适中;酸甜适口,透明,无杂质、絮状物。

(2)理化指标 可溶性固形物 7.6%±0.07%;pH 值 4.58。

(3)微生物指标 达到国家标准要求。

四、榛子的制汁技术与复合饮料实例

榛子（*Corylus heterophylla* Fisch. ex Trautv.）属桦木科、榛属植物榛的种仁,又名榧子、平榛、山板栗。原产于北温带,土耳其、意大利和西班牙是榛子的主要生产国,我国分布于东北、华北及陕西、甘肃等地。坚果呈棕色,圆形或长圆形,通常为 1~4cm,部分或全部包埋于总苞内。果仁含碳水化合物 16.5%,蛋白质 16.2%~18%,脂肪 50.6%~77%,灰分 3.5%。果实含淀粉 15%。叶含单宁 5.95%~14.58%。性味甘、平,有调中、开胃、明目、补脾之功效,主治病后体虚。

1. 苹果味榛子露

【原辅料配比】

榛子露 80%,苹果汁 20%,白砂糖 0.80g/100mL,柠檬酸 0.40g/100mL。(辅料用量按果汁总体积计算。)

【工艺流程】

榛子 → 破壳 → 浸泡 → 烫漂 → 去衣 → 粗磨 ┐
榛子露 ← 乳化 ← 胶体磨 ┘ ┐调配 → 均质 → 脱气 → 灌装
苹果 → 清洗 → 去皮 → 切块 → 微波处理 ┘ 成品 ← 冷却 ← 杀菌 ┘
苹果汁 ← 过滤 ← 榨汁 ← 护色 ┘

【操作要点】

(1)榛子露的制备 选取无病虫害、无霉变、九成熟且籽粒饱满的榛子果。首先将榛子外壳敲碎,取出榛子仁。选取颗粒大小相近且完整的榛子仁,用蒸馏水清洗干净,再用 30℃ 的蒸馏水浸泡 12h,将浸泡好的榛子仁放入 0.1% 的氢氧化钠溶液中煮烫 30s,不断搅拌使榛子仁能够受热均匀,将煮烫后的榛子仁放入冰水中迅速冷却降温,再用手工去除榛子仁褐色内衣并用水清洗干净,将榛子仁捞出控干备用。

将控干水的榛子仁加 6 倍质量的水进行磨浆，用胶体磨进行处理，并过 200 目的纱布，最后将制备所得的榛子原浆封装好备用。

（2）苹果汁的制备 选取无病虫害和无霉变的大小均匀的苹果，经过清洗、去皮、切块后得到厚度为 3cm 的苹果块。用微波炉在 400W 的功率下处理 15s，将处理好的苹果块浸泡到调配好比例的护色剂（维生素 C 0.06%，柠檬酸 0.20%，EDTA-2Na 0.08%，β-环糊精 0.03%）中浸泡 10min，取出控干放入榨汁机榨汁，并用 200 目的纱布过滤，最后将制备所得的苹果汁密封好放入冰箱冷藏备用。

（3）调配 按配方比例进行调配，并充分混合均匀。

（4）均质 采用高压均质机均质，均质压力 25MPa，温度 40℃，均质 3 次。

（5）脱气 将调配好的料液送入真空脱气机中进行脱气处理，真空度为 90～92kPa。

（6）灌装、杀菌 将饮料灌装封盖后立即杀菌，采用常压杀菌，120℃，10min。杀菌后的饮料迅速冷却至常温。

【质量标准】

（1）感官指标 呈乳白色，微微泛黄；口感适宜，酸甜度适中，具有植物蛋白饮料的口感和水果的清香；具有典型的榛子香气和苹果香气，榛子香气浓郁，苹果香气清淡愉悦，协调且无明显异味。

（2）理化指标 脂肪≥1.0%；蛋白质≥1.0%；砷（以 As 计）≤0.5mg/kg；铅（以 Pb 计）≤1.0mg/kg。

（3）微生物指标 菌落总数≤100CFU/mL；大肠菌群＜600MPN/100mL；致病菌不得检出。

2. 野生榛子复合蛋白酸乳饮料

【原辅料配比】

榛仁浆 30%，牛乳 61%，绵白糖 9%，双歧杆菌、保加利亚乳杆菌和嗜热链球菌混合发酵剂 4%。

【工艺流程】

野生榛果脱壳→榛仁→浸泡→脱皮→预煮→磨浆→分离→浆液→调制→过滤→均质→杀菌→冷却至发酵温度→接种发酵剂→发酵→凝乳→冷却→冷藏后熟→检验→灌装→成品

【操作要点】

（1）榛子浆的制备 挑选表面无明显破坏的野生榛子，用小锤破碎脱壳，取榛子仁，用清水浸泡 8h，剥去榛子仁表面的棕色表皮，留下白色或淡黄色的榛子仁。将榛子仁与水按照 1∶6（质量体积比）的比例混合磨浆，浆液用胶体磨进行均质。

（2）混合接种 将无抗生素的牛乳进行过滤，然后与榛子浆液、绵白糖按配方比例混合均匀，过滤后预热至 55℃，在 20～25MPa 条件下进行均质。均质后的混合料液在水浴中杀菌，杀菌条件为 90℃、10min，冷却至 45℃，接种 4％嗜热链球菌、保加利亚乳杆菌和双歧杆菌的混合发酵剂。

（3）保温发酵　将接种的料液进行分装，然后于 42℃恒温培养箱中保温发酵 3.5h，直至牛乳凝固后取出。

（4）冷藏后熟　将制得的复合蛋白酸乳饮料放入冰箱，在 2～4℃下保藏 24h 进行后熟。

【质量标准】

（1）感官指标　产品色泽均匀一致，呈乳白色或微黄色，具有酸甜可口的滋味和酸奶特有的风味，榛子香气浓郁，无酒精发酵味、霉味和其他不良气味，凝乳均匀、细腻、无气泡，有少量乳清析出。

（2）理化指标　脂肪≥2.5％；蛋白质≥2.3％；非脂乳固体≥8.5％；可溶性固形物≥16％。

（3）微生物指标　乳酸菌活菌数≥108CFU/mL；大肠菌群≤30MPN/100mL；致病菌不得检出。

第五节　柑果类果实的制汁技术与复合饮料实例

柑果类包括柑、橘、橙、柚、柠檬 5 大品种。此类果实是由若干枚子房联合发育而成的，其中果皮具有油胞，是其他果实所没有的特征。食用部分为若干枚内果皮发育而成的囊瓣（又称瓣囊或盆囊），内生汁囊（或称砂囊，由单一细胞发育而成）。本节介绍部分柑果类果实的制汁技术与复合饮料实例。

一、柑橘的制汁技术与复合饮料实例

柑橘（*Citrus reticulata* Blanco）为芸香科、柑橘属植物。我国是柑橘的重要原产地之一，柑橘资源丰富。柑橘果实呈扁球形，径 5～7cm，橙黄色或橙红色，果皮薄易剥离。春季开花，10～12 月果熟。性喜温暖湿润气候，耐寒性较柚、酸橙、甜橙稍强。柑橘生食有益气、强身、助消化、健脾胃、降血压等功效，对防治化脓性咽喉炎、扁桃体炎、糖尿病、病毒性感冒有一定效果。柑橘汁中富含的钾、B 族维生素和维生素 C，可在一定程度上防治心血管疾病，其还含有抗氧化、抗癌、抗过敏成分，并能防治血凝和视力退化。

1. 柑橘蒲公英保健饮料

【原辅料配比】

柑橘汁 8％，蒲公英浸提液 20％，冰糖 10％，CMC 0.3％，柠檬酸 0.2％，加水至 100％。

【工艺流程】

【操作要点】

（1）柑橘汁的制备

① 柑橘的榨汁。挑选成熟的柑橘为原料，清洗干净，去皮，去核后倒入榨汁机中打浆。

② 酶解、灭酶。将0.6％的复合酶制剂（果胶酶：纤维素酶＝1：3）添加到柑橘果浆中进行复合酶解处理，调节温度至50℃，pH值为3.0，酶解3h。将经酶解后的柑橘果浆置于90℃水浴中保持2min，使其中残留的复合酶失活。

③ 离心。柑橘果浆冷却至室温后，以4000r/min的转速离心10min，过滤，得柑橘汁。

（2）蒲公英浸提液的制备

① 干制蒲公英。选择没有病虫害，没有发霉的蒲公英，将其干枯叶子摘掉，反复进行清洗。在75℃的环境下，进行5h的干燥。

② 浸提蒲公英。把已经干制好的蒲公英切成0.5cm左右的小段，并将其粉碎成粉末，按料水比1：30加入纯净水，于80℃超声浸提处理2次，每次1h，过滤后合并滤液，得到蒲公英浸提液。

（3）饮料调配　按配方比例把蒲公英浸提液、柑橘汁、柠檬酸、冰糖及CMC混合均匀，加水定容。

（4）均质、灌装、杀菌和冷却　将柑橘蒲公英饮料在50℃、20MPa下均质。然后加热至60℃，并将其灌装到有盖子的玻璃瓶中，迅速进行密封，在100℃的环境中进行10min的杀菌，冷却到40℃得到成品。

【质量标准】

（1）感官指标　呈均匀的淡黄色，酸甜适中，口感细腻，具有蒲公英以及柑橘的香气，无杂质、沉淀和异味。

（2）理化指标　可溶性固形物11.8％；总酸0.28％；Cu≤5mg/kg；Pb≤1.0mg/kg；As≤0.5mg/kg。

（3）微生物指标　菌落总数≤1CFU/mL，大肠菌群≤30MPN/100mL，致病菌不得检出。

2.砂糖橘西番莲荸荠复合果蔬汁饮料

【原辅料配比】

复合果蔬汁（砂糖橘汁：西番莲汁：荸荠汁为5：2：3）35％，白砂糖

10%，柠檬酸 0.05%，加水至 100%。

【工艺流程】

砂糖橘 → 挑选、清洗 → 去皮 → 去籽 → 榨汁 ─┐
　　　　　砂糖橘汁 ← 过滤 ←───────┘

西番莲 → 挑选、清洗 → 去皮 → 取料 → 榨汁 ─┤─ 混合调配 → 均质 → 脱气
　　　　　西番莲汁 ← 过滤 ←───────┘　　成品 ← 灭菌 ←┘

荸荠 → 挑选、清洗 → 去皮 → 热烫 → 护色 → 榨汁 ─┤
　　　　　荸荠汁 ← 过滤 ←───────┘

【操作要点】

（1）挑选、清洗　挑选大约八成熟、果肉饱满的砂糖橘，果皮完好、无腐烂、无变质的西番莲，荸荠要求无伤烂、无霉变并用水浸泡 20min 后进行清洗，去除泥沙等杂质。

（2）去皮、护色　砂糖橘去皮后，剔除果肉里的果籽，避免果籽的苦涩影响果蔬汁风味。西番莲用刀切开，刮取果籽和汁液。荸荠去皮后需立即浸没在热水中，对果肉进行护色。

（3）榨汁　把砂糖橘果肉分瓣、荸荠果肉切成小块后分别放进榨汁机中榨汁。西番莲的果籽和汁液需用纱布进行挤压出汁，并且需重复 2～3 次，增大出汁率。

（4）过滤　用 18 目、孔径为 1mm 的筛网分别对砂糖橘汁、西番莲汁和荸荠汁进行过滤。

（5）混合调配　按照配方比例将砂糖橘汁、西番莲汁、荸荠汁混合，并加入白砂糖、柠檬酸及水调配。

（6）均质、脱气　将调配好的料液置于工作压力 19MPa、温度 50～60℃的均质机中均质 4min，再对均质后的复合果蔬汁进行脱气处理。

（7）灭菌　将脱气后的复合果蔬汁灌装于 250mL 玻璃瓶中，封口后于 85～90℃灭菌 20min。置于室温中冷却，即制成复合果蔬汁饮料成品。

【质量标准】

（1）感官指标　呈浅黄色，颜色明亮；酸甜适中，香味协调，无异味；品质均匀，无沉淀。

（2）理化指标　均达到国家标准要求。

（3）微生物指标　细菌总数≤100CFU/mL；大肠菌群≤30MPN/L；霉菌、酵母≤20CFU/mL；致病菌不得检出。

二、橙子的制汁技术与复合饮料实例

橙子［*Citrus sinensis*（Linn.）Osbeck］为芸香科柑橘属植物橙树的果实，

又名橙、黄果。甜橙原产于中国南方及亚洲的中南半岛，我国江苏、浙江、安徽、江西、湖北、湖南、四川、云南、贵州等地均有栽培。果实橙黄色，球形，果甜。种子灰白色，表面平滑。著名水果之一。果实10月份成熟，采收。橙子含橙皮苷、柠檬酸、苹果酸、琥珀酸、糖类、果胶和维生素等。含挥发油0.1%～0.3%，其主要成分为牻牛儿醛、柠檬烯等。性味酸、凉，有和中开胃、宽膈健脾、生津止渴、醒酒之功效，主治胃阴不足、胃气不和、口渴心烦、消化不良、恶心呕逆以及饮酒过度等。

1. 蜂蜜百香果甜橙复合饮料

【原辅料配比】

甜橙汁16%，百香果汁25%，蜂蜜10%，柠檬酸0.16%，CMC-Na 0.1%，黄原胶0.1%，加水至100%。

【工艺流程】

甜橙 → 除蒂 → 清洗 → 剥离 → 预处理 ┐
　　　　甜橙汁 ← 过滤 ← 榨汁 ←┘　├ 混合 → 调配 → 均质 → 灭菌
　　　　　　　　　　　　　　　　　　　成品 ← 冷却 ← 灌装 ←┘
百香果 → 切开 → 倒出果肉 → 护色 ┐
　百香果汁 ← 过滤 ← 酶解 ← 打浆 ┘

【操作要点】

（1）甜橙汁的制取

① 选果。生产橙汁的原料主要是甜橙，按果肉颜色分为金黄色的普通甜橙、脐橙和鲜红色的血橙。要求果实新鲜完整，如采摘时间太长，会造成果实水分蒸发损失，新鲜度降低，酸度降低，糖度升高，维生素损失。果实的成熟度对其汁液含量、可溶性固形物含量及芳香物含量都有影响，一般以九成熟、色泽鲜艳、果香纯正浓郁为佳。不能用烂果、落果、病虫损害的残次果，也不要使用苦味显著的品种。

② 清洗、分选。为了防止榨汁时杂质进入果汁，在榨汁前必须将果实进行充分洗涤，一般采用喷水冲洗或流动水冲洗，对于农药残留较多的果实可浸入含洗涤剂的水中，再用水喷洗，洗涤后再检查一次果实，将病虫害果、未成熟果、枯果、受伤果剔除。

③ 榨汁。甜橙果实的外皮中含有精油、苧烯、萜烯类物质，易产生臭味。果皮、种皮和种子中存在大量的以柚皮苷为代表的黄酮类化合物和以柠碱为代表的柠烯类化合物，加热后，这些化合物可使果汁变苦。榨汁时必须设法避免这些物质进入果汁。因此，不宜采用破碎压榨取汁法，而应采取逐个锥汁法。

④ 过滤。榨出的果汁中含有一些悬浮物，不仅影响果汁的外观和风味，而且还容易使果汁变质损坏。所以，要进行过滤，可采用压力过滤方法或真空过滤

方法。

⑤ 脱氧、脱油。氧的存在不仅会使果汁中的维生素 C 受到破坏，而且会与果汁中的多种成分产生反应，使香气和色泽恶化，这些不良影响在加热时更为明显，所以在果汁加热杀菌前必须脱气，使氧的含量尽可能低。脱油可以在脱氧过程中同时完成。甜橙外皮所含挥发性精油对保证果汁最佳风味是必不可少的，然而过量的果皮精油混入果汁往往产生异味，因此要控制精油的含量。脱氧脱油的常用方法是真空法和氮气交换法。采用真空脱气机进行脱气、脱油，将果汁引入真空锅内，然后将其喷成雾状或分散成液膜，使果汁中的气体迅速逸出。真空锅内温度控制在 40～50℃，真空度为 0.0907～0.0933MPa，可脱除果蔬汁中 90% 的空气。

（2）百香果汁的制备　挑选新鲜的百香果。用含 0.1% 维生素 C 和 0.2% 柠檬酸的溶液护色，在 95℃ 的条件下漂烫 15min，以防止氧化褐变。百香果和水按照 1∶8 的比例打浆。在百香果浆中加入一定比例的果胶酶，在 50℃ 的恒温水浴酶解 60min，升温至 90℃ 灭酶 30s。离心机以转速 1200r/min 离心 5min。用滤布过滤 4 遍，得到百香果汁，备用。

（3）复合饮料的制备

① 混合、调配。将稳定剂、蜂蜜、柠檬酸按配方比例进行溶解、过滤等预处理，并将其与百香果汁、橙汁及水充分混合均匀。

② 均质。均质可使体系中的颗粒微细化，增强饮料的稳定性。均质条件为温度不低于 65℃，压力 20MPa。

③ 灭菌。将混合后的物料进行高温瞬时灭菌，130℃，3min。杀菌后，装入已消毒的玻璃瓶中，密封即为成品。

【质量标准】

（1）感官指标　呈金黄色，柔和，色泽均匀稳定，无杂色；具有百香果特有的香味；酸甜适中，无异味，清香爽口；澄清，无悬浮物，无肉眼可见的外来杂质，久置后没有分层和沉淀。

（2）理化指标　可溶性固形物≥7.0%，总酸≥3.6%，蛋白质≥0.45%。

（3）微生物指标　细菌总数≤100CFU/mL；大肠菌群≤10MPN/L；霉菌、酵母≤20CFU/mL；致病菌不得检出。

2. 橙子豌豆复合果蔬饮料

【原辅料配比】

橙汁 60%，豌豆汁 30%，白砂糖 6%，柠檬酸 0.2%，加水至 100%。

【工艺流程】

橙子 → 清洗 → 去皮、切块 → 榨汁 → 过滤 → 橙汁 ┐
豌豆 → 选料 → 清洗 → 浸泡 → 磨浆 → 过滤 → 豌豆汁 ┘ → 调配 → 澄清 → 杀菌灌装 → 成品

【操作要点】

（1）橙汁的制备　选择成熟、新鲜的橙子，清洗干净后去除表面橙皮与内部白衣，保留果肉。将果肉切块后放入榨汁机中榨汁10min，尽可能地将其内部组织打碎，然后在室温下静置澄清10min。用纱布进行三次粗滤，得橙汁待用。

（2）豌豆汁的制备　选取颗粒饱满的新鲜豌豆，将其中有虫眼、霉变等情况的豌豆粒剔除，使用清水对其进行多次清洗。取豌豆质量10倍的纯净水，将水加热到70℃，将清洗过的豌豆放入水中，在常压状态下浸泡6～8h。将豌豆与纯净水按1∶5的质量比，放入榨汁机中进行打浆。把得到的浆汁用滤布进行5次过滤，保证豆渣基本消失，得豌豆汁待用。

（3）调配　将制作好的橙汁与豌豆汁根据配方比例混合，添加柠檬酸、白砂糖及水，搅拌均匀。

（4）澄清　调配好后静置20min，待其中不溶物自然沉降，取上清液备用。

（5）杀菌灌装　取上述上清液，于65℃灭菌30min。灭菌后的液体立即灌装并将盖子封严，在低温条件下储存。

【质量标准】

（1）感官指标　呈亮黄色，色泽均匀；清澈透明，有光泽，无沉淀；口感酸甜柔和，均匀细腻，具有橙子与豌豆的浓郁香味。

（2）理化指标　可溶性固形物含量≥6%，维生素C含量≥36.87mg/100mL。

（3）微生物指标　均达到国家标准要求。

三、柚子的制汁技术与复合饮料实例

柚子 [*Citrus frandis*（Linn.）Osbeck] 为芸香科柑橘属果树柚树的成熟果实，又名朱栾、雷柚、气柑、文旦等。原产于东南亚，分布于我国长江流域以南诸省区。果特大，梨形，直径12～30cm；果皮厚，瓤囊8～16瓣；果肉淡黄色、粉红色，汁胞粗大。种子扁而厚，长1cm。柚子营养价值很高，含有丰富的糖类、有机酸、胡萝卜素、维生素B_1、维生素B_2、维生素C、维生素P和钙、磷、镁、钠等营养成分。柚子味甘、酸，性寒，有健胃化食、下气消痰、轻身悦色等功用。柚肉中含有非常丰富的维生素C以及类胰岛素等成分，故有降血糖、降血脂、减肥、美肤美容等功效。经常食用，对高血压、糖尿病、血管硬化等疾病有辅助治疗作用，对肥胖者有健体养颜功能。柚子还具有健胃、润肺、补血、清肠、利便等功效，可促进伤口愈合，对败血症等有良好的辅助疗效。

1.沙田柚果汁

【原辅料配比】

沙田柚原汁100%，果胶酶0.1%，β-环糊精0.1%，蔗糖15%，柠檬酸0.125%。（蔗糖、柠檬酸用量按沙田柚原汁体积计算。）

【工艺流程】

沙田柚→去皮→去囊衣→去核→冲洗→打浆→酶解→灭酶→取汁→磨浆→脱苦→
　　　调配→脱气→均质→杀菌→灌装→封口→冷却→成品

【操作要点】

（1）原料选择　选择新鲜、成熟的沙田柚为原料。

（2）去皮、去囊衣、去核　人工去皮，刨开并去囊衣、去核。

（3）冲洗、打浆　柚肉用软化水冲洗，按1∶1比例加入软化水入打浆机
打浆。

（4）酶解、灭酶　把破碎后的柚浆加热至85℃，保温15～20s，迅速冷却至
45～50℃，用柠檬酸调节pH值为4，加入0.1%的果胶酶，混合均匀，液化
1.5～2h，再加热至85℃灭酶。

（5）取汁　用螺旋式离心机分离果汁。

（6）磨浆　将取得的浆液用胶体磨研磨2次。

（7）脱苦　用热交换器冷却至45℃左右，加入0.1%的β-环糊精，搅拌均
匀，放置1～2h进行脱苦处理。

（8）调配　先将糖酸等用水溶解、过滤，再与沙田柚果汁混合。

（9）脱气　用真空脱气机充分除去果浆中的氧气，避免成品氧化，其真空度
为0.15MPa，脱气10min。

（10）均质　采用两次高压均质，一级压力15MPa，二级压力20MPa。

（11）杀菌、灌装、封口　把果汁加热到125～130℃，保持10s，然后冷却
至90℃，进行热灌装，封口。

（12）冷却　冷却至室温，得到成品。

【质量标准】

（1）感官指标　呈浅黄色；具有沙田柚特有的香味和滋味，酸甜适口，无异
味；浑浊度均匀一致，允许有少量果肉沉淀，无杂质。

（2）理化指标　可溶性固形物≥8%；酸度（以柠檬酸计）≥0.15%。

（3）微生物指标　达到国家标准要求。

2. 柚子菠萝橙复合浓浆饮料

【原辅料配比】

复合果汁浓浆（柚子∶橙∶菠萝为5∶3∶2）70%，超纯水30%，白砂糖适
量（调整糖含量为70%），柠檬酸适量（调整酸含量为0.78%）。（白砂糖、柠檬
酸用量按复合果汁总体积计算。）

【工艺流程】

柚子、橙、菠萝→去皮、囊衣、籽等→打浆→过滤→加热灭酶→胶磨→分别得到柚子、
　　橙、菠萝原汁→按配比混合→调配糖酸→均质→脱气→杀菌→冷却→成品

【操作要点】

（1）原料选择与处理　合理选择优质原料，剔去霉烂、发酵等不合格果及有机械伤或污垢的部位，以保证产品质量。

（2）打浆、过滤　清洗后的水果迅速打浆、过滤，使果汁与果渣分离，把果渣、粗纤维等除掉，以降低对产品感官与口感的影响，然后迅速冷冻储藏，尽量缩短果浆与空气的接触时间。

（3）灭酶　果蔬汁加工过程中发生褐变的主要原因是酶促褐变，水果榨汁后如不能冷冻储藏便要迅速加热灭酶，即将果汁迅速加热至90℃保持15s。

（4）果汁的胶磨　由于用过滤袋过滤的果汁，还会有一些微小颗粒，影响口感，采用胶体磨研磨可增加果汁均匀度，提高果汁的口感和稳定性。用胶体磨研磨3次，每次60s。

（5）果汁风味的调配　将糖含量调整至70％，酸含量调整至0.78％，突出果汁饮料新鲜感和清凉感，并充分体现果汁的原有特色。

（6）均质、脱气　均质的时间为10min，转速为3500r/min。均质后立即灌装，并少留顶隙进行脱气，采用加热脱气，加热至果汁的中心温度达到80℃。

（7）杀菌、冷却　杀菌温度为100℃，时间10min。采用分段冷却法冷却，防止骤冷而造成玻璃瓶爆裂。

【质量标准】

（1）感官指标　橙黄色，呈均匀稳定的黏稠状态，少量果肉沉淀，无分层现象；有柚子、菠萝和橙子应有的清香，无异味。

（2）理化指标　可溶性固形物≥42％，总酸≥0.8％，pH值3.0~3.5，果汁总含量≥70％。

（3）微生物指标　细菌总数≤100CFU/mL，大肠菌群≤3MPN/mL，致病菌不得检出。

四、柠檬的制汁技术与复合饮料实例

柠檬［*Citrus limon*（L.）Burm. F.］为芸香科柑橘属植物，又名黎檬子、宜母子、药果、檬子、里木子、梦子、柠果、宜母果。原产于马来西亚，目前地中海沿岸、东南亚和美洲等地均有分布，我国台湾、福建、广东、广西等地也有栽培。果近圆形，顶端有1个不发达的乳头状突起，长约4.5cm，宽约5cm，黄色至朱红色，皮薄易剥。柠檬是世界上最有药用价值的水果之一，它富含维生素C、柠檬酸、苹果酸、高量钠元素和低量钾元素等，对人体十分有益。柠檬具有止咳、化痰、生津、健脾之功效，且对人体的血液循环以及钙质的吸收有相当大的益处，其丰富的维生素C，不但能够预防癌症、食物中毒，降低胆固醇，消除疲劳，增加免疫力，延缓老化，保持肌肤弹性，还有助于糖尿病、高血压、贫血、感冒、骨质疏松症等的治疗。

1. 丝丝柠檬汁

【原辅料配比】

柠檬汁 5kg，西番莲汁 4kg，柠檬沙瓤 0.5kg，白砂糖 8kg，葡萄糖 2kg，柠檬酸 250g，柠檬酸钠 50g，琼脂 120～180g，保鲜基料 200g，柠檬香精 100g，水 72.4g。

【工艺流程】

柠檬→热烫→酸碱处理→沙瓤分离→硬化→漂洗→杀菌→包装→柠檬汁制备→
调配→灌装→杀菌→冷却→成品

【操作要点】

(1) 原料选择　选择新鲜、成熟、无损伤的柠檬为原料。

(2) 热烫　将柠檬果在 100℃沸水中烫 1～3min，削去果实蒂部，从蒂部向果实顶部剥皮，将筋络连皮剥下。

(3) 酸碱处理　把去皮的果实放在 0.5%的盐酸溶液中处理 25～30min，用清水漂洗，再浸入 0.2%氢氧化钠溶液中进行碱处理 5～10min，以果实外围瓤衣去光为止，然后漂洗干净。

(4) 沙瓤分离　酸碱处理后的整果，置于沙瓤分离机内，加入相当于果实质量 2 倍的 80℃的热水，分离 5～10min，去除种子、瓤衣及果心等杂物，得到干净的柠檬沙瓤。

(5) 硬化、漂洗　将柠檬沙瓤置于 5%氯化钙溶液中，在室温下处理 30min 后捞出，用清水冲洗至无碱味为止。

(6) 杀菌、包装　先装 50%柠檬沙瓤，再加入浓度为 50%的糖水及 0.04%的异抗坏血酸钠，真空封罐，进行杀菌，5min-45min/100℃，杀菌后冷却、保温得半成品。

(7) 柠檬汁的制备　取新鲜柠檬，去除籽粒、皮等部分，经压榨取汁。

(8) 调配　按照水、白砂糖、琼脂、沙瓤（剩余的 50%）、辅料、柠檬酸、西番莲汁、香料的加料顺序依次溶解、煮沸。柠檬酸要最后加入，防止过早加入高温引起琼脂分解。

(9) 杀菌、灌装、冷却　配料进行杀菌，杀菌结束后立即趁热灌装、封口、冷却，即为成品。

【质量标准】

(1) 感官指标　无色透明液体；酸甜可口，具有天然柠檬特有的清香；柠檬沙瓤饱满，悬浮均匀。

(2) 理化指标　固形物含量≥5%；可溶性固形物 11%～12%；总酸（以柠

檬酸计）0.35％～0.40％；苯甲酸钠≤0.04％；不能含有合成色素。

（3）微生物指标　达到国家标准要求。

2. 柠檬椰汁复合果酒

【原辅料配比】

复合果汁（柠檬汁∶椰汁＝1∶5）100％，白砂糖使糖含量为200g/L，酵母接种量0.2 g/L。（辅料用量按果汁总体积计算。）

【工艺流程】

柠檬 → 去皮、去核 → 软压取汁 → 柠檬汁

椰子 → 破椰壳 → 取汁 → 过滤 → 椰汁 　→ 混合 → 调配 → 接种 → 发酵 → 倒罐陈酿 → 装瓶

【操作要点】

（1）柠檬的选择和处理　选取无损坏的新鲜柠檬洗净，削皮后去核，将柠檬果肉进行软压取汁，并用纱布过滤待用。

（2）椰汁的制备　选取成熟的椰子，用开椰器破壳收集椰汁，并用100目滤布过滤待用。

（3）成分调整　将获得的柠檬汁与椰汁按照1∶5的体积比混合，添加1mL/L的亚硫酸和2g/L的果胶酶酶解8～12h。酶解后分离上清液，用白砂糖调整糖含量至200g/L。

（4）接种酵母　酵母的添加量为0.2g/L。活性干酵母在38℃的恒温水浴中活化20min，加入果汁后轻轻搅拌。

（5）发酵　将混合果汁放置在恒温培养箱中，温度控制在17℃，发酵时间为11d左右，还原糖含量低于4g/L以下。

（6）倒罐澄清　待发酵结束后，将上清液与沉淀分离，倒入新罐中满罐陈酿，澄清处理后装瓶保存。

【质量标准】

（1）感官指标　略显黄色；香气舒适，柠檬香与椰香协调，口感柔和，回味绵延，酒体层次感好，风格独特。

（2）理化指标及微生物指标　均达到国家标准要求。

第六节　其他类果实的制汁技术与复合饮料实例

本节介绍了部分热带及亚热带水果和瓜类水果的制汁技术及复合饮料实例。

一、龙眼的制汁技术与复合饮料实例

龙眼（*Dimocarpus longan* Lour.）为无患子科龙眼属植物。龙眼原产于我

国南方，多分布于广东、海南岛等地。常绿乔木，果实核果状，球形，果皮干时脆壳质，不开裂；种子球形，褐黑色，有光泽，为肉质假种皮所包围。著名热带水果，可制成干果桂圆。桂圆入中药，和荔枝性属湿热不同，龙眼能够入药，有壮阳益气、补益心脾、养血安神、润肤美容等多种功效，还可治疗贫血、心悸、失眠、健忘、神经衰弱及病后、产后身体虚弱等症。

1. 龙眼澄清汁

【原辅料配比】

龙眼汁100%。

【工艺流程】

龙眼→清洗→剥壳→去核→打浆→酶解→过滤→调配→澄清→离心→灌装→封盖→

杀菌→冷却→成品

【操作要点】

(1) 原料选择 选择成熟度适中、大小均匀、无病虫害侵染的果实为原料。

(2) 清洗、剥壳、去核 用清水将龙眼冲洗干净，将洗净的龙眼去掉外壳，将果肉剥出，去除龙眼核。

(3) 打浆 将龙眼肉用热水烫漂45～60s，然后放入打浆机中打浆，同时加入果肉质量50%的蒸馏水、1.5%的山梨酸钾、0.05%的苯甲酸钠、0.05%的异抗坏血酸进行护色。

(4) 酶解 向浆液中加入适量果胶酶在45～50℃下酶解果胶3h。

(5) 过滤 酶解液用硅藻土作为吸附剂进行过滤。

(6) 调配 向滤液中加入糖、酸等组分混合调配均匀。

(7) 澄清 向调配好的果汁中加入0.456g/L的壳聚糖作为澄清剂，澄清温度48℃，澄清3.2h，此时果汁的pH值为3.2。

(8) 离心 澄清后的果汁离心分离，弃去沉淀，保留上清液即为龙眼澄清汁。

(9) 灌装、封盖、杀菌、冷却 澄清汁灌装后封盖，立即进行杀菌，杀菌条件121℃、20min，杀菌完成后迅速冷却至室温。

【质量标准】

(1) 感官指标 呈乳白色，酸甜适中，清香爽口，具有龙眼独特的果香味。

(2) 理化指标及微生物指标 均达到国家标准要求。

2. 甘蔗龙眼桂花梨百香果复合发酵饮品

【原辅料配比】

龙眼清汁30%，甘蔗清汁18%，桂花梨清汁25%，百香果清汁15%，黄原胶0.06%，CMC-Na 0.08%，加水至100%。

【工艺流程】

龙眼 → 清洗 → 剥皮 → 热烫 → 打浆 ┐
龙眼清汁 ← 过滤 ← 酶解 ┘

甘蔗 → 去两端 → 清洗 → 削皮 → 切块 ┐
甘蔗清汁 ← 过滤 ← 压榨 ┘

桂花梨 → 清洗 → 去皮、去核 → 切块 ┐
桂花梨清汁 ← 过滤 ← 榨汁 ┘

百香果 → 去皮、去籽 → 榨汁 → 过滤 ┐
百香果清汁 ┘

→ 调配 → 均质 → 脱气 → 灭菌 → 接种 → 发酵
乳酸链球菌、植物乳杆菌

成品 ← 冷藏 ← 无菌灌装 ←

【操作要点】

（1）龙眼清汁制备　选择颗粒饱满、成熟、无机械损伤、无病虫害的新鲜龙眼，龙眼洗净后人工剥皮去核，热烫 1.5min，立即冷却至 25℃ 左右，置于榨汁机中打浆，并在 50℃ 的条件下加入 0.02% 的果胶酶处理 40min，用 120 目滤布过滤，得龙眼清汁。

（2）甘蔗清汁制备　选择新鲜、粗细适中、节头少而均匀、无虫害、无发红且无酸败发酵现象的甘蔗，将两端一同切去，洗净中间部分，削皮，然后将甘蔗砍断，去掉甘蔗节，切成小块，通过螺旋压榨机压榨，再经过 120 目滤布过滤，得甘蔗清汁。

（3）桂花梨清汁制备　挑选新鲜、无损伤、无病虫害的桂花梨，清洗干净，去皮去核，切成小块，置于榨汁机中进行打浆，用 120 目滤布过滤，得桂花梨清汁。

（4）百香果清汁制备　挑取形体完整、无病虫害、新鲜完整的百香果，去外表皮，去籽，置于榨汁机中进行打浆，用 120 目滤布过滤，得百香果清汁。

（5）调配　将制备的甘蔗清汁、龙眼清汁、桂花梨清汁、百香果清汁按配方比例复配，并添加黄原胶和 CMC-Na，加水定容。

（6）均质　将调配果汁预热至 65～75℃，20MPa、5min 高压均质 2 次。

（7）脱气　于 0.05 MPa 真空度脱气 12min。

（8）灭菌　脱气后进行超高温瞬时灭菌，135℃，4s。

（9）接种、发酵　复合果汁冷却至 42℃ 左右，接种活化后的乳酸链球菌和植物乳杆菌，于 30℃±1℃ 发酵 7 d。

（10）无菌灌装、冷藏　无菌灌装、封盖，于 4℃ 冷藏 6h，使产品口感更加柔顺。

【质量标准】

各项指标均达到国家标准要求。

二、荔枝的制汁技术与复合饮料实例

荔枝（*Litchi chinensis* Sonn.）为无患子科荔枝属植物，又名大荔、丹荔。

荔枝原产于我国，是我国岭南佳果，色、香、味皆美，驰名中外。核果成熟时暗红色，果圆形，果皮有显著突起的小瘤体，鲜红或紫红。果肉全部被肉质假皮包裹，呈半透明凝脂状，味香美。荔枝根微苦、涩、温，有消肿止痛等功效，用于胃脘胀痛；果肉甘、酸，性温，可益气补血，主治病后体弱、脾虚久污、血崩等；荔枝核甘、微苦、涩、温，有理气、散结、止痛等功效，可用于疝气痛、鞘膜积液、睾丸肿痛、胃痛、痛经。

1. 荔枝果肉果汁

【原辅料配比】

鲜荔枝汁 30％，荔枝果肉 10％，白砂糖 5.6％，柠檬酸 0.05％，柠檬酸钠 0.03％，琼脂 0.15％，羧甲基纤维素钠 0.15％，加水至 100％。

【工艺流程】

荔枝→清洗→去壳→去核→打浆→磨浆→脱气→调配→灌装→封盖→杀菌→冷却→成品

【操作要点】

（1）原料选择　选择成熟适度、肉质紧密、风味正常、无病虫害和霉烂现象的鲜果为原料。

（2）清洗、去壳、去核　荔枝用流动水洗净，用多少洗多少。去壳做到去蒂不伤果肉，穿心对准果核，去除木质化纤维及褐色内膜、果肉红尾和黄尾。

（3）打浆　果肉通过刮板式输送机送入双道打浆机，第一道筛孔径 1.5mm，第二道筛孔径 0.8mm。

（4）磨浆　采用双级胶体磨对打出的浆料进行磨细处理，磨至料液细度 40～60μm。

（5）脱气　胶体磨处理后的料液送入脱气机，脱气真空度为 90.64～93.31kPa。

（6）调配　按配方比例将各种原辅料充分混合均匀。

（7）灌装、杀菌、冷却　趁热灌装，温度不低于 80℃，灌装后迅速封盖，封口后应在 15min 内进行杀菌，杀菌公式为 3min-8min/100℃。杀菌后迅速冷却，待冷却水降到 28℃ 以下再冷却至常温。

【质量标准】

（1）感官指标　呈乳白色或黄白色；具有荔枝芳香气味，酸甜适口，无异味；果肉颗粒悬浮，长期静置允许有少量沉淀。

（2）理化指标　可溶性固形物 10％～14％；总酸 0.15％～0.20％；原果汁、果肉含量不低于 40％。

（3）微生物指标　达到国家标准要求。

2. 荔枝柠檬果茶饮料

【原辅料配比】

绿茶汤 40％，荔枝汁 15％，柠檬汁 10％，白砂糖 12％，CMC-Na 0.10％，

柠檬酸 0.04％，加水至 100％。

【工艺流程】

荔枝 → 选果 → 去壳清洗 → 打浆┐
荔枝汁 ← 澄清 ← 过滤 ←┘

绿茶 → 浸泡 → 过滤 → 澄清 → 绿茶汤┤　├混合 → 搅拌 → 调配 → 灌装 → 排气

柠檬 → 去皮 → 打浆 → 澄清 → 柠檬汁┘　成品 ← 冷却 ← 杀菌 ← 封盖┘

【操作要点】

（1）选果、清洗　选用新鲜、成熟度高、外表正常、香味浓郁、果实饱满的荔枝与柠檬为原料，荔枝剪去枝叶后流水清洗晾干备用，柠檬用食盐搓洗表面并晾干备用。

（2）去皮去核　手工去除荔枝外壳、内膜、核，将荔枝泡于淡盐水中防止氧化褐变。用锋利小刀在柠檬表面划线若干，以不伤果肉为度，手工剥除果皮。

（3）荔枝汁制备　荔枝从淡盐水中捞出控干，经榨汁机榨出原汁，用 200 目纱布过滤 2 次，冷藏备用。

（4）柠檬汁制备　将去除外皮的柠檬剥除经络，放入沸水中烫 1min，钝化柠檬中的酶，防止氧化褐变；去除柠檬籽，将柠檬果肉切块后通过榨汁机榨出原汁，用 200 目纱布过滤 2 次冷藏备用。

（5）茶叶浸提　绿茶茶叶与 80℃纯净水按照 1∶100 混合后，于 80℃浸提 10min，使用 4 层纱布过滤，制得绿茶茶汤，冷却后置 4℃下冷藏备用。

（6）茶汤澄清　β-环糊精作为包埋剂可以包埋茶汤中的儿茶素类物质，可有效抑制茶汤中低温浑浊物的形成，添加量 1.0％（质量浓度），温度为 40℃，低温搅拌 15min。

（7）荔枝汁、柠檬汁澄清　分别用质量浓度为 0.15g/L 和 0.20g/L 的壳聚糖溶液澄清荔枝浆液和柠檬浆液。

（8）调配　将绿茶、荔枝汁、柠檬汁与柠檬酸、白砂糖和 CMC-Na 按照配方比例混合后，加水定容并以转速 4000r/min 离心 20min。

（9）灌装　将过滤调配好的果茶加热到 85℃，趁热灌装并密封。

（10）杀菌、冷却　于 100℃下水浴 15min，杀菌后将产品分别在 75℃、45℃温水中逐步冷却，冷却到 30℃即可。

【质量标准】

（1）感官指标　组织状态均匀，色泽微黄，口感顺滑，具有绿茶的茶香、柠檬的清香及荔枝特有的酸甜味。

（2）理化指标及微生物指标　均达到国家标准要求。

三、椰子的制汁技术与复合饮料实例

椰子（*Cocos nucifera* L.）为棕榈科椰子属植物，别名可可椰子。椰子为古老的栽培作物，广泛分布于亚洲、非洲、大洋洲及美洲的热带滨海及内陆地区。我国现主要集中分布于海南各地、台湾南部、广东雷州半岛、云南西双版纳、德宏、保山、河口等地也有少量分布。坚果呈倒卵形或近球形，顶端微具三棱，长15～25cm，内果皮骨质，近基部有 3 个萌发孔，种子 1 粒；胚乳内有富含液汁的空腔。椰汁及椰肉含大量蛋白质、果糖、葡萄糖、蔗糖、脂肪、维生素 B_1、维生素 E、维生素 C、钾、钙、镁等。椰肉色白如玉，芳香滑脆；椰汁清凉甘甜。椰肉、椰汁是老少皆宜的美味佳品。性味甘、温。果肉、果汁有补虚、生津、利尿、杀虫等功效。果壳可祛风、利湿、止痒，外用治体癣、脚癣。

1. 椰子荸荠汁复合饮料

【原辅料配比】

椰子汁 10%，荸荠汁 3%，羧甲基纤维素钠 2%，酪朊酸钠 0.5%，复合乳化剂 0.3%，加水至 100%。

【工艺流程】

椰子 → 去壳 → 去黑皮 → 清洗 → 灭酶 → 打椰蓉 ┐
椰子汁 ← 过滤 ← 乳化 ← 调配 ← 榨汁 ┘ ┌→ 混合 → 调配 → 脱气 → 均质 → 装瓶 ┐
新鲜荸荠 → 去皮 → 清洗 → 灭酶 → 破碎 ┐ │ 成品 ← 冷却 ← 杀菌 ┘
荸荠汁 ← 榨汁 ┘ ┘

【操作要点】

（1）选料和预处理　选择新鲜且无腐烂变质的荸荠，去皮洗净后放入 70℃水浴中加热 10min 灭酶，然后打浆、压榨、过滤取汁液。选取成熟完全且无腐败、无变质、无异味的椰子，去壳、去黑皮洗净后放入 70℃水浴中加热 10min，然后粉碎成椰蓉，榨汁、过滤取汁液。

（2）调配　椰子汁的含量为 10%，椰子汁是一种中性饮料，pH 值对椰子汁的稳定性有很大影响，一般把 pH 值调至 6.8 左右。水质对椰子汁的稳定性有很大影响，水中的钙、镁离子能使蛋白质之间产生十字形键合（即桥联作用）而导致形成较大的胶团，所以水的硬度不能太高，最后调配时将温度加热至 70℃左右。酪朊酸钠是一种高蛋白的天然乳化剂，一方面可增加产品蛋白质含量，另一方面与磷酸盐作用可极大提高椰子蛋白的热稳定性，添加量为 0.5%。

（3）乳化　乳化剂是指能够改善乳化体系中各种构成相之间的表面张力，从而提高其稳定性的食品添加剂。两种或两种以上乳化剂复配而成的复合乳化剂比单一乳化剂具有更好的乳化效果和更佳的稳定性。因此选用单硬脂酸甘油酯和蔗糖脂肪酸酯作为复合乳化剂。

（4）均质　均质的压力为30MPa左右，并且在均质的过程中保持温度为70℃左右。

（5）杀菌、冷却　121℃杀菌20min左右，杀菌后冷却至室温。

【质量标准】

（1）感官指标　呈乳白色，均匀、无分层、无沉淀，甜味适宜，具有浓郁的椰香，同时具备荸荠的清甜。

（2）理化指标及微生物指标　均达到国家标准要求。

2. 椰子甜橙复合果汁

【原辅料配比】

椰汁54%，橙汁46%，白砂糖10g/100mL（用量按果汁总体积计算）。

【工艺流程】

椰子 → 挑选 → 去椰衣 → 破壳取肉、取椰水 ┐
　　　椰汁 ← 过滤 ← 加水磨浆 ←┘
　　　　　　　　　　　　　　　　　　　├ 调配 → 均质 → 杀菌 → 灌装
甜橙 → 挑选 → 清洗 → 切果取瓤 → 榨汁 ┐　　　成品 ← 冷却 ← 封盖 ←┘
　　　橙汁 ← 冷却 ← 杀菌 ← 过滤 ←┘

【操作要点】

（1）椰汁的制取

① 选料。选取成熟、完好和新鲜的椰子，剔除发育不良和露芽的果实。

② 去椰衣、破壳取肉、取椰水。采用专用机械或人工剥除椰衣，将去衣的椰壳清洗干净，用椰果机破壳，收集椰子水。用专用刀具使椰肉和椰壳分开，收集椰肉，用特制刀具削除附在椰肉上的褐色种皮，净水洗去椰肉上的皮屑和其他杂质得到白椰。

③ 加水磨浆。按椰肉与水的质量比1∶2.5加热水（约80℃）磨浆。

④ 过滤。用60目尼龙布过滤，得椰汁。

（2）橙汁的制取

① 选料及清洗。原料经检验合格，将病害果、烂果、青果剔除，清洗干净。

② 切果取瓤。清洗后的果实，用刀对半切开，用勺挖瓤。

③ 榨汁、过滤。用立式打浆机（筛孔0.4mm）取汁，用60目尼龙布过滤。

④ 杀菌、灌装、冷却。滤液经95℃杀菌钝化酶活性，用高密度聚乙烯罐灌装，迅速冷却，得橙汁。

（3）调配　在配料罐中按配方比例加入橙汁、椰汁，加入白砂糖。预先将白砂糖溶解，加入后不断搅拌均匀。用软化无菌水定容。

（4）均质　将混匀的配料加入高压均质机中，经30～40MPa压力均质，使组织均一、细嫩，避免产生分层和沉淀。

（5）杀菌、灌装、冷却　将均质后的复合果汁经杀菌（条件为 100℃，10min），随即用泵送到保温缸中，于 60℃灌装封口，然后冷却至室温。

【质量标准】

（1）感官指标　呈浅黄色，均匀浑浊无沉淀；具有橙和椰子的特有芳香，香气协调柔和；具有橙和椰子滋味，甜酸适中，无异味。

（2）理化指标　原汁含量≥50%；可溶性固形物（以折光计）≥10%；总酸量（以柠檬酸计）2～3g/mL；重金属含量符合国家规定的饮料标准。

（3）微生物指标　细菌总数<100CFU/mL；大肠杆菌<3CFU/100mL；致病菌不得检出。

四、西瓜的制汁技术与复合饮料实例

西瓜 [*Citrullus lanatus* （Thunb.） Matsum. et Nakai] 为葫芦科西瓜属植物，又名夏瓜、寒瓜。西瓜的原生地在非洲，它原是葫芦科的野生植物，后经人工培植成为食用西瓜。全国大部分地区均可栽培。一年生蔓性草本植物。果实有圆球形、卵形、椭圆球形、圆筒形等。果面平滑或具棱沟，表皮绿白、绿、深绿、墨绿或黑色，间有细网纹或条带。果肉乳白、淡黄、深黄、淡红、大红等色。肉质分紧肉和沙瓤。种子扁平、卵圆或长卵圆形，平滑或具裂纹。种皮白、浅褐、褐、黑或棕色，单色或杂色。果瓤脆嫩，味甜多汁，含有丰富的矿物质和多种维生素，是夏季主要的消暑果品。西瓜清热解暑，对治疗肾炎、糖尿病及膀胱炎等疾病有辅助疗效。

1. 西瓜汁饮料

【原辅料配比】

西瓜汁 100%，稳定剂 0.08%（用量按西瓜汁总体积计算），砂糖适量（调整糖度达 12%），色素适量。

【工艺流程】

西瓜→清洗→消毒→冲洗→取瓤→打浆→离心分离→调配→均质→真空脱气→灭酶→
灌装→杀菌→冷却→成品

【操作要点】

（1）原料选择　选用优质西瓜，剔除有伤斑和不熟的西瓜。

（2）清洗、消毒、冲洗　用流动水冲洗西瓜表面的泥污、灰尘及部分微生物。洗净后的西瓜放入 0.01%～0.02%的高锰酸钾溶液中浸泡 3min，消除表面附着的微生物。然后用标准饮用水冲洗表面的高锰酸钾残液。

（3）取瓤　用消毒过的不锈钢刀剖开西瓜，用消毒过的不锈钢勺挖出瓜瓤。

（4）打浆、过滤　将取出的瓜瓤迅速放入清洗过的打浆机中打浆。两次打浆筛网孔径分别为 0.6mm、0.4mm，经打浆后的浆液通过筛网流进贮液桶，瓜籽和渣则由另一端出口挤出。瓜汁要防止空气混入和中间产品积压。

（5）离心分离　用离心机分离出瓜汁中的悬浮物和沉淀物。出汁率为83％～85％。

（6）调配　用柠檬酸调节 pH 值至 4.0 左右，使过氧化物酶的活性处于较低状态；加入砂糖使西瓜汁的糖度达到 12％；加入 0.08％的稳定剂和适量色素。

（7）均质　用 20～25MPa 压力在 40～45℃条件下均质，使细小的肉汁进一步细碎，防止悬浮和沉淀。

（8）真空脱气　在 0.8kPa 真空度下进行脱气，以除去西瓜汁中的空气，抑制褐变和其他成分的氧化，提高西瓜汁的品质。

（9）灭酶　选用板式热交换器，在 80℃条件下热处理 2～3min，使果胶酶和过氧化物酶失去活性。

（10）灌装、杀菌、冷却　灌装后立即密封，采用水浴杀菌，在 100℃下保持 15min，封盖后立即杀菌，防止积压。杀菌后迅速冷却至 38～40℃。

【质量标准】

（1）感官指标　呈浅紫红色，与瓜瓤相近，色泽鲜明，均匀柔和；液态透明状，有黏稠感，浑浊均匀，无沉淀，无杂质；酸甜适口，有较浓的天然西瓜味，清凉爽口，口感协调；具有西瓜天然香甜味，无异味。

（2）理化指标　总糖（以蔗糖计）≥12％；总酸（以柠檬酸计）0.13％～0.15％；西瓜原汁≥92％；pH 值 3.8～4.0；砷（以 As 计）≤0.5mg/kg；铅（以 Pb 计）≤1.0mg/kg。

（3）微生物指标　达到国家标准要求。

2.西瓜草莓番茄复合果蔬汁

【原辅料配比】

西瓜汁 32％，草莓汁 22％，番茄汁 16％，白砂糖 7％，柠檬酸 0.10％，卡拉胶 0.06％，加水至 100％。

【工艺流程】

西瓜 → 清洗 → 取瓤 → 取汁 → 过滤 ─┐
西瓜汁 ← 离心分离 ←┘

草莓 → 清洗 → 烫漂 → 打浆 → 草莓汁 ─┤ ├─调配 → 磨浆 → 均质 → 脱气 → 杀菌

番茄 → 清洗 → 去杂 → 打浆 → 磨浆 → 番茄汁 ─┘ 成品 ← 灌装 ← 冷却 ←┘

【操作要点】

（1）西瓜汁的制备

① 原料选择。选择无破损、无腐烂、七八成熟的无籽西瓜为原料。

② 清洗、取瓤、取汁。利用清水将西瓜表面洗净，将西瓜切块后，取出西瓜瓤，在捣汁机中捣成汁。

③ 过滤、离心分离。将捣碎的西瓜汁经 160 目筛布过滤，所得滤液装入离心机中进行离心，其转速为 4000r/min，时间为 15min，得到西瓜澄清汁和离心沉淀物。

（2）草莓汁的制备　将挑选好的新鲜、无腐烂变质、八九成熟的草莓用流水洗净，放入 0.3% 的盐水中浸泡 3min，再用流水冲去残液。将消毒后的草莓转入 70℃ 含有 0.5% 柠檬酸的溶液中热烫 3min。将烫漂过的草莓取出后，加入草莓同质量的水打浆，得草莓汁。

（3）番茄汁的制备　选择无破损、无腐烂、无病虫害、皮薄、无畸形、处于全红期的番茄为原料，用清水冲洗干净。将洗好的番茄去掉不适合制汁的果蒂部位，用沸水热烫，去皮。趁热打浆，浆液再过胶体磨粉碎后得到番茄汁。

（4）调配　将各种果蔬汁按配方比例进行混合，加入白砂糖、柠檬酸、卡拉胶和水并混合均匀。

（5）磨浆、均质　混合均匀的料液经胶体磨处理后，进行均质处理，一般采用二次均质，压力分别为 20MPa 和 30MPa，温度为 60℃。

（6）脱气　脱气压力采用 91～93kPa，室温条件下保持 20～25min。

（7）杀菌、冷却、灌装　料液脱气后，及时进行杀菌，100℃ 杀菌 20min。杀菌结束后快速进行冷却，并进行无菌灌装。

【质量标准】

（1）感官指标　呈橘红色，有光泽，透亮；组织均匀，无分层，有少许沉淀，流动性好；酸甜可口，有明显的西瓜味。

（2）理化及微生物指标　均达到国家标准要求。

五、甜瓜的制汁技术与复合饮料实例

甜瓜（*Cucumis melo* Linn.）为葫芦科黄瓜属植物，又名香瓜。原产于非洲热带干旱地区，我国各地广泛栽培。一年生匍匐攀缘草本植物。果实有圆球、椭圆球、纺锤、长筒等形状，成熟的果皮有白色、绿色、黄色、褐色或附有各色条纹和斑点。果表皮光滑或具网纹、裂纹、棱沟，果肉有白、橘红、绿黄等色，具香气。种子披针形或扁圆形，大小各异。果实香甜，富含糖类，还含有少量蛋白质、矿物质及维生素。性甘、寒。香瓜有清热、解暑、止渴、利尿之功效，主治暑热烦渴等。

甜瓜黄瓜绿豆芽复合果蔬饮料加工技术介绍如下。

【原辅料配比】

甜瓜汁 45%，绿豆芽黄瓜汁（1∶1）55%，白砂糖 10g/100mL，柠檬酸 0.2g/100mL。（辅料用量按果蔬汁总体积计算。）

【工艺流程】

甜瓜 → 去皮、去瓤 → 护色 → 热烫 → 榨汁 → 过滤 → 甜瓜汁 ┐

黄瓜 → 清洗、沥干 → 切块 → 热烫 → 榨汁 → 过滤 → 黄瓜汁 ├ 调配 → 澄清 → 灌装

绿豆芽 → 清洗 → 热烫 → 冷却、沥干 → 榨汁 → 过滤 → 绿豆芽汁 ┘　　　成品 ← 杀菌 ←┘

【操作要点】

（1）甜瓜汁的制备　甜瓜洗净、去皮、去瓤后，置于含有 0.05％柠檬酸的纯净水中浸泡 20min，捞出用流动的水冲洗干净后，置于 95℃水中热烫 3min，捞出沥干并冷却至室温，与纯净水按照质量比 1∶1 榨汁后，用 8 层纱布过滤，制得甜瓜汁。

（2）黄瓜汁的制备　新鲜黄瓜洗净后切块并置于 pH 值 8.2 的沸水中热烫 1min，捞出用流动的水冷却至室温，按 1∶1（质量比）的比例加纯净水榨汁，用 8 层纱布过滤，制得鲜黄瓜汁。

（3）绿豆芽汁的制备　选取新鲜脆嫩的绿豆芽，除去绿豆皮后，用流动的水冲洗干净，并置于 95℃中热烫 1min，捞出后，用流动的净水冷却并沥干，按比例（绿豆芽∶纯净水为 1∶1，质量比）榨汁，用 8 层纱布过滤得到绿豆芽汁。

（4）调配、澄清、杀菌　将制得的以上 3 种果蔬汁、白砂糖、0.2％柠檬酸按配方比例进行混合。将混合后的复合饮料进行离心（4000r/min，20min）澄清，灌装后在沸水中杀菌 15min，冷却即为成品。

【质量标准】

（1）感官指标　呈天然的淡绿色，组织状态均匀、清澈透明、无絮状沉淀，具有甜瓜的甜香、黄瓜独特的清香以及绿豆芽特有的豆香味，风味协调，酸甜可口。

（2）理化及微生物指标　均达到国家标准要求。

第五章　蔬菜产品的制汁技术与复合饮料实例

蔬菜是人们生活的必需品，其营养价值早已为世人所知。而蔬菜汁是利用新鲜蔬菜作为原料，通过原料预处理、打浆或榨汁后经过脱氧、灭菌或其他处理所获得的汁液。蔬菜汁含有大量的维生素和矿物质元素，含有的膳食纤维可促进胃肠蠕动，促进消化，预防便秘和其他胃肠疾病。尤其是蔬菜汁作为一种碱性食品，可中和畜禽肉、谷物消化后所产生的酸，对维持人体酸碱平衡有重要作用，具有其他食品不可替代的生理功能。此外，蔬菜汁所含热量比果汁低得多。因此，蔬菜汁作为一种营养饮料，有着广阔的市场前景。

第一节　根菜类蔬菜的制汁技术与复合饮料实例

根菜类蔬菜是指由直根膨大而成为肉质根的蔬菜植物，主要包括十字花科的萝卜、大头菜（根用芥菜）、芜菁、芜菁甘蓝、辣根；伞形科的胡萝卜、根芹菜、美洲防风，菊科的牛蒡、婆罗门参；以及藜科的根甜菜等。其中栽培最广的有萝卜和胡萝卜，其次为大头菜、芜菁甘蓝及芜菁。这类蔬菜大都是温带原产的二年生植物，少数为一年生及多年生植物。根菜类对我国土壤及气候的适应性广，生长快，产量高，栽培管理简易，生产成本低，便于大面积机械化生产，所以根菜类在我国蔬菜生产中是很重要的一类。本节介绍部分根菜类蔬菜的制汁技术及复合饮料实例。

一、萝卜的制汁技术与复合饮料实例

萝卜（*Raphanus sativus* L.）为十字花科萝卜属一、二年生草本植物，又名莱菔、芦菔、芦葩等。原产于临地中海的西亚、东南欧诸国。我国各地均有栽培，品种极多，常见的有红萝卜（变萝卜）、青萝卜、白萝卜、水萝卜和心里美

等。根肉质，长圆形、球形或圆锥形，根皮绿色、白色、粉红色或紫色，根供食用，为我国主要蔬菜之一。萝卜含较多膳食纤维，可促进肠胃蠕动，保持大便畅通；生萝卜还能促进胆汁分泌，帮助消化脂肪；萝卜含维生素 C，能预防坏血病；现代医学证明，萝卜还有防癌功能；萝卜含有的矿物质，对正在生长发育中的儿童也有诸多益处。

萝卜甜橙复合果蔬汁加工技术介绍如下。

【原辅料配比】

萝卜汁 40%，甜橙汁 60%，白砂糖 8%，柠檬酸 0.003%，海藻酸钠 0.1%，黄原胶 0.1%。（辅料用量按果蔬汁总体积计算。）

【工艺流程】

萝卜 → 选料 → 清洗 → 破碎 → 热处理─┐
萝卜原汁 ← 过滤 ← 打浆←─────────┤　　├─混合 → 澄清 → 调配 → 脱气
　　　　　　　　　　　　　　　　　　　　　成品 ← 杀菌 ← 装罐←─┘
甜橙 → 选果 → 清洗 → 榨汁 → 过滤──┤
甜橙原汁 ← 脱氧、脱油←──────────┘

【操作要点】

（1）萝卜汁的制取

① 选料与清洗。选择光滑而肥大的新鲜萝卜，应无糠心，无腐烂变质，去掉叶子、皮、根须，用清水洗净表面的泥沙等杂质。

② 破碎。破碎粒度以 3~4mm 为适，此时打浆出汁率最高。

③ 热处理。将萝卜放入含有 0.5% 柠檬酸和 0.5% 异抗坏血酸钠的沸水中，预煮 5min。目的是脱除萝卜的辛辣味，抑制酶活性，并软化组织，以利于打浆。

④ 打浆、过滤。按照料水比 1:1 的比例，将预煮后的萝卜放入打浆机中打浆，所得浆液先用两层纱布过滤，再用四层纱布过滤，即得萝卜原汁。

（2）甜橙汁的制取　选取新鲜、完好无损的橙子作为原料，清洗后去皮，并放入 70~80℃ 的水中热烫灭酶。将切好的块状橙子与纯净水按照 1:1 的比例放入榨汁机中榨汁，榨汁后用 4 层纱布过滤料液，得橙汁，备用。

（3）混合、澄清　将萝卜原汁和甜橙汁按照 1:1.5 的比例混合，搅拌均匀。加入 50mg/kg 的果胶酶，在温度 40~50℃ 条件下处理 60min 后，按 100mg/L 的比例加入 0.1% 的明胶溶液，静置 2h，然后用 4 层纱布过滤。

（4）调配　调配时主要考虑饮料的风味、色泽及稳定性。按配方比例在混合果蔬汁中加入糖、柠檬酸及稳定剂。稳定剂为 0.1% 的海藻酸钠和 0.1% 的黄原胶时，效果较好。

（5）脱气　将调配好的料液快速加热到 85~90℃，时间 1min，使溶于复合果蔬汁中的空气逸出，或者在真空度 0.09MPa 条件下进行脱气。

（6）灌装、杀菌　将脱气后的复合果蔬汁趁热灌装，立即密封，投入 85~

90℃热水中，杀菌 15min。杀菌完毕的复合果蔬汁分别在 70℃、50℃、30℃ 的温水中放置 8min，进行分段冷却。

【质量标准】

（1）感官指标　呈橙黄色，无杂色；汁液均匀，无分层，无杂质，允许有微量沉淀；具有果蔬特有的风味，无异味，清爽可口。

（2）理化指标　可溶性固形物（以折光计）11%～12%；pH 值≤4；砷（以 As 计）≤0.5mg/kg；铅（以 Pb 计）≤0.5mg/kg。

（3）微生物指标　细菌总数≤100CFU/mL；大肠杆菌总数≤3MPN/100mL；致病菌不得检出。

二、胡萝卜的制汁技术与复合饮料实例

胡萝卜（*Daucus carota* var. sativa DC）为伞形科胡萝卜属植物。二年生草本植物，又名甘荀。原产于亚洲西南部，阿富汗为最早演化中心，栽培历史在 2000 年以上。胡萝卜营养丰富，有治疗夜盲症、保护呼吸道和促进儿童生长等功能。胡萝卜含有较多的钙、磷、铁等矿物质。中医认为胡萝卜性平，味甘，有健脾消食、补肝明目、清热解毒、透疹、降气止咳之功用，可用于小儿营养不良、麻疹、夜盲症、便秘、高血压、肠胃不适、饱闷气胀等。

1. 胡萝卜沙棘复合果蔬汁

【原辅料配比】

胡萝卜汁 20%，沙棘汁 40%，白砂糖 12%，柠檬酸 0.15%，加水至 100%。

【工艺流程】

```
胡萝卜 → 选料 → 清洗 → 去皮 → 捣碎 → 预热 ┐
         胡萝卜原汁 ← 过滤 ← 榨汁 ←          ├ 混合 → 调配 → 澄清 → 灌装
                                              │
沙棘 → 清洗 → 破碎 → 打浆 → 分离 → 澄清 ┘    成品 ← 冷却 ← 杀菌 ←
                   沙棘汁 ← 过滤
```

【操作要点】

（1）胡萝卜汁的制取

① 选料。选用新鲜、颜色橙红、成熟度高的胡萝卜为原料，削掉胡萝卜缨，剔除腐烂变质以及未成熟的胡萝卜。

② 清洗、去皮。先用流水漂洗，洗净表面的泥沙，再用清水冲洗干净。胡萝卜的去皮方法有机械式磨皮和蒸汽热处理去皮 2 种。机械去皮是以磨皮机进行的，方法是把胡萝卜放进覆盖了研磨材料的旋转盘上然后将胡萝卜向磨墙上击打，去皮时间通常为 45s。蒸汽热处理去皮方法是首先向压力舱内的胡萝卜喷射蒸汽 30～60s，然后把胡萝卜送到水槽内，利用磨皮设备，将烫过的表层刷去。

③ 捣碎。常以锤式推磨来捣碎胡萝卜，在锤下设有多孔盘，以确定胡萝卜

颗粒的大小。

④ 预热。胡萝卜加工过程中存有不同的酶会导致色泽损失，但只要预热得当，便可防止这种情况的发生。将捣碎后的胡萝卜加热至 75～80℃，即可将酶钝化。若不钝化其中的聚酯酶，便会造成果胶脱酯，导致产品出现沉淀分层现象。预热可采用管式蒸汽预热器进行，应在 2min 内将产品预热至 90～95℃。

⑤ 榨汁、过滤。液压榨机、带式榨机均可用于胡萝卜汁的榨取，采用液压榨机时胡萝卜汁的得率高于带式榨机。过滤可采用卧螺离心机。β-胡萝卜素是胡萝卜汁的主要成分之一，由于其不溶于水且比水轻的特性，使用离心分离法更容易将其提取。

（2）沙棘汁的制取

① 原料选择。选择充分成熟的沙棘果实，去除病虫霉烂果及杂质。

② 清洗。用流动水将沙棘果实漂洗干净。

③ 破碎。采用辊式破碎机进行破碎。

④ 打浆。采用 0.5～1.0mm 孔径刮板式打浆机连续打浆 2 次，先用大孔径去果皮及核，再用小孔径细化浆液。然后加热果浆至 60～70℃并保持 15～20min。

⑤ 分离、澄清、过滤。浆液用碟式分离机分离果油，去油后的果浆汁下胶澄清，过滤后入贮料罐备用。

（3）混合、调配　将制得的胡萝卜汁和沙棘汁按配方比例混合，然后加入 0.15％的柠檬酸、12％的白砂糖，用水补足体积，混合均匀。

（4）澄清　加入 15g/L 的明胶、6g/L 的单宁对果蔬汁进行澄清处理，温度 10℃，时间 8h，然后经过滤器过滤。

（5）灌装、杀菌　将澄清后的果汁灌装密封后进行杀菌，温度 80～85℃，时间 10～15min。杀菌后快速冷却，即得成品。

【质量标准】

（1）感官指标　呈淡黄色，均匀一致；澄清透明，允许有微量淡油圈析出；具有较浓郁的沙棘果香及胡萝卜清香，无异味，酸甜适口。

（2）理化指标　原汁含量≥60％；可溶性固形物含量（以折光计）≥13％；总酸含量（以柠檬酸计）≤0.35％。

（3）微生物指标　细菌总数≤100CFU/mL；大肠杆菌≤3MPN/100mL；致病菌不得检出。

2. 胡萝卜柚子复合果蔬饮料

【原辅料配比】

原汁（胡萝卜汁∶柚子汁＝2∶3）40％，白砂糖 3％，柠檬酸 0.03％，黄原胶 0.03％，加水至 100％。

【工艺流程】

胡萝卜 → 挑选 → 清洗 → 切块 → 预煮 → 榨汁 ┐
　　　　　　胡萝卜汁 ← 过滤 ←┘
　　　　　　　　　　　　　　　　　├ 调配 → 均质 → 脱气 → 灌装 ┐
柚子 → 去皮 → 清洗 → 打浆 → 过滤 ┘　　成品 ← 冷却 ← 杀菌 ←┘
　　　　　柚子汁 ← 脱苦 ┘

【操作要点】

（1）胡萝卜汁的制备　挑选表面完好无损的胡萝卜，清洗干净，去除表皮，切成 5cm 的正方形块状，煮制 5min 使其变软，加入胡萝卜质量 2 倍的纯净水，榨汁，用 4 层纱布过滤，除去残渣得到胡萝卜汁备用。

（2）柚子汁的制备　挑选成熟、柚皮完整光滑有光泽的沙田柚，剥下柚子皮，清洗干净，去除柚子囊衣，将果肉放入打浆机中，按照柚子∶水＝1∶1 的比例加入纯净水，打浆 2min，将打浆后的柚子汁用 4 层纱布过滤，除去残渣得到柚子汁备用。向柚子汁中加入 0.5％ 的食品级 β-环糊精可去除柚子本身带有的苦味。

（3）复合饮料的调配　按配方比例把胡萝卜汁和柚子汁混合，按比例加入白砂糖、柠檬酸和水，搅拌使其混合均匀，加入黄原胶，避免果汁分层或者浑浊。

（4）均质、脱气、灌装、杀菌、冷却　将复合饮料在 30MPa 下均质 15min，磨细成大小均匀的微粒后，在真空度为 0.07MPa 下脱气 15min，然后热灌装于无菌玻璃瓶中，密封后于 100℃ 的常压下杀菌 30min，冷却得成品。

【质量标准】

（1）感官指标　颜色均一，有柚子及胡萝卜风味，酸甜适中，没有异味；组织状态细腻，无沉淀，流动性好。

（2）理化指标及微生物指标　均达到国家标准要求。

三、牛蒡的制汁技术与复合饮料实例

牛蒡（*Arctium lappa* L.）为菊科牛蒡属植物，又名牛菜、大力子、牛子、蝙蝠刺、东洋萝卜、牛鞭菜等。原产于我国，广泛分布于我国各地，朝鲜、日本、印度、俄罗斯及其他欧洲国家也有分布。瘦果长圆形或倒卵形，长 5～6.5mm，宽 3mm，灰黑色；冠毛糙毛状，淡黄棕色。花期 7～9 月，果期 9～10 月。牛蒡性温、味甘、无毒。根、茎、叶及种子均可入药。牛蒡为解热、解毒药，有利尿排脓作用。根、叶具有强身，利尿，促进新陈代谢、血液循环，通经，利大便等作用，适用于脑溢血、脚气等症，外用有消炎、镇痛效果。

1. 牛蒡银杏复合饮料

【原辅料配比】

牛蒡汁 75％，银杏汁 25％，三氯蔗糖 0.02％，柠檬酸 0.05％，黄原胶

0.15％。（辅料用量按果蔬汁总体积计算。）

【工艺流程】

【操作要点】

（1）牛蒡汁的制作 挑出外形饱满、无虫斑、无破损发霉、无腐烂变质的牛蒡根，用清水清洗干净，然后去皮护色，再放到真空干燥箱中干燥数小时，待干后，用粉碎机粉碎。按牛蒡质量10倍的比例加水，于80～90℃浸提1h，过滤，取滤液灭菌待用。

（2）银杏果汁的制作 将新鲜的银杏果洗净，去除壳和芯，真空干燥后打成粉末。按银杏果质量10倍的比例加水，于90℃用蒸馏水浸提1h，过滤，取滤液灭菌待用。

（3）酶解 在上述银杏果滤液中按40μL/100mL加入果胶酶，在温度50℃、pH值5.5～6.0条件下酶解2h，使不溶性的果胶物质分解。此步骤可增强饮料澄清效果，以使产品不会出现沉淀现象。

（4）调配 牛蒡汁和银杏汁分别具有一定的生青味和涩味，需要通过添加甜味剂和酸味剂进行风味调配。按配方比例加入溶解好的三氯蔗糖、柠檬酸、黄原胶，搅拌混合均匀。选用三氯蔗糖作为甜味剂，其热量值极低，不会引起肥胖，不会引起血糖波动，可供糖尿病患者、心脑血管疾病患者及老年人使用，适用范围广；选用黄原胶为稳定剂，可增加饮料的黏稠度，起到增强口感的作用。

（5）杀菌 风味调整后，保持温度95℃杀菌20min，然后冷却装瓶。

【质量标准】

（1）感官指标 口感柔和，有很好的复合香味，无异味；香气协调，生青味消失，无涩味；色泽均匀，澄清透明，无沉淀。

（2）理化指标 可溶性固形物≥16％，pH值5.0，糖酸比为17∶1。

（3）微生物指标 细菌总数≤100CFU/mL，大肠菌群≤3CFU/mL，霉菌和酵母菌≤50CFU/mL，致病菌不得检出。

2. 牛蒡酸角复合饮料

【原辅料配比】

牛蒡汁20％，酸角汁40％，柠檬酸0.1％，CMC-Na 0.15％，蔗糖8％，加水至100％。

【工艺流程】

鲜牛蒡 → 清洗 → 去须切片 → 护色 → 烘干 ┐
牛蒡汁 ← 过滤 ← 浸泡 ←┘
　　　　　　　　　　　　　　　　├ 调配 → 精滤 → 灭菌 → 灌装
酸角 → 去荚去核 → 浸泡 → 打浆 → 均质 ┐　　　　　　　成品 ← 冷却 ←┘
酸角汁 ← 过滤 ← 酶解 ←┘

【操作要点】

（1）牛蒡的烘干处理　牛蒡鲜食微带泥土和生腥味，而烘干后制备茶饮不仅可去掉其不良气味，还可增加牛蒡特殊的清香味。选择新鲜无霉烂的牛蒡，清洗后用刀刮除须根，切成 5mm 厚度的圆片状，迅速浸入 1.0％的柠檬酸溶液中，30min 后捞出均匀平铺于筛网，于 70℃鼓风干燥 6h，烘干备用。

（2）牛蒡汁的制备　烘干后的牛蒡称重，用其 5 倍质量的 95℃的水浸泡 1h，过筛网得头道牛蒡浸提液，滤渣用同样方法以 3 倍水浸泡过滤，滤液与头道浸提液合并即为牛蒡汁。

（3）酸角汁的制备　选择荚壳洁净干燥、无虫蛀霉烂的酸角，手工剥去荚壳及核，果肉用其 10 倍质量的 50℃的水浸泡 2.5h，加入果肉和水总量 0.02％的果胶酶，打浆机打浆 5min，胶体磨均质两遍，继续酶解 2.5h 后升温，于 95℃灭酶 10min，过 100 目筛网，滤液即为酸角汁。

（4）调配、灌装　将牛蒡汁、酸角汁、蔗糖、柠檬酸、稳定剂、水按配方比例混合调配均匀，用 200 目滤布过滤，于 126℃超高温瞬时灭菌 5s，冷却至 85℃无菌灌装，封盖，冷却至室温，贴标、装箱、检验，即为成品。

【质量标准】

（1）感官指标　呈透亮均匀的咖啡色，酸甜适口，牛蒡和酸角风味协调，无沉淀，无异味。

（2）理化指标和微生物指标　均达到国家标准要求。

第二节　白菜类蔬菜的制汁技术与复合饮料实例

白菜类蔬菜是指以食用叶及其变态器官或嫩茎及其花序的一类蔬菜，属于十字花科芸薹属芸薹种的一年或二年生草本植物亚种、变种群，包括大白菜、普通白菜、菜心、紫菜薹、薹菜、分蘖菜，等等。本节介绍部分白菜类蔬菜的制汁技术与复合饮料实例。

一、甘蓝的制汁技术与复合饮料实例

甘蓝（*Brassica oleracea* var. capitata Linnaeus）为十字花科芸薹属植物，别名洋白菜、包菜、圆白菜、卷心菜、莲花白、椰菜等。甘蓝起源于地中海沿岸，由野生甘蓝演化而来。中国各地均有栽培，是东北、西北、华北等较冷凉地区春、夏、秋的主要蔬菜，华南等地冬、春也大面积栽培。甘蓝防衰老、抗氧化的效果与芦笋、花椰菜同样处在较高的水平。富含叶酸，所以怀孕的妇女、贫血患者可适当多吃。多吃甘蓝能提高人体免疫力，预防感冒，增进食欲，促进消化，预防便秘。

甘蓝复合果蔬汁加工技术介绍如下。

【原辅料配比】

甘蓝汁30%，苹果汁15%，白砂糖7%，蜂蜜1%，柠檬酸0.2%，异抗坏血酸钠0.15%，果胶0.1%，黄原胶0.1%，加水至100%。

【工艺流程】

【操作要点】

（1）甘蓝汁的制取

① 挑选。选择八九成熟的甘蓝，除去外层老叶。

② 清洗、切片。用清水洗去甘蓝表面的泥沙和残留农药，用不锈钢刀将洗净沥干的甘蓝切成3cm见方的小块。

③ 热烫。热烫不仅可以破坏原料中酶活性，还可以杀死微生物及虫卵。热烫后的原料膨压下降，还有利于以后加工工序的进行。理论上讲温度越高热烫所需时间越短，还原维生素C损失越少。因此在热水烫漂时，以短时高温少接触空气为好。生产中热烫温度选择95℃，时间60s，灭酶效果好，营养损失小。

④ 破碎。用破碎机将热烫后的甘蓝粉碎成浆状。

⑤ 酶解、灭酶。高等植物细胞壁和细胞膜由果胶物质、纤维素、蛋白质等物质构成，通常情况下难以破碎，汁液不易流出。纤维素酶可以催化纤维素水解，使其增溶及糖化，再在果胶酶、半纤维素酶等共同作用下可使细胞内液体易于释放，可提高果蔬汁的出汁率，增加产量，并可使产品具有一定的澄清度，使其后续加工变得容易。酶解生产中，选用纤维素酶和果胶酶进行酶解，纤维素酶和果胶酶的质量分数分别为0.04%和0.1%，物料与酶质量配比为30∶1，酶解pH值为5.5，酶解温度为60℃，时间40min。酶解后汁液加热至90℃保持3min灭酶。

⑥ 榨汁、过滤。利用榨汁机榨取汁液，先用滤孔大小约为0.5mm的过滤机进行粗滤，再经120目的筛网精滤，滤出全部悬浮物和其他易产生沉淀的胶粒，即得到甘蓝原汁。

（2）苹果汁的制取

① 原料选择。选择成熟度适中、新鲜完好、汁多、纤维少、无病虫害、无腐烂的果实。

② 清洗。挑选后的果实放在流水槽中冲洗。如果表皮有残留农药，则用 0.5%～1% 的稀盐酸或 0.1%～0.2% 的洗涤剂浸洗，再用清水强力喷淋冲洗。

③ 破碎。用苹果磨碎机和锤碎机将苹果粉碎，要求破碎适度，颗粒大小一致，过大、过小都会降低出汁率。破碎后用碎浆机进行处理，使颗粒微细，提高出汁率。

④ 压榨、粗滤。常用压榨法和离心分离法榨汁。用孔径 0.5mm 的筛网进行粗滤，使不溶性固形物含量下降到 2% 以下。

⑤ 澄清、精滤。苹果汁中胶体较多，直接过滤困难，要进行澄清处理。方法是加热至 82～85℃，再迅速冷却，促使胶体凝聚，达到果汁澄清的目的。也可以加明胶、单宁、皂土、液体浓缩酶、干型酶制剂等进行处理。澄清处理后的苹果汁，加入助滤剂后用过滤器进行过滤。常用硅藻土作滤层，能够除去苹果汁中的土腥味。

（3）复配　甘蓝味甘、清淡，但甘蓝汁略带甘蓝本身所固有的青涩味，口感不是十分好。苹果性甘凉，营养丰富。将苹果汁与甘蓝汁复配，苹果汁可以很好地掩盖甘蓝汁的青涩味。按配方比例将原辅料混合后搅拌均匀。

（4）脱气、灭菌、灌装　采用真空脱气机在 0.09MPa 条件下脱气，经高温瞬时（115℃，3s）灭菌，灌装。灌装后于 80℃ 进行二次灭菌，包装后即为成品。

【质量标准】

（1）感官指标　呈淡黄绿色，色泽均匀，透明度较好，无杂质，口感良好，无异常气味。

（2）理化指标　可溶性固形物含量≥10%；总糖含量 11.9%；总酸含量 0.28%。

（3）微生物指标　细菌总数≤90CFU/mL；大肠菌群≤3MPN/mL；致病菌不得检出。

二、白菜的制汁技术与复合饮料实例

白菜 [*Brassica pekinensis*（Lour.）Rupr.] 为十字花科芸薹属植物。原产于地中海沿岸和中国，由芸薹演变而来。一年生或二年生草本，全株稍有白粉，无毛。基生叶多数，大形，密集，外叶长圆形至倒卵形，叶面皱缩或平展，边缘波状，常下延至柄成翅；心叶逐渐紧卷成圆筒或头状，白色或淡黄色，中脉宽展肥厚，白色，扁平。祖国医学认为，白菜性味甘平，有清热除烦、解渴利尿、通利肠胃的功效，经常吃白菜可防止维生素 C 缺乏症（坏血病）。

1. 浓缩白菜汁

【原辅料配比】

白菜汁 100％。

【工艺流程】

白菜→去杂→清洗→破碎→磨浆→榨汁→煮沸→离心分离→过滤→杀菌→冷却→

真空浓缩→二次杀菌→冷却→浓度调配→包装→冷冻→贮藏

【操作要点】

（1）原料选择、去杂、清洗　选取无霉烂、无老叶、无腐烂的新鲜大白菜。将选好的白菜除去根部泥沙，切去根柄，剔除霉烂、虫蛀及含有异物污染的白菜，用自来水清洗干净。

（2）破碎、磨浆　用破碎机把洗净的白菜破碎成 0.3～0.6cm 见方的小块。全部破碎均匀后立即进行磨浆，磨浆的颗粒达到 0.4mm 以下。

（3）榨汁　用榨汁机将磨好的浆液进行榨汁，用 0.2mm 不锈钢滤网分离出菜汁与浆渣。

（4）煮沸　榨出的菜汁立即通蒸汽加热，边加热边用空气压缩机搅拌，沸腾后停止吹压缩空气，于 96～100℃保温 40min。

（5）离心分离、过滤　用卧式离心机将煮沸好的料液进行离心分离，分离出部分菜汁悬浮物进行热过滤。用硅藻土过滤机过滤，分离后的菜汁温度达 45～50℃时开始过滤。助滤剂选用中性偏酸、颗粒极细微的硅藻土，直到滤出液已澄清，没有硅藻土颗粒即可。

（6）杀菌、冷却　过滤的汁液经超高温瞬时杀菌器灭菌（110℃±5℃、10s），流出温度在 85℃，杀菌过的物料放至暂存罐急速冷却至 60～65℃。

（7）真空浓缩　浓缩是在真空浓缩锅中进行的。控制蒸汽压力在 0.196～0.294MPa，料液温度保持在 55～58℃左右，浓缩一段时间后，从出料口取样，测定可溶性固形物含量达到 42％左右即可。

（8）二次杀菌　浓缩好的菜汁于 90℃杀菌 5min，而后放出料液冷却。

（9）冷却　浓缩白菜汁用冷凝水冷却至 30℃。

（10）浓缩调配、包装　将浓缩液在搅拌下进行调配至规定浓度后立即包装。

（11）冷冻、贮藏　冷却包装好的产品在 −25～−18℃保存，可采用空气自然解冻、水浸解冻、热水解冻等方式。

【质量标准】

（1）感官指标　液汁呈半透明褐色液体；具有白菜特有的香味与气味，无异味；组织均匀，悬浮不分层，无沉淀。

（2）理化指标　可溶性固形物含量 42％±2％；pH 值 5.0～6.8；总糖（以

转化糖计）40%±0.5%。铜≤10mg/kg；铅≤2mg/kg；砷≤0.5mg/kg。

（3）微生物指标　菌落总数＜30CFU/mL；大肠菌群及致病菌不得检出。

2. 白菜益生汤

【原辅料配比】

白菜汁75%，中药汤25%，柠檬酸0.1%，白砂糖7.0%，CMC-Na 0.01%，海藻酸钠0.02%。（辅料用量按益生汤总体积计算。）

【工艺流程】

```
白菜 → 挑选清洗 → 沥干 → 热烫 ┐
白菜汁 ← 过滤 ← 榨汁 ← 切块 ←┤
                              ├─ 调配 → 均质 → 杀菌 → 冷却 → 成品
菊花、金银花 → 浸提 → 中药汤 ─┘
```

【操作要点】

（1）白菜汁的制备

① 原料挑选。选取成熟度适中，白色叶子部分紧绷且有光泽，尾部圆鼓、丰满，无霉烂、老叶、腐烂叶的新鲜白菜，剔除损伤等不合格的白菜。

② 清洗处理。将选好的白菜除去根部的泥沙，切去根柄，剔除含有异物污染的白菜，用流动的水清洗干净，沥干备用。

③ 热烫处理。将清洗沥干的白菜放入沸水中热烫处理5min，热烫处理过程中注意保持水一直处于沸腾状态。

④ 榨汁过滤。将热烫处理好的白菜切成大约2cm×2cm的小方块，用榨汁机将切好的白菜榨汁，用0.2mm的不锈钢滤网分离出菜汁与浆渣，即得白菜汁。

（2）中药汤的制备　分别取一定量的金银花、菊花，按料液比1∶20加入80～100℃热水，置于80～100℃浸提3～5h，每隔一段时间进行一次搅拌。浸提完成后分别用滤布过滤，即得金银花和菊花的中药汤，将其以1∶1的比例混合，备用。

（3）白菜益生汤的制备

① 调配。按配方比例将白菜汁与中药汤混合，再加入糖、酸、稳定剂进行调配。

② 均质。将调配好的白菜益生汤加热到50℃左右，在15～20MPa的工作压力下均质4～5min。

③ 杀菌、冷却。将均质好的白菜益生汤在温度90℃±5℃下杀菌12～15min，冷却后即得成品。

【质量标准】

（1）感官指标　呈明亮黄绿色；具有白菜、菊花、金银花特有的香气，香气协调柔和；酸甜可口，后味绵长；均匀一致，无析水现象，不分层。

（2）理化指标 固形物含量 11.5%；pH 值 4.26；总黄酮含量 7.22mg/g。

（3）微生物指标 达到国家标准要求。

第三节 葱蒜类蔬菜的制汁技术与复合饮料实例

葱蒜类蔬菜又称鳞茎类蔬菜，为百合科葱属植物，是以嫩叶、假茎、鳞茎、花薹为食用器官的草本植物，包括大蒜、葱、韭菜、洋葱、韭葱和薤。本节介绍部分葱蒜类蔬菜的制汁技术与复合饮料实例。

一、洋葱的制汁技术与复合饮料实例

洋葱（*Allium cepa* Linn.）为百合科葱属植物，又名葱头、辣葱、玉葱。洋葱原产于伊朗、阿富汗，为多年生草本，鳞茎柱状圆锥形或近圆柱形，单生或数枚聚生，长 4～6cm。国内在甘肃、陕西、宁夏、河北和河南等省区的一些地区都有栽培。新鲜洋葱每 100g 中约含水分 88g、蛋白质 1.1g、碳水化合物 8.1g、粗纤维 0.9g、脂肪 0.2g、灰分 0.5g、胡萝卜素 0.02mg、维生素 B_1 0.03mg、维生素 B_2 0.02mg、维生素 C 8mg、维生素 E 0.14mg、钾 147mg、钠 4.4mg、钙 40mg 及少量硒、锌、铜、铁、镁等多种微量元素。洋葱除含一般营养素外，还含有杀菌、利尿、降脂降压、抗癌等生物活性物质。洋葱中的蒜素及多种含硫化合物在较短时间内可杀死多种细菌和真菌；洋葱中的某些生物活性成分可促进机体内钠、水从肾脏排出而具利尿作用；洋葱油具有降低血脂的作用；洋葱中含有的甲苯磺丁脲有降低血糖的作用；洋葱中含硒量较高，具有抗癌作用等。近年来医学临床和研究证明，洋葱具有多种较高的生理药用价值，在营养食疗上被推崇为多功能的降脂降压抗癌营养保健食品，享有"菜中皇后"的美称。

洋葱梨复合功能饮料加工技术介绍如下。

【原辅料配比】

洋葱汁 12%，梨汁 40%，白砂糖 9%，柠檬酸 0.15%，加水至 100%。

【工艺流程】

```
新鲜洋葱 → 分选 → 整理 → 破碎 → 烫漂┐
         洋葱汁 ← 过滤 ← 榨汁┘         ├ 混合 → 调配 → 灌装杀菌
                                      成品 ← 冷却┘
新鲜梨 → 清洗 → 整理 → 破碎 → 护色 → 压榨┐
   梨汁 ← 冷却 ← 清汁精滤 ← 粗滤 ← 澄清┘
```

【操作要点】

（1）洋葱清汁的制备

① 原料选择与处理。选择新鲜、个头大的洋葱，去皮、去杂、去污备用。

② 去臭处理。将洋葱进行冷藏处理，冷藏温度控制在 0℃左右，时间 4～5d，可以有效地破坏洋葱的臭酶，降低洋葱的臭味。

③ 破碎、烫漂。加入洋葱质量 2 倍的水进行破碎，加热温度至 80～85℃，持续 10min，去除洋葱的葱臭味。

④ 榨汁。自然冷却后，添加 0.02g 纤维素酶，充分搅拌，调节 pH 值至 4～5，以便达到纤维素酶的最佳活性条件。

⑤ 过滤。汁液搅拌均匀后于 40℃下放置 1h，取出自然冷却，过滤，得到淡粉红色澄清透明的洋葱汁。

（2）梨汁的制备

① 原料的选择与处理。选择新鲜、无病虫害、无霉烂的果实，清洗沥干水分。

② 破碎。取梨果相同质量的水，同时加入柠檬酸和维生素 C 进行护色。

③ 榨汁。加入 0.2% 的果胶酶使果胶分解，调节梨浆的 pH 值在 3.3～5.5 之间，酶解温度 35～45℃，处理 2h。

④ 澄清。采用酶法澄清，即用果胶酶对梨汁进行处理，得到澄清梨汁。

（3）混合、调配 按配方比例将洋葱汁和梨汁混合后加入配方比例的白砂糖、柠檬酸和水，搅拌均匀。

（4）杀菌、灌装、冷却 采用高温瞬时杀菌，加热至 95℃以上，维持 15～30s。杀菌后趁热灌装，随后冷却至室温。

【质量标准】

（1）感官指标 呈淡粉色，清澈透明，无沉淀；具有洋葱和梨特有的香味和淡淡的水果香气。

（2）理化和微生物指标 均达到国家标准要求。

二、大蒜的制汁技术与复合饮料实例

大蒜（*Allium sativum* L.）为百合科葱属植物，又名蒜、蒜头、独蒜、胡蒜。原产地在西亚和中亚，自汉代张骞出使西域，把大蒜带回国"安家落户"，至今已有 2000 多年的历史。我国是大蒜的主要产地。每一蒜瓣外包薄膜，剥去薄膜，即见白色、肥厚多汁的鳞片。有浓烈的蒜臭，味辛辣。每 100g 含水分 69.8g、蛋白质 4.4g、脂肪 0.2g、碳水化合物 23.6g、钙 5mg、磷 44mg、铁 0.4mg、维生素 C 3mg。此外，还含有硫胺素、核黄素、烟酸、蒜素、柠檬醛以及硒和锗等微量元素。含挥发油约 0.2%，油中主要成分为大蒜辣素，具有杀菌作用，是大蒜中所含的蒜氨酸受大蒜酶的作用水解产生的。以鳞茎入药，性温，味辛平，入脾、胃、肺经，可用于痢疾泄泻、肺痨、顿咳、肠寄生虫病（钩虫、蛲虫病）、疮痈肿毒等症。

1. 大蒜复合蔬菜汁

【原辅料配比】

大蒜汁 60％，胡萝卜汁 20％，枸杞汁 10％，加水至 100％，蜂蜜 5％，白砂糖 5％，蛋白糖 0.05％，羧甲基纤维素钠 0.15％，维生素 B_1（4mg/L），维生素 B_2（4mg/L），柠檬酸适量。（蜂蜜、白砂糖等辅料的用量按果蔬汁总体积计算。）

【工艺流程】

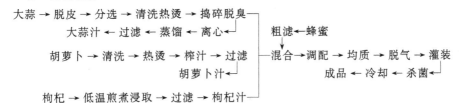

【操作要点】

（1）无臭大蒜汁的制取　选用质地优良的大蒜，经脱皮机分瓣脱皮，除去霉烂劣质蒜瓣，用清水洗净，在沸水中热烫 5min，用冷水冲淋。按 1:1 的比例加水，用捣蒜机捣碎成糊状蒜汁，装入不锈钢容器中，加入 1:2 的 30％酒精溶液于室温下浸泡 48h，去臭，用离心机分离除渣，将浸液加热至 85～90℃蒸馏回收酒精。当酒精回收率达 85％时停止回收，趁热过滤即得无臭大蒜汁。

（2）枸杞汁的制取　用 1:2 的比例将枸杞与水在 60～80℃下煮 60～90min，打浆后过滤（80 目）去渣即得枸杞汁。

（3）胡萝卜汁的制取　选用优质胡萝卜，清洗干净，按 1:1 加水预煮 30min，用破碎机破碎后进行榨汁、过滤即得胡萝卜汁。

（4）调配　按配方比例将原辅料混合，用柠檬酸调整 pH 值至 4.0。

（5）均质　调配后的料液用高压均质机均质，均质压力 15～20MPa。

（6）脱气、灌装、杀菌、冷却　将均质好的料液在 0.05MPa 下脱气 20s，迅速灌装封口，在 100℃下杀菌 30s，冷却至 40℃以下即得成品。

【质量标准】

（1）感官指标　色泽为淡黄色；具有大蒜汁的清香味，无臭味。

（2）理化指标　大蒜素含量 5％；可溶性固形物≥5％；总酸（以柠檬酸计）≥0.1％；砷（以 As 计）≤0.5mg/kg；铅（以 Pb 计）≤1.0mg/kg。

（3）微生物指标　细菌总数≤100CFU/100mL；大肠菌群≤6MPN/100mL；致病菌不得检出。

2. 黑蒜饮料

【原辅料配比】

黑蒜（由新鲜大蒜发酵 90d 而成）浸提液 55％，白砂糖 2.5％，β-环糊精

1.05％，加水至 100％。

【工艺流程】

黑蒜→去外皮→分瓣→挑选→破碎→浸提→过滤→澄清→调配→脱气→灌装→杀菌→成品

【操作要点】

（1）选料　选取形态质地较好、色泽褐黑、无霉变的黑蒜作为原料。

（2）破碎　为了更充分地将黑蒜中的可溶性固形物提取出来，需将黑蒜捣碎成蒜泥。

（3）浸提　将黑蒜泥与纯净水按 1∶3 的比例混合，于 25℃浸提 25min。

（4）过滤与澄清　将过滤后的浸提液置于冰箱冷藏室中，2～3d 后虹吸，取上层浸提液清汁备用。

（5）调配　将得到的浸提液清汁与纯净水、白砂糖、β-环糊精按配方比例进行混合，加热溶解，得到成品。

（6）脱气　将调配好的黑蒜饮料煮沸 5min 脱气、灭菌。

（7）灌装与杀菌　先将饮料瓶于沸水中灭菌 10min，再进行灌装，灌装封盖后再置于沸水中煮 5min，以达到杀菌的目的。

【质量标准】

（1）感官指标　呈红褐色，有光泽；无肉眼可见的外来杂质；汁液均匀一致，清澈透明，无悬浮物，无沉淀；具有黑蒜特有的香味，口味纯正，口感协调，酸甜适口，风味柔和，气味芳香，余味悠长。

（2）理化指标　可溶性固形物含量≥7.8％；总酸含量≥0.7％；总糖含量≥7.55％；重金属含量不得超标。

（3）微生物指标　菌落总数≤100CFU/mL；大肠杆菌≤3MPN/100mL；致病菌不得检出。

三、韭菜的制汁技术与复合饮料实例

韭菜（*Allium tuberosum* Rottb. ex Spreng.）属百合科草本植物，又名韭、山韭、丰本、扁菜、草钟乳、起阳草、长生韭、懒人菜，现代人还称之为蔬菜中的"伟哥"。韭菜原产于我国，分布在全国各地。韭菜的营养价值很高，每 100g 可食用部分含蛋白质 2～2.85g、脂肪 0.2～0.5g、碳水化合物 2.4～6g、纤维素 0.6～3.2g，还有大量的维生素，如胡萝卜素 0.08～3.26mg、核黄素 0.05～0.8mg、维生素 C 10～62.8mg，韭菜含的矿物质元素也较多，如钙 10～86mg、磷 9～51mg、铁 0.6～2.4mg；此外，韭菜含有挥发性的硫化丙烯，因此具有辛辣味，有促进食欲的作用。韭菜除做菜用外，还有良好的药用价值，具健胃、提神、止汗固涩、补肾助阳、固精等功效。

韭菜复合果蔬饮料加工技术介绍如下。

【原辅料配比】

韭菜汁 5％，玉米汁 8％，白砂糖 5％，柠檬酸 0.03％，盐 0.1％，复合稳定剂 0.1％，加水至 100％。

【工艺流程】

韭菜 → 清洗、挑选 → 热烫（灭酶）

韭菜汁 ← 过滤 ← 打浆 ←

— 调配 → 胶体磨处理 → 均质 → 灌装、杀菌

玉米 → 去苞衣、去须 → 蒸煮（灭酶）

成品 ← 冷却 ←

玉米汁 ← 离心、过滤 ← 打浆 ←

【操作要点】

（1）韭菜汁的制作

① 清洗、挑选。挑选根茎完好、无虫害的新鲜韭菜，洗净泥土。

② 热烫。将洗净的韭菜在沸水中烫漂 3min。

③ 冷却。韭菜热烫好后，将其放入水中冷却。

④ 切段。将冷却后的韭菜切段，尽量切细，以便打浆。

⑤ 打浆。打浆时按料水比 1∶3 加纯水，用打浆机打浆 2min。

⑥ 过滤。打浆之后的浆液经 200 目绢布过滤，清除料渣，回收过滤之后的韭菜汁。

（2）玉米汁的制作

① 清洗、挑选。用镊子对玉米的苞衣、须进行清理，尽量将其全部清除，用清水清洗干净。

② 灭酶。将洗净沥干的玉米棒投入 100℃沸水中煮制 5min，以便破坏其氧化酶活性，稳定色泽，改善风味。

③ 刮粒、打浆。人工进行刮粒，按料水比 1∶4 加纯水，用打浆机打浆 2min。

④ 离心、过滤。采用离心机分离，转速 5000r/min，时间 10min，再经过 200 目绢布过滤，收集过滤后的玉米汁待用。

（3）调配 将过滤好的韭菜汁与玉米汁按照配方比例混合，同时添加白砂糖、柠檬酸、食用盐、复合稳定剂、水与其混合，常温下搅拌均匀。

（4）胶体磨处理 将调配好的混合汁过胶体磨，胶磨 3 次，每次 2min。

（5）均质 将处理好的混合汁在均质机作用下均质 2 次，均质压力设定为 20MPa。均质可使复合果蔬汁中果肉颗粒更加细腻，有助于果蔬饮料稳定。

（6）灌装、杀菌 将均质好的韭菜玉米复合汁装入洁净的玻璃瓶中，封盖，高温灭菌，温度 121℃，时间 10min。

【质量标准】

（1）感官指标 淡黄色，色泽均匀一致、有光泽；酸甜适宜，具有韭菜与玉

米的香气，协调柔和；口感丰富，滋味宜人。

（2）理化指标　可溶性固形物含量≥8.0%，总糖含量≥9.0g/100mL，pH值4.6～5.0，黄酮含量≥2.8mg/100mL。

（3）微生物指标　均达到国家标准要求。

第四节　绿叶菜类蔬菜的制汁技术与复合饮料实例

绿叶菜类蔬菜是指主要以鲜嫩的叶片、叶柄或嫩茎为产品的蔬菜。绿叶菜类蔬菜的种类多，品种也很丰富，主要包括白菜、青菜、苋菜、菠菜和芹菜等。本节介绍部分绿叶菜类蔬菜的制汁技术与复合饮料实例。

一、菠菜的制汁技术与复合饮料实例

菠菜（*Spinacia oleracea*）为藜科菠菜属植物菠菜的带根全草，又名波斯草、赤根菜、菠棱、鹦鹉菜。原产于伊朗，我国普遍栽培。以绿叶为主要产品，一、二年生草本植物。菠菜直根发达，红色，味甜可食。菠菜性凉，味甘辛，无毒，有补血止血、利五脏、通血脉、止渴润肠、滋阴平肝、助消化之功效，主治高血压、头痛、目眩、风火赤眼、糖尿病、便秘等病症。

菠菜汁梨汁芹菜汁复合果蔬汁加工技术介绍如下。

【原辅料配比】

菠菜汁30%，梨汁30%，芹菜汁20%，柠檬酸0.25%，蔗糖7%～10%，加水至100%。

【工艺流程】

```
菠菜 → 清洗 → 护色 → 漂洗 → 破碎 → 榨汁 ┐
                      菠菜汁 ← 过滤 ┘
         梨 → 清洗 → 预煮 → 榨汁 → 过滤 ├─调配 → 均质 → 灭菌 → 冷却
                          梨汁 ┘                    成品 ← 灌装 ┘
      芹菜 → 清洗 → 护色 → 漂洗 → 破碎 → 榨汁 ┘
                      芹菜汁 ← 过滤 ┘
```

【操作要点】

（1）菠菜汁的制备

①原料选择。选择新鲜、无腐烂、无褐斑的菠菜为原料。

②清洗、护色。菠菜用清水冲洗干净，除去灰尘泥沙，同时除去菠菜根部。用0.05%氢氧化钠溶液浸泡30min，预煮2min，再用0.02%硫酸铜溶液浸泡6h，再用清水漂洗30min。

③粉碎、榨汁、过滤。漂洗后的菠菜放入粉碎机中粉碎成小块，再用榨汁

机榨汁，汁液用 100 目筛网进行加压过滤，得到菠菜汁。

（2）梨汁的制备

① 原料选择。选择成熟度适中、新鲜饱满、无腐烂、无病虫害的果实为原料。

② 清洗。将附着于梨表面的灰尘、残留农药等冲洗干净，可用 1.2％氢氧化钠溶液短时浸泡后冲洗干净。将洗净的梨破碎成小块。

③ 预煮。将碎块投入 0.1％的柠檬酸水溶液中，保持温度 95～100℃，热烫 8～10min，迅速灭活梨中的氧化酶、果胶酶等多种酶类，以保证梨汁的色泽和稳定性。

④ 榨汁、过滤。将预煮后的液体加入榨汁机中进行榨汁，汁液通过过滤器过滤，收集得到梨汁。

（3）芹菜汁的制备

① 原料选择、清洗。选择新鲜、无霉烂的芹菜为原料，将芹菜用清水冲洗干净，去掉根部，切碎备用。

② 护色、漂洗。芹菜用 0.05％的氢氧化钠溶液浸泡 30min，预煮 2min，再用 0.025％的硫酸铜溶液浸泡 8h，用清水漂洗 30min。

③ 粉碎。漂洗后的芹菜放入粉碎机中粉碎成小块。

④ 榨汁、过滤。粉碎处理后的芹菜先用榨汁机榨汁一遍，然后再用超微磨浆机进行磨汁一次，磨汁后用 100 目过滤网进行加压过滤，得到芹菜汁。

（4）调配　将得到的菠菜汁、梨汁、芹菜汁按配方比例进行混合，并加入糖、酸、水进行调配。

（5）均质　将调配好的料液加入高压均质机中进行均质处理，均质压力为 25MPa。

（6）灭菌、冷却、灌装　采用超高温瞬时杀菌，快速加热至 105℃，保持 10s，后快速冷却至 37℃，冷却后的料液进行无菌灌装。

【质量标准】

（1）感官指标　呈绿色；有明显的菠菜和芹菜味道；均匀一致，无沉淀、分层现象。

（2）理化指标及微生物指标　均达到国家标准要求。

二、芹菜的制汁技术与复合饮料实例

芹菜（*Apium graveolens* L.）为伞形科芹属植物芹菜的全草，又名香芹、药芹、旱芹。原产于地中海沿岸，我国各地有栽培。一年生或二年生草本。中医认为芹菜性凉，味甘辛，无毒，有清热除烦、平肝、利水消肿、凉血止血之功效，主治高血压、头痛、头晕、暴热烦渴、黄疸、水肿、小便热涩不利、妇女月经不调及赤白带下、瘰疬、疳腮等病症。

1. 功能性芹菜饮料

【原辅料配比】

果蔬汁 12%（芹菜汁：雪梨汁＝4：1），蔗糖 10%，柠檬酸 0.12%，CMC-Na 0.08%，β-环糊精 0.1%，果胶 0.1%，加水至 100%。

【工艺流程】

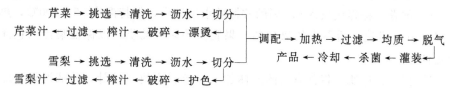

【操作要点】

(1) 原料预处理 挑选新鲜、成熟的雪梨和芹菜，用流动水清洗，洗净泥沙、杂质等，并用高锰酸钾浸泡。

(2) 芹菜烫漂、护色 在 100℃下用 2% 的氯化钠水溶液烫漂 3min，以抑制叶绿素酶活性，防止叶绿素降解失绿，使芹菜汁保持原有的色、香、味。

(3) 破碎处理和打浆 将雪梨切成直径为 3～4cm 的小块，芹菜切成 2cm 的小段，分别用打浆机打浆。

(4) 酶解 为了提高雪梨果汁的出汁率，用果胶酶处理果浆，以分解部分可溶性果胶。果胶酶用量为 $90\mu L/L$，温度为 40～50℃，时间为 2h。

(5) 过滤 将芹菜、雪梨汁用过滤机过滤，过滤掉碎果皮、果籽和较大的果渣。

(6) 调配 将蔗糖在 50～55℃ 的温水中溶解，溶解后过滤，混匀后在均质机中均质，在 90～95℃ 下持续 5～10min 杀菌，冷却到常温备用。将芹菜雪梨汁与糖浆搅拌融合，按配方比例加入稳定剂等。

(7) 均质、脱气、灌装、杀菌 将调配好的饮料在 50℃ 左右均质，其压力为 30MPa。在真空度为 0.075MPa 的压力下进行脱气、灌装，封口后进行杀菌并冷却至室温。

【质量标准】

(1) 感官指标 颜色鲜艳，组织状态均匀，无沉淀，无分层，具有芹菜饮料适宜的黏稠感；酸甜适口，具有芹菜与雪梨的特有风味和香味，无不良气味。

(2) 理化指标和微生物指标 均达到国家标准要求。

2. 芹菜番茄胡萝卜复合蔬菜汁

【原辅料配比】

芹菜汁 35%，番茄汁 20%，胡萝卜汁 15%，白砂糖 5%，食用盐 0.5%，柠檬酸 0.15%，海藻酸钠 0.1%，羧甲基纤维素钠 0.1%，加水至 100%。

【工艺流程】

芹菜 → 去根、除杂 → 清洗 → 热烫 → 破碎ㄱ
　　　芹菜汁 ← 过滤 ← 榨汁 ← 打浆◄┘

番茄 → 清洗 → 预煮 → 破碎 → 榨汁 → 过滤┤——调配 → 均质 → 装罐 → 杀菌 → 成品
　　　　　　　番茄汁◄┘　　　　　　　　　　　　　　成品 ← 杀菌◄┘

胡萝卜 → 清洗 → 去皮 → 热烫 → 破碎 → 打浆┘
胡萝卜汁 ← 过滤 ← 榨汁 ← 灭酶 ← 酶解◄┘

【操作要点】

（1）芹菜汁的制取

① 护绿。将洗净的芹菜放入 0.19mol/L 的碳酸钠溶液中浸渍 30min，接着进行水洗，水洗后用 100℃、0.001mol/L 的氢氧化钠水溶液处理 3min，最后投入冷水中骤冷。

② 榨汁。将护绿处理后的芹菜放入榨汁机中直接压榨，可得粗芹菜汁，用 80 目筛过滤。

③ 脱气。对芹菜汁进行脱气处理是十分必要的，脱气可以除去芹菜汁中的氧，抑制褐变，抑制色素、维生素、香气成分和其他物质的氧化，防止品质降低。脱气条件为 50℃，20～25kPa。

④ 杀菌、贮存。为了保持芹菜汁的营养和风味，采用高温瞬时杀菌快速加热到 95℃，30s 后进行冷藏。

（2）番茄汁的制取

① 清洗。番茄经过多次清洗或用 0.1％消毒灵浸泡 5min 之后，漂洗干净即可。

② 破碎。新鲜番茄中的果胶酶受到抑制或促使活化，对番茄汁的最终稠度起着重要作用。破碎在室温下进行，可引起果胶酶的活化，使部分果胶被分解，产品稠度降低，有明显分层现象。迅速破碎可减少果胶酶活化的速度，使产品无分层现象。

③ 预热。番茄破碎后应迅速升温至 100℃钝化果胶酶。

④ 打浆。经破碎和热处理的番茄打浆去皮去籽，得到带肉丰富的汁，得汁率在 80％左右。

⑤ 均质。增加黏度，防止沉淀和分层，均质条件为 20MPa，均质 1 次。

⑥ 脱气。为防止产品褐变和维生素 C 氧化，浆料需脱气，脱气条件为 50℃、13～15kPa。

⑦ 杀菌、贮存。均质后于 95℃杀菌 30s，并将得到的番茄汁进行冷藏。

（3）胡萝卜汁的制取

① 去皮。采用 3％复合磷酸盐溶液于 90℃热烫 4min 进行去皮。

② 热烫。热烫的目的是钝化酶活性，防止胡萝卜素氧化分解，同时也可防止汁液凝聚，改善风味和稳定性。采用 0.5% 柠檬酸与 0.3% D-异抗坏血酸混合液于 100℃ 热烫 6min，可达到风味和胡萝卜素保存率都较理想的效果。

③ 打浆、胶磨。打浆时加入胡萝卜鲜重 1/4 的水，经 0.5mm 筛网过滤，然后用柠檬酸溶液调整胡萝卜浆 pH 值至 3.8 左右，进行胶磨。

④ 杀菌、贮存。胶磨后于 95℃ 杀菌 30s，得到的胡萝卜汁进行冷藏。

（4）调配　蔬菜汁与水按配方比例进行混合，加入食用盐、柠檬酸等进行调味，再加入已经溶化好的稳定剂。

（5）均质、杀菌　调配好的汁液在压力 25～30MPa 下均质 2 次后，采用高温瞬时杀菌（130℃、5s），然后进行无菌灌装。

【质量标准】

（1）感官指标　色泽均匀；酸甜适口，有芹菜独特的风味，无异味，清爽可口；半透明液体，流动性好，均匀不分层，无沉淀，无杂质。

（2）理化指标　可溶性固形物（以折光计）≥12%，总酸（以柠檬酸计）0.10%～0.20%。

（3）微生物指标　细菌总数＜100CFU/mL；大肠杆菌＜3MPN/mL；致病菌不得检出。

三、茼蒿的制汁技术与复合饮料实例

茼蒿（*Chryanthemum coronarium* var. spatisum）为菊科菊属植物，又名蓬蒿、菊花菜。茼蒿原产于我国，是我国主要蔬菜之一，也有部分地区将其作为观赏植物或中药，全国大部分地区均有栽培。一、二年生草本植物。茼蒿营养丰富，蛋白质含量较高，另外还含有矿物质和维生素。茼蒿中因含有挥发性精油和胆碱等物质，所以有很浓郁的香气。用茼蒿汁作为主要原料经一系列科学加工制成的茼蒿汁饮料，不仅具有保健作用，而且营养丰富、口味独特。茼蒿能开胃增食，降压补脑，有助睡眠，对咳嗽多痰、脾胃不和、记忆力减退及便秘者颇有益处。茼蒿还有养血清心的作用，高血压患者头昏脑涨时服用茼蒿汁有一定的疗效。茼蒿也是防治心血管疾病的蔬菜。

茼蒿汁饮料加工技术介绍如下。

【原辅料配比】

茼蒿汁 80%，水 20%，蔗糖 25%，甜蜜素 0.1%，柠檬酸 0.1%，琼脂 0.5%，食盐 0.25%。（蔗糖等辅料的用量按蔬菜汁总体积计算。）

【工艺流程】

茼蒿→清洗→护色→榨汁→调配→均质→脱气→杀菌→灌装→冷却→成品

【操作要点】

(1) 原料选择　茼蒿应选用刚采收的新鲜原料，要求脆嫩、无杂物。

(2) 清洗　茼蒿原料洗涤干净，减少附着在原料表面的微生物，保证茼蒿汁质量。洗涤用水应符合饮用水标准，洗涤过程要用流动水，以防止不洁净的循环使用，进而使原料被污染。

(3) 护色　茼蒿叶、茎中含有丰富的叶绿素，游离的叶绿素非常不稳定，对光、热、酶等都很敏感，尤其在酸性条件下，叶绿素卟啉环结构中的金属元素镁容易被氢取代而成为褐黄色的脱镁叶绿素。采用烫漂与化学试剂相结合的方法对茼蒿原料进行护色。在碱性条件下，使叶绿素中的镁离子被锌离子取代，可得到对酸、热都较稳定的叶绿素衍生物，达到护色效果。护色条件为：pH 值 9.0，锌离子浓度 0.01mol/L，烫漂温度 85℃，时间 25min。

(4) 榨汁　将护色处理后的茼蒿放入榨汁机中直接压榨便得粗茼蒿汁。

(5) 过滤　粗茼蒿汁中含有一定数量的悬浮物质，这些悬浮物要通过过滤除去，过滤介质为 80 目的绢布。

(6) 调配　按配方比例将蔗糖、甜蜜素、柠檬酸、琼脂、食盐溶解，而后与茼蒿汁、水混合均匀。

(7) 均质　为使茼蒿汁中细小颗粒进一步细碎，保持茼蒿汁的均匀浑浊度，将经调配后的汁液送入高压均质机进行均质，均质压力 20MPa。

(8) 脱气　对茼蒿汁进行脱气处理十分必要。脱气的目的是除去茼蒿汁中的空气，以防止褐变，抑制色素、维生素、香气成分和其他风味物质的氧化，防止品质降低，脱气条件为室温，真空度为 90～92kPa。

(9) 杀菌、灌装、冷却　为保持茼蒿汁的营养风味，采用超高温瞬时杀菌。茼蒿汁经脱气后，快速加热至 105℃，保持时间 10s，及时装罐密封后快速冷却至 37℃左右，即为成品。

【质量标准】

(1) 感官指标　呈浅绿色的均匀浑浊液体，具有明显的茼蒿清香。

(2) 理化指标　总固形物≥5.5%。

(3) 微生物指标　达到国家标准要求。

四、莴苣的制汁技术与复合饮料实例

莴苣（*Lactuca sativa*）为菊科莴苣属一、二年生草本植物。莴苣可分为叶用和茎用两类。叶用莴苣又称生菜，茎用莴苣又称莴笋、香笋。原产于地中海沿岸、亚洲北部和非洲等地区，我国各地均有栽培。瘦果，果褐色或银白色，附有冠毛。莴苣茎叶中含有莴苣素，味苦，高温干旱苦味浓，能增强胃液，刺激消化，增进食欲，并具有镇痛和催眠的作用，可提炼成药，治疗头痛、神经衰弱等症。莴苣富含碳水化合物、蛋白质及多种维生素、矿物质，其中维生素 A、维生素 B_1、维生素 B_2 及钙、铁的含量都较高。

莴笋苹果复合果蔬汁饮料加工技术介绍如下。

【原辅料配比】

莴笋汁 20%，浓缩苹果汁 2%，蔗糖 12%，苹果酸 0.2%，稳定剂（CMC-Na、海藻酸钠）0.3%，加水至 100%。

【工艺流程】

莴笋→精选→清洗→热处理→护色浸提→打浆→过滤→莴笋汁→调配→脱气→
均质→杀菌→灌装→冷却→成品

【操作要点】

（1）原料选择与整理　选叶大而肥厚的鲜莴笋，摘去烂黄叶，去老根，整理，清洗消毒。

（2）热处理　将莴笋茎叶分离，削去茎皮，茎切成 1～1.5cm 厚的圆片，叶切成 2cm 的长条，置 85℃ 热水中处理 3min，抑制酶活性，去除部分苦味，同时烫漂能够固定色泽。

（3）护色浸提　将热烫后的莴笋用冷水漂洗冷却，浸于 pH 值为 7、浓度为 3mg/L 的 $Mg(COOH)_2$ 溶液中护色 5min。

（4）打浆、过滤　将护色后的莴笋片、叶一起放入打浆机中打浆，然后用四层纱布过滤，即得原汁。

（5）调配　在莴笋汁中加入 2% 的浓缩苹果汁，混匀后按配方比例加入其他辅料并混合均匀。

（6）脱气　常温脱气，脱气真空度为 0.09MPa，时间为 10～15min。目的是排除饮料中的氧气，防止色香味及营养物质发生变化。

（7）均质　均质温度 50～60℃，压力为 10～15MPa。

（8）杀菌、灌装、封口、冷却　采用高温短时杀菌（90℃、60～90s），进行无菌灌装。

【质量标准】

（1）感官指标　绿色或浅绿色，无杂色；汁液均匀浑浊，无分层，无沉淀，无杂质；具果蔬特殊的风味，无异味，清爽可口。

（2）理化指标　可溶性固形物（以折光计）12%～13%，总酸（以柠檬酸计）0.2%～0.3%。

（3）微生物指标　细菌总数≤100CFU/mL；大肠菌群≤5MPN/mL；致病菌不得检出。

五、苋菜的制汁技术与复合饮料实例

苋菜（*Amaranthus mangostanus* L.）为苋科苋属一年生草本植物，又名杏菜、荇菜。原产于中美洲、亚洲热带及亚热带地区。中国是苋菜原产地之一，栽培历史悠久。苋菜是世界最古老的农作物之一。苋菜植株与种子内的蛋白质含量较高，约可分别占叶片鲜重的 4.6% 和种子重的 12%～18%，其中人类必需氨基酸的含量平衡，生理价值较高。净蛋白质利用率在 60%～70% 以上。大部分植物蛋白质中含量偏低的蛋氨酸和丝氨酸在苋菜蛋白质中都较丰富。苋菜性凉，味微甘，具有清热利湿、凉血止血、止痢等功效，主治赤白痢疾、二便不通、目赤咽痛、鼻衄等病症。

苋菜饮料加工技术介绍如下。

【原辅料配比】

苋菜汁 50%，柠檬酸 0.15%，香精 0.005%，白砂糖 10%～12%，蜂蜜 1%，山梨酸钾 0.01%，加水至 100%。

【工艺流程】

苋菜→清洗→破碎→热浸→压滤→调配→杀菌→冷却→灌装→封口→成品

【操作要点】

(1) 原料选择、清洗　选用红米苋，要求新鲜、无腐烂，对于各种杂物和病虫叶等要除去。将选过的苋菜用自来水清洗，以除去表面的尘埃、泥沙、污物以及微生物。洗涤对减少杂质、提高和稳定汁液的质量等都有一定的意义。

(2) 破碎、热浸　用打浆机或破碎机轧碎苋菜，叶子以每块 0.5～1cm 为宜，茎以 3mm 为宜，加入等量的水，用不锈钢锅煎煮 20min，然后冷却到 65℃。

(3) 压滤　苋菜饮料要求澄清透明，以硅藻土过滤效果较好，也可通过多层纱布或棉布过滤。

(4) 调配　过滤后的苋菜汁按照配方加入无菌水进行稀释，按总糖量 10%～12% 加入浓糖浆（将白砂糖加热溶解成糖浆，煮沸 10min，用 10 层棉饼过滤机除去杂质）。加入适量柠檬酸溶液（浓度为 50%）以调整汁液的 pH 值为 4.0 左右。加入蜂蜜、香精、山梨酸钾，边加边搅拌，直到完全均匀为止。

(5) 杀菌　将配好的料液及时经泵送入瞬时高温灭菌机，在 120℃ 下灭菌 5min。

(6) 冷却、灌装、封口　经冷却后流出的料液温度为 65℃ 左右，将其装入预先清洗消毒的容器内，封口，再进行冷却。

【质量标准】

(1) 感官指标　呈淡红色或红色，清澈透明；具有新鲜苋菜所特有的风味和气味，酸甜适口，协调，回味长久；无悬浮物，无杂质，无絮状物及沉淀。

(2) 理化指标及微生物指标　均达到国家标准要求。

第五节　茄果类蔬菜的制汁技术与复合饮料实例

　　茄果类蔬菜是指茄科植物中以浆果作为主要食用器官的蔬菜，主要包括番茄、茄子、辣椒等，番茄主要食用成熟果实，茄子食用嫩果，辣椒和酸浆的嫩果和红果都可食用。它们喜温不耐寒，只能生长在无霜期长的地区。根群发达，要求土层深厚，需磷较多，需采用整枝技术，用种子进行繁殖。本节介绍部分茄果类蔬菜的制汁技术及复合饮料实例。

一、番茄的制汁技术与复合饮料实例

　　番茄（*Lycopersicon esculentum* Miller）为茄科番茄亚属植物，别名臭柿、西番柿、西红柿、柑仔蜜。原产于南美洲，我国南北广泛栽培。一年生或多年生草本。浆果呈扁圆、圆或樱桃状，红色、黄色或粉红色。种子扁平，有毛茸，灰黄色。果实含有丰富的维生素、矿物质、碳水化合物、有机酸及少量的蛋白质。有促进消化、利尿、抑制多种细菌等作用。番茄中的维生素 D 可保护血管，防治高血压。番茄中含有谷胱甘肽，可以推迟细胞衰老，增加人体抗癌能力。番茄中的胡萝卜素可保护皮肤弹性，促进骨骼钙化，防治儿童佝偻病、夜盲症和眼干燥症。

1. 番茄黄瓜胡萝卜复合蔬菜汁

【原辅料配比】

　　番茄汁 45%，黄瓜汁 5%，胡萝卜汁 30%，白砂糖 3%，黄原胶 0.12%，魔芋精粉 0.2%，加水至 100%。

【工艺流程】

```
番茄 → 清洗 → 热烫 → 去皮 → 切块 ┐
番茄汁 ← 过滤 ← 榨汁 ┘

黄瓜 → 清洗 → 去皮 → 切块 → 热烫 ┤→ 调配 → 均质 → 排气 → 杀菌
黄瓜汁 ← 过滤 ← 榨汁 ┘          成品 ← 冷却 ┘

胡萝卜 → 清洗 → 去皮 → 切块 → 热烫 ┤
胡萝卜汁 ← 过滤 ← 榨汁 ┘
```

【操作要点】

　　（1）番茄汁的制备　选用新鲜番茄，在 100℃ 水中热烫，去皮、切块后以料水比 1：1 榨汁，用纱布过滤，滤液冷却后待用。

　　（2）黄瓜汁的制备　选用新鲜黄瓜，洗净、去皮、切块后加 95℃ 水热烫，以料水比 2：1 的比例进行榨汁，过滤，滤液冷却待用。

　　（3）胡萝卜汁的制备　选用新鲜胡萝卜，洗净、去皮、切块后加 85℃ 的水热烫，以料水比1：2的比例进行榨汁、过滤，滤液冷却待用。

（4）调配　将番茄汁、黄瓜汁、胡萝卜汁、水、白砂糖、黄原胶和魔芋精粉按配方比例进行混合调配。

（5）排气　饮料调配好后放入100℃水中排气5min。

（6）杀菌　排气后的复合饮料于100℃灭菌15min，冷却后即为成品。

【质量标准】

（1）感官指标　呈天然的深橘黄色，色泽纯正；滋味酸甜可口，气味清香协调；液体均匀，无分层和沉淀现象。

（2）理化指标和微生物指标　均达到国家标准要求。

2. 黑枸杞黑番茄复合饮料

【原辅料配比】

黑番茄果浆20％，黑枸杞果浆25％，白砂糖9.0％，柠檬酸0.20％，果胶0.03％，黄原胶0.04％，CMC-Na 0.06％，加水至100％。

【工艺流程】

```
黑枸杞干果 → 清洗 → 浸提 → 打浆 → 2次浸提┐
         黑枸杞果浆 ← 过滤皮籽及渣 ┘
黑番茄 → 清洗 → 切成碎块 → 打浆 → 过滤皮籽及渣 ┤ 调配 → 搅拌 → 均质 → 杀菌
                     黑番茄果浆 ┘          成品 ← 灌装
         白砂糖、果胶、黄原胶、CMC-Na ┘
              85℃ 水溶解
```

【操作要点】

（1）黑番茄果浆的制备　选择成色好、无病虫害的黑番茄，清洗后切成碎块，加入2倍质量的水倒入打浆机中打浆，浆液用20目筛网过滤，去除果籽，制得黑番茄果浆，备用。

（2）黑枸杞果浆的制备　选用黑枸杞干果，清洗表面去除泥沙沉淀，加入10倍质量的水于60℃浸提30min，倒入打浆机打浆，再将浆液于60℃浸提2次，每次30min，用80目筛网过滤，去除皮渣及籽，制得黑枸杞果浆，备用。

（3）复合果汁的调配　将黑枸杞果浆和黑番茄果浆按配方比例混合，将白砂糖、柠檬酸、稳定剂等辅料加入85℃左右的水中充分溶解，然后加入混合果浆中。

（4）均质　将调配好的果汁先经2遍胶体磨胶磨，经粗滤，再经过高压均质机均质，一道均质压力18~20MPa，二道均质压力28~30MPa。

（5）灭菌、灌装　将上述调配好的料液加热到95℃以上，进行玻璃瓶灌装、密封，然后杀菌20min。

【质量标准】

(1) 感官指标　色泽均匀且有光泽；具有黑枸杞和黑番茄的特殊香气，无异味；组织状态均匀。

(2) 理化指标　可溶性固形物（折光计法）含量≥12%；总酸含量≥3.0g/L。

(3) 微生物指标　菌落总数≤1CFU/mL，大肠菌群≤3MPN/100mL，致病菌不得检出。

二、辣椒的制汁技术与复合饮料实例

辣椒（*Capsicum annuum* Linn.）为茄科辣椒属植物，又名番椒、海椒、辣子、秦椒等。原产于中南美洲热带地区，为我国大众所喜爱的鲜菜和调味蔬菜。果实为浆果，长角形、圆锤形、近圆球形，2～4心室，果梗下垂或朝天。嫩果绿色、绿白色或紫色，成熟后红色或黄色。辣椒的营养价值很高，富含维生素A和维生素C，辣椒中维生素C的含量在蔬菜中居第一位。果实温中散寒，健胃消食，可用于胃寒疼痛、胃肠胀气、消化不良；外用可治冻疮、风湿痛、腰肌痛。辣椒根可活血消肿，外用可治冻疮。

甜椒枸杞复合蔬菜汁加工技术介绍如下。

【原辅料配比】

红甜椒汁25%，枸杞汁7.5%，柠檬汁7.5%，海藻糖15%，阿拉伯胶0.1%，果胶0.2%，柠檬酸0.06%，加水至100%。

【工艺流程】

```
红甜椒 → 清洗 → 去除内囊、种子 → 打浆 ┐
红甜椒汁 ← 过滤 ← 超声波处理 ← 酶处理 ┘
                                          ├─ 调配 → 均质 → 灌装 → 封口
枸杞 → 清洗去杂 → 打浆 → 酶处理 ┐                                      │
枸杞汁 ← 过滤 ← 超声波处理 ┘         成品 ← 杀菌、冷却 ←──────────┘
柠檬 → 清洗 → 切分 → 打浆 ┐
柠檬汁 ← 过滤 ← 酶处理 ┘
```

【操作要点】

(1) 红甜椒汁制备　选取优质新鲜红甜椒，用流动清水洗净，用不锈钢刀破边，去梗、籽、内囊。以红甜椒与水的质量比为1∶5，加水用打浆机打浆。将红甜椒浆煮沸2～3min进行灭酶。待红甜椒浆冷却至常温，加入果胶酶（0.15%）冷藏酶解24h，加热煮沸2min，钝化果胶酶，静置澄清。用100目筛过滤得红甜椒汁，保存备用。

(2) 枸杞汁制备　选优质枸杞，用冷水洗净，沥干水，加适量水泡涨，以枸杞与水的质量比为1∶5进行打浆，将果浆加热煮沸2～3min进行灭酶，冷却，在4℃静置澄清24h，用100目筛过滤得枸杞汁，保存备用。

(3) 柠檬汁制备　选优质柠檬用清水洗净，切分，再以柠檬与水的质量比为

1∶5 进行打浆，将柠檬浆加热煮沸 5min 进行灭酶，冷却，在 4℃静置澄清 24h，用 100 目筛过滤得柠檬汁，保存备用。

（4）混合调配、均质、脱气　将配方比例的红甜椒汁、枸杞汁、柠檬汁、海藻糖、阿拉伯胶、果胶、柠檬酸，加入软化水进行调配。均质压力为 25MPa，均质 2 次。将均质后的蔬菜汁立即进行真空脱气处理，真空度为 0.06～0.07MPa，脱气时间 30min，以脱除蔬菜汁中的气体，防止饮料氧化变色。

（5）灌装、杀菌　把均质、脱气后的饮料用聚酯（PE）瓶进行灌装，封盖，常压沸水杀菌 10min，冷却；在常温库中存放 7～10d，抽样检查合格后方可贴标、装箱。

【质量标准】

（1）感官指标　呈橙红色或橙黄色；具有红甜椒特有的香气和滋味，无异味；汁液均匀浑浊，允许有少量的微小果肉悬浮在汁液中，静置后允许有轻度分层，浓淡适中，但经摇动后，应保持均匀浑浊状态，无杂质。

（2）理化指标　可溶性固形物（折光计法）≥10%；总酸（以柠檬酸计）≤0.5%；类胡萝卜素≥2.5mg/kg；砷（以 As 计）≤0.5mg/kg；铅（以 Pb 计）≤1.0mg/kg；铜（以 Cu 计）≤3.0mg/kg。

（3）微生物指标　细菌总数≤100CFU/100mL；大肠菌群≤5MPN/100mL；霉菌、酵母≤20CFU/mL；致病菌不得检出。

第六节　瓜类蔬菜的制汁技术与复合饮料实例

瓜类蔬菜是起源于热带的葫芦科植物，包括黄瓜、冬瓜、南瓜、丝瓜、苦瓜等。其生长要求温暖的气候。其中南瓜适宜在高温、干燥、阳光充足的条件下生长，耐旱性较强；黄瓜、冬瓜、苦瓜则适宜于阴雨较多的天气，不耐旱。瓜类为一年生植物，多蔓生，需整枝和支架，多用种子繁殖，育苗移栽。本节介绍部分瓜类蔬菜的制汁技术及复合饮料实例。

一、黄瓜的制汁技术与复合饮料实例

黄瓜（*Cucumis sativus* Linn.）为葫芦科黄瓜属植物，又名胡瓜、刺瓜、王瓜。原产于印度，我国各地普遍栽培，且许多地区均有温室或塑料大棚栽培。一年生蔓生或攀缘草本，茎细长，有纵棱，被短刚毛。嫩果颜色由乳白至深绿。果面光滑或具白色、褐色或黑色的瘤刺。有的果实有来自葫芦素的苦味。种子扁平，长椭圆形，种皮浅黄色。性凉，味甘，入肺、胃、大肠经，具有清热利水、解毒消肿、生津止渴等功效，主治身热烦渴、咽喉肿痛、风热眼疾、湿热黄疸、小便不利等病症。

1. 黄瓜芹菜复合蔬菜汁

【原辅料配比】

黄瓜汁 100kg，芹菜汁 25kg，白砂糖 50kg，蜂蜜 6.25kg，柠檬酸 0.2kg，异抗坏血酸钠 0.25kg，水 500kg。

【工艺流程】

【操作要点】

（1）黄瓜汁的制取

① 预处理。选择品质优良、水分大、刚摘下的黄瓜，剔除有病虫害的黄瓜，清洗干净，切成 2～3mm 厚的片状。

② 杀青。将切好的黄瓜用微波杀青 3min。

③ 榨汁、过滤。用打浆机榨汁，并用 200 目的滤布过滤。

④ 澄清、过滤。将过滤后的汁液加入 0.04% 的果胶酶，澄清 4h 后过滤，汁液备用。

（2）芹菜汁的制取

① 预处理。选择新鲜无霉烂的芹菜，去根、去杂，剔除腐烂的叶和茎，清洗干净，切成 3～5cm 的小段。

② 护绿。芹菜放入 0.02% 的氯化锌溶液中，于 85℃ 烫漂 5min。

③ 榨汁、过滤。将护绿好的芹菜用锤式破碎机破碎，然后用包裹式液压机压榨，去叶、去杂质，出汁率可达 70%～75%。榨出的汁用 200 目的滤布过滤，过滤后的芹菜汁立即加入 0.01% 的异抗坏血酸钠护色。

④ 澄清、过滤。在过滤好的汁液中加入 0.04% 的果胶酶，澄清 4h，过滤，汁液备用。

（3）混合、调配　按配方量的原辅料与水混合均匀。

（4）灌装、杀菌、冷却　将调配好的料液用灌装机进行灌装。在 90～95℃ 下，杀菌 10min，用 3 段冷却法冷却。第一冷却阶段：杀菌后在杀菌锅内原位冷却至 80～85℃；第二冷却阶段：从杀菌锅中取出瓶子置于空气中冷却至 55～60℃；第三冷却阶段：用冷却水将瓶子冷却至常温。

（5）保温试验　将杀过菌的饮料在 28～30℃ 的温度下保温 1 周，若不出现浑浊、沉淀现象，即达到成品的要求。

【质量标准】

（1）感官指标　浅黄绿色；呈均匀的液体，无杂质，久置有微量沉淀；有淡淡的芹菜香味，酸甜爽口，回味有黄瓜淡雅的清香。

（2）理化指标　可溶性固形物含量（折光计）≥8%；总酸含量（以柠檬酸计）≤0.08%；砷≤0.2mg/kg；铅≤0.2mg/kg；铜≤10mg/kg。

（3）微生物指标　细菌总数≤100CFU/mL；大肠菌群≤6MPN/100mL；致病菌不得检出。

2. 菠萝黄瓜复合果蔬饮料

【原辅料配比】

黄瓜汁9%，菠萝汁17%，白砂糖10%，柠檬酸0.16%，羧甲基纤维素钠0.1%，L-抗坏血酸0.02%，加水至100%。

【工艺流程】

```
黄瓜 → 清洗 → 切片 → 烫漂 → 榨汁┐
              黄瓜汁 ← 过滤←┘       ┌混合调配 → 杀菌 → 灌装封口┐
                                       成品 ← 冷却 ← 倒瓶杀菌←┘
菠萝 → 去皮 → 榨汁 → 过滤 → 菠萝汁┘
```

【操作要点】

（1）黄瓜汁的制备

① 原料清洗。选择品质优良、水分大、新鲜的黄瓜，清洗干净。

② 切分。黄瓜切除两端瓜蒂并切成2～3cm厚的片状。

③ 烫漂。采用90℃的热水进行烫漂，时间为2min，对黄瓜进行护色，去除黄瓜的苦味，捞出黄瓜，冷却备用。

④ 榨汁、过滤。将冷却好的黄瓜放入榨汁机中进行榨汁，榨出的黄瓜汁液用200目的双层细纱布过滤，可得澄清黄瓜汁备用。

（2）菠萝汁的制备

① 原料选择。选择成熟度高的菠萝，应无黑心和烂块，去皮清洗。

② 浸泡。用0.3%的食盐水浸泡3～5min，以增加菠萝的鲜甜，然后用筛子滤出盐水，菠萝备用。

③ 榨汁、过滤。将菠萝放入榨汁机中进行榨汁，菠萝汁液用200目双层细纱布过滤，得到较澄清的菠萝汁备用。

（3）调配　按配方比例将菠萝汁与黄瓜汁混合，白砂糖、柠檬酸、羧甲基纤维素钠和L-抗坏血酸分别用去离子水溶解后加入。

（4）高温杀菌　将调配好的复合果蔬饮料迅速加热至90～98℃，杀菌时间2min。

（5）灌装封口　高温杀菌后再进行一次过滤，并于密闭室温条件下冷却至85℃左右，然后进行满瓶灌装，迅速旋盖密封，保持温度在80～85℃，将果蔬饮料瓶倒置保温3min。

【质量标准】

（1）感官指标　呈黄绿色，不含杂质；饮料口感纯正，酸甜可口，兼具菠萝的酸甜和黄瓜的新鲜自然香气，无异味。

（2）理化指标和微生物指标　均达到国家标准要求。

二、南瓜的制汁技术与复合饮料实例

南瓜〔*Cucurbita moschata*（Duch. ex Lam.）Duch. ex Poirer〕为葫芦科南瓜属植物，俗名倭瓜、番瓜、北瓜。原产于墨西哥到中美洲一带，世界各地普遍栽培，国内南北各地广泛种植。瓠果，扁球形、壶形、圆柱形等，表面有纵沟和隆起，光滑或有瘤状突起，似橘瓣状，呈橙黄至橙红色不等。果实作为蔬菜，具有丰富的营养，为保健蔬菜。性温，味甘，入脾、胃经，有补中益气、解毒杀虫、降糖止渴之功效，主治久病气虚、脾胃虚弱、气短倦怠、便溏、糖尿病、蛔虫等病症。

1. 南瓜木瓜复合果蔬饮料

【原辅料配比】

混合南瓜木瓜汁（南瓜汁：木瓜汁为 3：2）50%，白砂糖 10%，柠檬酸 0.14%，CMC-Na 0.10%，海藻酸钠 0.06%，黄原胶 0.06%，加水至 100%。

【工艺流程】

南瓜、木瓜→清洗→去皮、去籽瓤→洗净→切分→热烫→冷冻→捣碎→榨汁→

过滤→南瓜原汁、木瓜原汁→混合调配→均质→脱气→杀菌→冷却→成品

【操作要点】

（1）南瓜预处理　选用表皮金黄色、无病虫害及腐烂坏斑的成熟新鲜南瓜，用流水冲洗干净后，去皮、去籽瓤，切分成 3～4cm³ 的小块备用。

（2）木瓜预处理　挑选成熟度为 80%～90% 的优质红心木瓜，要求外形完好、肉厚多汁，用流水冲洗干净后，去皮、籽，切分成厚度为 5mm 左右的小片备用。

（3）热烫、冷冻　将切分好的南瓜用 100℃ 热水热烫 4～5min，木瓜则用 95℃ 热水热烫 2～3min，进行灭酶处理。将热烫过的南瓜和木瓜置于 −18℃ 冷库中冷冻 24h。

（4）捣碎、榨汁、过滤　将冷冻南瓜和木瓜分别捣碎成冰沙状，以料水比 1：2 进行榨汁，用 4 层纱布进行过滤，得到南瓜原汁、木瓜原汁，备用。冷冻榨汁能抑制果蔬的各种化学反应和酶活力，对果蔬营养成分具有保护作用，从而可有效地保存果蔬原汁色泽、风味和营养物质，避免常规热烫榨汁中营养成分损失过多的不良影响。此外，冷冻处理还会破坏细胞的微观结构，有利于果蔬原料中颜色成分、风味物质和各种营养成分的溶出，从而可加剧细胞中汁液的流出，

提高出汁率。

（5）混合、调配 将配方比例的复合稳定剂与白砂糖充分混匀，加入 60℃ 的纯水中搅拌至全部溶解，用 100 目尼龙筛网过滤后加入柠檬酸，加热至沸腾，冷却至 65℃ 左右，与配方比例的南瓜木瓜汁充分混匀。

（6）均质、脱气 将调配好的复合饮料用高压均质机进行处理，均质压力 20～25MPa，温度 60℃，时间 2min/次，均质 2 次。复合饮料均质后迅速进行灌装，分装到经灭菌处理的玻璃瓶中，加盖但不旋紧，加热脱气，待温度达到 95℃ 时，把瓶盖旋紧，然后进行灭菌。

（7）杀菌冷却 将密封包装好的复合饮料进行加热杀菌，温度 100℃，时间 30min，然后分段快速冷却至室温即得成品。

【质量标准】

（1）感官指标 呈均匀一致的橙黄色；细腻、柔和，酸甜适宜，南瓜和木瓜滋味纯正；具有两者混合的独特香味，自然协调且浓郁；黏度适中，无沉淀及分层，均匀无气泡。

（2）理化指标 可溶性固形物≥11%；pH 值为 3～4；总酸≥0.12%。

（3）微生物指标 均达到国家标准要求。

2. 南瓜苹果复合果蔬汁

【原辅料配比】

南瓜汁 50%，苹果汁 50%，蛋白糖 0.07%，柠檬酸 0.05%，苹果酸 0.04%，羧甲基纤维素钠 0.1%，香兰素 0.01%，苹果香精 0.02%，水蜜桃香精 0.02%。（辅料用量按果蔬汁总体积计算。）

【工艺流程】

南瓜 → 选瓜 → 冲洗 → 去皮、去瓤 → 切片 ─┐
南瓜汁 ← 过滤 ← 榨汁 ← 热烫 ← 浸泡 ←─┤ ├─ 调配 → 定容 → 高压均质 → 灌装
　　　　　　　　　　　　　　　　　　　├─ 成品 ← 冷却 ← 杀菌 ←─┘
苹果 → 选果 → 冲洗 → 去皮、去核 → 切块 ─┤
苹果汁 ← 过滤 ← 榨汁 ← 热烫 ← 浸泡 ←─┘

【操作要点】

（1）南瓜汁的制备

① 选瓜、切片。选用外皮金黄色、肉质橘黄色、含糖量高、纤维少的老熟南瓜为原料，用清水清洗干净后，去皮去瓜瓤，切成 4mm 厚的南瓜片。

② 浸泡。将南瓜片用 0.1% 的焦磷酸盐溶液浸泡 3～5min，能使颜色更鲜艳，并能起到防酶、防络合金属及抗氧化作用。

③ 热烫。将浸泡好的南瓜片于沸水中煮 6min，使瓜肉组织充分软化，并使酶失活。

④ 榨汁。将热烫好的南瓜片捞出，置于组织捣碎机中，按料水比为 1:2 加

入 85～90℃ 热水，进行榨汁。

⑤ 过滤。榨汁后的浆液用两层 150 目纱布过滤，除去料渣，得到南瓜汁。

（2）苹果汁的制取

① 选果、切块。选用外皮光亮无斑痕、香气浓郁、果肉组织细密的红富士苹果为原料，用清水清洗干净后，削去果皮，切半后挖去内核，然后切成 1cm 的小块。

② 浸泡。把切好的苹果块立即投入 0.3％抗坏血酸和 0.2％氯化钠的混合溶液中浸泡 5min，起到防止酶促褐变的作用。

③ 热烫。将浸泡好的果片置于 95℃ 热水中热烫 3～4min，钝化酶的活性，并使果肉组织软化，以利于榨汁。

④ 榨汁、过滤。按料水比 1∶1，在 70～80℃ 温度下进行榨汁。榨汁后用 150 目滤布滤除料渣，即得苹果汁。

（3）混合、调配 将南瓜汁和苹果汁按配方比例混合均匀，加入蛋白糖、柠檬酸、苹果酸等搅拌均匀。

（4）均质 将调配好的料液用高压均质机在 25MPa 的压力下进行均质处理，使料液中的大颗粒破碎，细度在 1～2μm 以下。

（5）灌装、杀菌 均质后的饮料立即灌装封口，在 90～95℃ 杀菌 30min，用冷水冷却至室温，即为成品。

【质量标准】

（1）感官指标 呈浅黄色或橙黄色；均匀一致，无杂质，久置无沉淀、无分层现象；口感细腻爽滑，有苹果鲜果香味，无南瓜甜浓感，酸甜可口，无异味。

（2）理化指标 可溶性固形物含量≥10％，总酸含量（以柠檬酸计）≤0.1％。

（3）微生物指标 细菌总数≤90CFU/mL，大肠菌群≤6MPN/100mL；致病菌不得检出。

三、冬瓜的制汁技术与复合饮料实例

冬瓜 [*Benincasa hispida* （Thunb.）Cogn.] 为葫芦科冬瓜属植物，原产于中国南部以及东南亚、印度等地，现全国各地普遍栽培。一年生攀缘草本，主要以果实供食用。瓠果，幼嫩时被有绒毛，成熟时减少；有的还被白色蜡粉。中果皮白色，厚 3～6cm，为食用部分。种子近椭圆形，种皮光滑或有突起边缘。味甘淡，性微寒。冬瓜含蛋白质、糖类、胡萝卜素、多种维生素、粗纤维和钙、磷、铁等，且钾盐含量高，钠盐含量低。有清热解毒、利水消痰、除烦止渴、祛湿解暑和减肥之功效，可用于心胸烦热、小便不利、肺痈咳喘、肝硬化腹水、高血压等，是盛夏人们喜欢的消暑解热的蔬菜之一。

1. 茅根冬瓜复合清凉饮料

【原辅料配比】

冬瓜汁 10％，茅根汁 25％，白砂糖 8％，柠檬酸 0.006％，海藻酸钠 0.05％，加水至 100％。

【工艺流程】

【操作要点】

(1) 冬瓜汁的制备　挑选成熟、无霉烂冬瓜，用不锈钢刀切开冬瓜去皮去籽，切成小块后放在 0.05％柠檬酸、0.1％抗坏血酸、0.5％无水氯化钙的混合溶液中进行护色，浸泡 30min。将经护色的冬瓜块捞出，用清水冲洗，以除去护色液，然后置于 100℃的水中热烫。用流动水冷却后放入榨汁机，加入适量水榨汁，过滤、离心，即得冬瓜汁。

(2) 茅根汁的制备　选择无霉烂变质、乳白色的鲜嫩茅根，去衣、洗净，切断成 2～3cm 长度。将切好的茅根加一定量的水，煮沸后保温浸提 3h，过滤取汁。

(3) 调配　将配方比例的海藻酸钠与白砂糖、柠檬酸混合，加水溶解，充分溶解后，将其缓慢加入茅根汁和冬瓜汁的混合液体中。

(4) 均质　调配后饮料在温度 40～50℃、压力 15～20MPa 条件下进行均质处理。

(5) 灌装、杀菌与冷却　调配好的饮料装入玻璃瓶中，封盖，在 100℃下杀菌 10min，分段冷却至常温。

【质量标准】

(1) 感官指标　色泽呈浅绿色，具有淡淡的清甜香味；均匀一致，澄清透明，不分层；清爽适口，柔和细腻，具有清凉感。

(2) 理化指标　糖度≥7.8％，可溶性固形物含量≥7.7％，pH 值 6.0。

(3) 微生物指标　细菌总数≤100CFU/mL，大肠菌数≤6MPN/100mL，致病菌不得检出。

2. 莲子冬瓜绿豆清凉饮料

【原辅料配比】

冬瓜汁 35％，绿豆汁 15％，莲子汁 5％，白砂糖 5％，柠檬酸、蜂蜜适量，琼脂 0.05％，明胶 0.2％，海藻酸铵 0.08％，CMC-Na 0.1％，加水至 100％。

【工艺流程】

冬瓜 → 清洗 → 去皮、去瓤 → 切分 → 打浆 ┐
　　冬瓜汁 ← 过滤 ← 热处理 ← 冷榨汁 ←┤
　　莲子 → 浸泡 → 打浆 → 榨汁 → 过滤 ├─ 混合 → 调配 → 过滤 → 灌装 → 封盖
　　　　　莲子汁 ←┤　　　　　　　　　　　成品 ← 冷却 ← 杀菌 ←┘
　　绿豆 → 浸泡 → 清洗 → 热处理 → 清洗 ┘
　　绿豆汁 ← 过滤 ← 榨汁 ← 打浆 ←┘

【操作要点】

（1）冬瓜汁的制备

① 原料选择及处理。选择表皮有白粉成熟的冬瓜，要求无霉烂、新鲜、含水量达95％以上。利用清水将冬瓜表面清洗干净，用刀去皮，剖开除去瓜瓤和瓜籽，切成薄片，以便于进行打浆。

② 打浆、压榨。将冬瓜片送入打浆机中捣碎成糊状，然后利用压榨机进行冷榨汁。

③ 热处理、过滤。榨得的汁液在87℃恒温水浴中处理8min，为防止加工过程微生物污染造成腐败，要趁热过滤，除去纤维素和热凝固物，得到冬瓜汁。

（2）莲子汁的制备

① 原料选择。选择粒大、色白、空心、无霉变、无虫蛀的莲子为原料。

② 浸泡。用莲子3倍质量的水于室温下约浸泡10h，至莲子颗粒涨润易剥成两半，将莲心剥除。

③ 打浆、榨汁。将浸泡好的莲子捞出，加入5倍体积的100℃热水，放入打浆机捣成浆状，然后趁热榨汁，并用纱布进行粗滤，得到莲子汁。

（3）绿豆汁的制备

① 原料选择。挑选圆形、饱满、色泽暗绿、无霉变、无虫蛀的绿豆为原料。

② 浸泡、清洗。绿豆先用清水冲洗表面黏附物后，加4倍质量的7％碳酸钠溶液，在54℃浸泡6～8h，以使绿豆充分膨胀，利于打浆，并抑制部分脂肪氧化酶，然后将浸泡液倒出，再用清水将绿豆表面的碱液清洗干净。

③ 热处理。为钝化脂肪氧化酶，降低豆腥味，将浸泡好的绿豆置于100℃沸水中保持5min，捞出用清水冲洗降温。

④ 打浆、榨汁。经过热处理的绿豆与冷水以1∶7的比例混合，送入打浆机打成浆状，再利用压滤机进行榨汁、过滤，得到绿豆汁。

（4）混合、调配　将冬瓜汁、莲子汁、绿豆汁及各种辅料按配方比例充分混合均匀。

（5）过滤、灌装、杀菌　将上述混合均匀的料液过滤除去不溶性物质，进行灌装和杀菌，杀菌公式为10min-40min-10min/100℃，冷却后即为成品。

【质量标准】

（1）感官指标　具有新鲜冬瓜、莲子和绿豆混合后应有的色泽和风味，香气浓郁，口感爽滑，酸甜可口，无异味，无分层现象，无杂质。

（2）理化指标　总糖8.3%，总酸0.25%，蛋白质0.74%，总固形物11.3%。

（3）微生物指标　细菌总数<35CFU/100mL，大肠菌群<3MPN/100mL，致病菌不得检出。

四、苦瓜的制汁技术与复合饮料实例

苦瓜（*Momordica charantia* Linn.）为葫芦科苦瓜属植物，又名凉瓜、癞瓜、锦（金）荔枝、癞葡萄、癞蛤蟆、红姑娘、君子菜，幼嫩果实可供食用，因味苦得名。原产于热带亚洲，广泛分布于亚热带、热带及温带地区，我国南北均普遍栽培。浆果，纺锤形、短圆锥形或长圆锥形，表面有光泽，并布满条状和瘤状突起，因果肉含一种糖苷而具苦味，一般果实色浓的品种苦味较重。每果含种子20～30粒，种子盾形，黄褐色，种皮较厚，表面有刻纹。果实有清暑涤热、明目、解毒之功效，主治热病烦渴、中暑、痢疾、赤眼疼痛、痈肿丹毒、恶疮等。

1.苦瓜草莓复合果蔬汁

【原辅料配比】

苦瓜汁25%，草莓汁50%，白砂糖14%，柠檬酸0.05%，羧甲基纤维素钠0.02%，软化水补至100%。

【工艺流程】

苦瓜 → 选瓜 → 清洗 → 去籽、切分 → 烫漂 ┐
苦瓜汁 ← 过滤 ← 打浆 ← 护色 ┘
├ 混合 → 调配 → 均质 → 脱气 → 灌装封口
冷却成品 ← 杀菌 ┘
草莓 → 选果 → 清洗 → 去除果柄及萼片 ┘
草莓汁 ← 过滤 ← 榨汁 ← 烫果 ┘

【操作要点】

（1）苦瓜汁的制取

① 选瓜、清洗。将采收的新鲜苦瓜及时挑选，去除杂质、烂瓜、病虫害瓜。

② 去籽、切分。剖开去瓤、去籽，洗净，切成0.5cm左右的小块。

③ 烫漂、护色、打浆。将苦瓜块置入0.1%复合护色剂的水溶液中，煮沸5～8min，热烫软化，然后按照料水比1∶1入打浆机打浆。打浆榨汁时，为防止氧化，可加入适量的抗坏血酸。

④ 过滤。先用60目滤布进行粗滤，再将粗滤的汁液用胶体磨细磨，将浆液经120目离心过滤机过滤。

（2）草莓汁的制取

① 选果。选择充分成熟、无病虫污染及腐烂的果实，选择两个品种以上搭

配使用，制得的草莓汁风味更佳。

② 清洗、去除果柄及萼片。在流动的水槽内洗涤，洗去泥沙和黏附物。洗净后用 0.03％的高锰酸钾溶液消毒 1min，然后再用流水冲洗 2～3 次。

③ 烫果。烫果不能用铁锅，可用不锈钢锅或搪瓷盆。采取蒸汽加热或明火加热，把沥去水的草莓倒入沸水中烫 30～60s，使草莓果中心温度达 60～80℃即可。捞出放在干净的盆中，果实受热后可以减少胶质的黏性，破坏酶的活性，阻止维生素 C 被氧化损失，还有利于色素的榨出，提高出汁率。

④ 榨汁。榨汁可用各种压榨机，也可用离心甩干机来破碎草莓。草莓破碎后，放到滤布袋内，在离心甩干机内离心，由出水口收集果汁，把 3 次压榨出的汁混合在一起，出汁率可达 75％。

⑤ 过滤。可采用孔径 0.3～1mm 的刮板过滤机，也可用内衬 0.18mm 孔径绢布的离心机。采用加压过滤或减压过滤方法，可增加过滤推动力，加快过滤速度。

(3) 混合、调配　将苦瓜汁和草莓汁按配方比例混合，再将白砂糖（预先用水溶解）、柠檬酸、羧甲基纤维素钠等依次加入。加入各种原料时要不断搅拌，以便混合均匀。

(4) 均质、脱气　在料液温度 60℃左右进行均质处理，均质压力为 10MPa。均质处理后立即将料液打入真空脱气机，在真空度为 0.091MPa 的条件下脱气 5min。

(5) 灌装、杀菌　将上述处理好的复合果蔬汁趁热装到经过杀菌处理好的耐热玻璃瓶中，封盖，放入灭菌机内进行杀菌，杀菌温度 100℃，时间 15min，分级降温，冷却。

【质量标准】

(1) 感官指标　红宝石色，有光泽，均匀一致；澄清透明，无沉淀及悬浮物，无杂质；口感柔和，气味芳香，略带苦瓜特有的清香味，入口生津、提神，耐回味。

(2) 理化指标　可溶性固形物含量（以折光计）9％～10％，总酸度（以柠檬酸计）0.5％～0.8％；重金属含量不得超标。

(3) 微生物指标　细菌总数≤100CFU/mL；大肠杆菌总数≤3MPN/100mL；致病菌不得检出。

2. 苦瓜荸荠葡萄复合饮料

【原辅料配比】

苦瓜汁 71.4％，荸荠汁 14.3％，葡萄汁 14.3％，白砂糖 1.6％，柠檬酸 0.02％，黄原胶 0.06％，海藻酸钠 0.08％，果胶 0.06％。（辅料用量按果蔬汁总体积计算。）

【工艺流程】

苦瓜 → 挑选 → 预处理 → 护色 → 榨汁 → 过滤 ┐
　　　　　苦瓜汁 ← 护色 ← 包埋 ◄┘

荸荠 → 挑选 → 预处理 → 护色 → 榨汁 → 过滤 ┤── 调配 → 均质 → 灌装 → 杀菌
　　　　　荸荠汁 ◄┘　　　　　　　　　　　成品 ← 冷却 ◄┘

葡萄 → 挑选 → 预处理 → 护色 → 榨汁 → 过滤 ┘
　　　　　葡萄汁 ◄┘

【操作要点】

（1）苦瓜汁的制备　挑选新鲜、无病虫害、无腐烂、外皮翠绿、果瘤饱满、形态完整的苦瓜。洗净切开去瓤，切成0.5cm左右的小块。沸水中烫漂90s，烫漂后立即放入2％的盐水中，在4℃浸泡30min，再放入0.2％的抗坏血酸钠溶液中进行护色打浆，用400目筛过滤，滤液加入0.1％环糊精进行包埋处理，包埋温度50℃，包埋时间30min，以达到苦瓜脱苦的效果。

（2）荸荠汁的制备　选择皮为紫红色、新鲜、无伤烂、无霉变、无病虫害、形态完整的荸荠。削皮去芽眼后切成0.5cm的碎块，快速加入含0.4％维生素C、0.05％亚硫酸钠和0.1％柠檬酸的混合护色液中，加水榨汁，将汁煮沸10min，用400目筛过滤得到澄清的荸荠汁。

（3）葡萄汁的制备　挑选新鲜、成熟的葡萄，剔除损坏、腐烂的果实，洗净、去皮、去核后打浆。添加0.2mL/kg的果胶酶，酶解温度50℃，酶解时间60min。用400目筛过滤得葡萄汁。

（4）调配　按配方比例将原辅料混合均匀。

（5）均质　将调配好的料液经高压均质机在10～20MPa均质，使组织状态均一稳定，避免产生沉淀。

（6）灌装、杀菌、冷却　均质后的饮料装入玻璃瓶中，立即封盖，在100℃沸水中保持15min，冷却。

【质量标准】

（1）感官指标　呈淡绿色，均匀一致，无沉淀和分层，具有清香的苦瓜、荸荠、葡萄的复合风味，酸甜适中。

（2）理化指标及微生物指标　均达到国家标准要求。

五、丝瓜的制汁技术与复合饮料实例

丝瓜［*Luffa cylindrica*（L.）Roem.］为葫芦科丝瓜属植物，又名天罗、绵瓜、布瓜、天络瓜。丝瓜原产于印度，我国于元朝时传入，目前在华东、西南、华中与华南各省普遍栽培，是夏季主要蔬菜之一。瓠果，长圆柱形，下垂，一般长 20～60cm，最长可达 1m 余。种子扁矩卵形，长约 1.5cm，黑色。丝瓜络清热解毒、活血通络、利尿消肿；丝瓜叶止血、消热解毒。果肉嫩时是很好的蔬菜。味甘，性凉，具有清热化痰、凉血解毒、解暑除烦、通经活络之功效，可用于咳嗽、哮喘、百日咳、腮腺炎、咽喉炎、妇女乳汁不下等病症。

1. 丝瓜菠萝汁复合饮料

【原辅料配比】

丝瓜汁 12%，菠萝汁 6%，丝瓜伤流液（将丝瓜植株从近根处剪断，可不断从切口处沥出丝瓜藤中的汁液）15%，白砂糖 8%，柠檬酸 0.07%，加水至 100%。

【工艺流程】

丝瓜、菠萝→清洗→削皮→切片→榨汁→过滤→丝瓜汁、菠萝汁→调配→灌装→杀菌→冷却→成品

　　　　　　　　　　　　　　　　　　　　　　　　↑

　　　　　　　　　　　　　　　　　　　　丝瓜伤流液

【操作要点】

(1) 丝瓜汁的制备

① 原料选择。选择生长良好，八九成熟，条长且浑圆，组织脆嫩，肉质新鲜，呈绿色或深绿色，无褐斑、腐烂、病虫害及机械损伤的丝瓜。

② 清洗。剖去籽和瓤，利用清水洗净并沥干水分。

③ 预煮、冷却。预煮的目的是灭酶护色，软化组织，提高出汁率。采用沸水预煮，以煮熟为度，即时出锅，迅速冷却至室温。

④ 破碎。冷却后的丝瓜入破碎机破碎，可反复破碎 2～3 次，破碎成 1～2mm 的碎块。

⑤ 榨汁、过滤。破碎后的丝瓜放入螺旋压榨机中榨汁，榨出的汁液经 180 目筛网过滤，得丝瓜汁。

(2) 菠萝汁的制备

① 原料选择。选择成熟度高的菠萝，应无黑心和烂块，去皮清洗，菠萝用净水清洗，切成小块。

② 榨汁、过滤。将菠萝放入榨汁机中进行榨汁，榨出的菠萝汁液用 200 目双层细纱布过滤，得到较澄清的菠萝汁备用。

(3) 调配　将白砂糖和柠檬酸用去离子水配成 50% 及 10% 的溶液。再将丝瓜伤流液、丝瓜汁、菠萝汁、白砂糖及柠檬酸溶液按配方比例均匀混合。

(4) 灌装、封口、杀菌　将混合液装入饮料瓶中，立即密封。在 95～100℃下，杀菌 30min。冷却至室温。

【质量标准】

(1) 感官指标　呈黄绿色，色泽均匀；有丝瓜和菠萝特有气味，无异味；酸甜适中，口感细腻；呈半透明澄清液，有少量沉淀。

（2）理化指标 pH 值 4.39；总酸（以柠檬酸计）0.26mg/mL。

（3）微生物指标 达到国家标准要求。

2. 丝瓜乳酸菌饮料

【原辅料配比】

丝瓜浆 40%，保加利亚乳杆菌与嗜热链球菌（1∶1）接种量 3%～4%，柠檬酸 0.6%，苹果酸 0.5%，白砂糖 0.6%，蜂蜜 1.5%，蛋白糖 0.05%，异抗坏血酸 0.06%，黄原胶 0.1%，海藻酸钠 0.1%，蔗糖脂肪酸酯 1%，加水至 100%。

【工艺流程】

丝瓜→挑选→去皮去瓤→预处理→打浆→脱气→接种→发酵→调配→均质→灌装→杀菌→冷却→成品

【操作要点】

（1）原料处理 新鲜丝瓜采收后及时进行挑选，去除病虫烂果及杂质，对剖去籽去瓤，用清水洗净并沥干水分。

（2）切块 将沥干水分的丝瓜切成 0.5cm 左右见方的小块，以利于榨汁。

（3）预处理 用 0.1% 的焦磷酸盐浸泡 4min，使颜色更鲜艳，并起到防酶、防络合金属及抗氧化的作用。取出后，将丝瓜在沸水中煮 5min 使酶失活，然后送入打浆机中打浆。

（4）粗滤、细磨 上述浆液先用 60 目滤布进行过滤，除去浆液中的粗纤维及杂质。为了提高原料的出汁率，将粗滤后的汁液利用胶体磨进行细磨。

（5）脱气 在真空度为 0.06～0.1MPa 下进行脱气 20min，除去浆液中的氧气和气泡，以保证成品质量。

（6）接种、发酵 在制好的浆液中接种 3%～4% 的保加利亚乳杆菌和嗜热链球菌（1∶1），在 40℃ 恒温发酵 20h，使酸度达到 0.5% 左右，取出于 5℃ 环境中放置 20h，使风味更纯正。

（7）调配、均质 将发酵后的料液按配方比例加入各种辅料进行调配。调配后的饮料加热至 55℃，在 25MPa 下进行均质处理，使料液细微化，提高料液黏度，增强稳定效果。均质后立即进行灌装，并封口。

（8）杀菌 饮料灌装封口后送入杀菌锅，在 121℃ 下杀菌 8～10min，然后分段冷却至 50℃ 取出，冷却至常温即为成品。

【质量标准】

（1）感官指标 呈天然淡黄绿色，色泽均一；具有丝瓜特有的风味，酸甜适宜，清凉爽口。

（2）理化指标 可溶性固形物含量（以折光计）≥8%，总酸含量（以柠檬酸计）≥0.1%。

（3）微生物指标　细菌总数≤100CFU/mL，大肠菌群≤6MPN/100mL，致病菌不得检出。

六、佛手瓜的制汁技术与复合饮料实例

佛手瓜（*Sechium edule* Swortz）为葫芦科佛手瓜属植物，又名菜瓜、洋丝瓜、拳头瓜、合掌瓜、福寿瓜、隼人瓜、菜肴梨等。原产于墨西哥和中美洲，19世纪传入中国，广泛分布于热带各地，现在栽培区域渐向北移，温带温暖地区亦有栽培。果实梨形，有明显的纵沟5条，瓜顶有一条缝合线，果色为绿色至乳白色，单瓜重250～500g，果肉白色；种子扁平，纺锤形，无休眠期。佛手瓜蛋白质的含量是黄瓜的2～3倍，维生素和矿物质含量也显著高于其他瓜类，并且热量很低，又是低钠食品，因此是心脏病、高血压患者的保健蔬菜。经常吃佛手瓜可利尿排钠，有扩张血管、降压之功能。佛手瓜含锌较多，有助于提高儿童智力。中医认为它具有理气和中、疏肝止咳的作用，适用于消化不良、胸闷气胀、呕吐、肝胃气痛以及气管炎咳嗽多痰者食用。

佛手瓜甜玉米复合饮料加工技术介绍如下。

【原辅料配比】

佛手瓜汁50%，甜玉米汁50%，白砂糖8%，柠檬酸0.1%。（辅料用量按饮料总体积计算。）

【工艺流程】

【操作要点】

（1）原料挑选　选择成熟、形状饱满、无病虫害的新鲜甜玉米和佛手瓜。

（2）甜玉米预煮　将甜玉米煮沸5min。

（3）甜玉米打浆、过滤　将打浆后的玉米汁过滤去除渣子，将玉米浆过胶体磨3～4次（转速4000r/min，时间10min），上清液用100目纱布过滤，得玉米汁，待用。

（4）佛手瓜打浆、加热灭酶、过滤　洗净的佛手瓜处理成小块，用打浆机进行打浆。过滤后的佛手瓜浆液中加入0.1%的果胶酶酶解1h，然后加热至微沸时停止加热，自然冷却，用80目筛过滤，以免多量的果肉组织影响产品的口感与色泽。

（5）混合、调配　将佛手瓜汁和甜玉米汁按照配方比例混合，同时加入白砂糖、柠檬酸进行调配。

（6）均质、脱气　均质压力为15～20MPa，脱气真空度为0.08MPa。

（7）灌装、杀菌、冷却　饮料灌装后放入灭菌锅中于121℃杀菌10min，然后冷却至室温。

【质量标准】

（1）感官指标　呈黄绿色，保留果肉原有的色泽；佛手瓜和甜玉米香气均匀，无异味，酸甜适中，味道协调；无分层及沉淀现象。

（2）理化指标及微生物指标　均达到国家标准要求。

第七节　水生和多年生蔬菜的制汁技术与复合饮料实例

水生蔬菜专指生长在淡水中，可作蔬菜食用的草本植物，大多原产于我国。我国栽培的水生蔬菜现有莲藕、茭白、荸荠、慈姑、菱角、芡实、水芹、莼菜等。多年生蔬菜起源于温带南部地区，包括竹笋、石刁柏、香椿等，种植一次可连续收获多年，温暖季节生长，冬季休眠。水生蔬菜的制汁产品已悄然兴起，近年莲藕和荸荠等制成的饮料也已陆续上市。本节介绍几种水生蔬菜和多年生蔬菜的制汁技术与复合饮料实例。

一、莲藕的制汁技术与复合饮料实例

莲藕（*Nelumbo nucifera* Gaertn.）为睡莲科莲属宿根水生植物。其地下茎肥大部分为藕，横生于泥土中，为重要水生蔬菜之一。外皮黄褐色，肉肥厚，灰白色，微甜而质脆。根茎中有管状小孔，折断处有藕丝相连。莲藕原产于印度，很早便传入我国，在南北朝时期，莲藕的种植就已相当普遍了。莲藕微甜而脆，可生食也可做菜，而且药用价值相当高，用莲藕制成粉，能消食止泻、开胃清热、滋补养性、预防内出血，是妇孺童妪、体弱多病者上好的流质食品和滋补佳珍。莲藕含有淀粉、蛋白质、天冬酰胺、维生素C以及氧化酶等成分，含糖量也很高。生吃鲜藕能清热解烦、解渴止呕，如将鲜藕压榨取汁，其功效更甚。煮熟的藕性味甘温，能健脾开胃、益血补心，故主补五脏，有消食、生肌的功效。藕分为藕头、藕身和后把3部分，藕肉可食用及制淀粉。中医学上用节入药，性平味涩，功能为化瘀止血，主治吐血、便血等症。藕节及地上的荷叶、莲子心、莲蓬均可入药。

1. 莲藕复合果蔬汁

【原辅料配比】

莲藕汁49%，梨汁21%，冬瓜汁10%，苹果汁20%，白砂糖4%，琼脂0.1%，羧甲基纤维素钠0.25%。（辅料用量按果蔬汁总体积计算。）

【工艺流程】

莲藕 → 选料 → 清洗破碎 → 压榨 → 过滤
　　　　　　　　　　　莲藕原汁 ↵

梨 → 选果 → 整理 → 软化 → 打浆 → 过滤
　　　　　　　　　　　梨原汁 ↵

冬瓜 → 选料 → 去皮、去瓤 → 切块打浆
　　　　　　　冬瓜原汁 ← 榨汁 ↵

苹果 → 选果 → 浸泡 → 热烫 → 榨汁 → 过滤
　　　　　　　　　　　苹果原汁 ↵

混合 → 均质 → 脱气 → 灌装 → 杀菌
　　　　　　　　　　　成品 ↵

【操作要点】

（1）莲藕汁的制取

① 选料。选用颜色纯正、无腐烂的莲藕作为生产原料。

② 清洗。莲藕表面的泥污要完全清洗掉，该工序要分粗洗和精洗两道才能达到要求。

③ 破碎。破碎的目的是使莲藕易于压碎，可采用破碎机或山芋打粉机进行破碎。

④ 压榨。将破碎后的莲藕装入榨汁机中进行榨汁，得到白色的粗莲藕汁液。

⑤ 过滤。将粗莲藕汁静置 24h 后，自然分为两层，上层为清液，下层为淀粉。取上层清液过滤便得莲藕原汁。

（2）梨汁的制取

① 选果。选用完全成熟、风味浓郁的梨作为原料。

② 整理。去皮，切半挖除籽巢，去掉蒂柄，切除机械伤、虫伤等不合格部分。

③ 软化。用清水冲洗后沥干，加入果肉质量 1.5 倍的水，加热至微沸保持 8～10min。

④ 打浆过滤。软化后的果肉送入打浆机打浆，选用孔径为 0.5～0.7mm 的筛网过滤。

（3）冬瓜汁的制取

① 原料选择。选用新鲜、成长良好、充分成熟、无病虫害、肉质紧密肥厚的冬瓜为原料。

② 去皮、去瓤。将选好的冬瓜用清水清洗干净后，用不锈钢刀去皮、去瓤、去籽。

③ 切块打浆。将整理好的冬瓜切成小块，用高速打浆机进行打浆，尽可能细化冬瓜颗粒。

④ 榨汁。将上述得到的浆液利用螺旋压榨机进行榨汁。

（4）苹果汁的制取

① 选果整理。选用外皮光亮、无斑痕、香气浓郁、果肉组织细密的红富士苹果为原料，利用清水清洗干净后，削去果皮，切半后挖去内核，切成 1cm 厚的小块。

② 浸泡。把切好的苹果块立即投入含 0.13％维生素 C 和 0.12％食盐的混合溶液中浸泡 5min，起到防止酶促褐变的作用。

③ 热烫。将浸泡好的苹果块置于 95℃热水中热烫 3～4min，钝化酶的活性，并使果肉组织软化，以利于榨汁。

④ 榨汁、过滤。采用料水比为 1∶1，于 70～80℃榨汁。用 150 目滤网滤除料渣，苹果汁冷却待用。

（5）混合　加入配方量的原辅料，混合均匀。以此配方混合的果蔬汁突出了莲藕的清新香气、梨汁的爽口滋味，同时较好地融合了冬瓜汁和苹果汁的风味。

（6）均质、脱气　将上述复配好的料液送入高压均质机，在 22～35MPa 和 10MPa 的压力下进行两次均质。均质后的料液在 40～50℃、0.08MPa 的真空度下进行脱气。

（7）灌装、杀菌　经均质、脱气后的料液预热到 85℃左右，利用自动连续灌装机趁热灌装。利用蒸汽箱灭菌，在 10min 内将箱内温度升到 100℃，保持 30min。然后通过逐级冷却，将温度降到 35℃左右。

【质量标准】

（1）感官指标　产品具有莲藕特有的清新香气以及梨汁的爽口滋味，酸甜适口，无异味，口感细腻；外观呈均一的浑浊状态，无分层现象。

（2）理化指标　可溶性固形物 ≥ 12％；总糖 4.0％～4.4％；总酸 0.19％～0.21％。

（3）微生物指标　细菌总数 ≤ 100CFU/mL；大肠杆菌总数 ≤ 30CFU/100mL；致病菌不得检出。

2. 莲藕清凉饮料

【原辅料配比】

莲藕汁 50％，贡菊汁 25％，蜂蜜 4％，木糖醇 12％，加水至 100％。

【工艺流程】

莲藕 → 清洗 → 去皮 → 切片 → 护色 → 破壁┐
莲藕汁 ← 过滤 ← 酶解 ← 细磨←┘
┝→ 调配 → 均质 → 脱气 → 灌装
贡菊 → 浸提 → 过滤 → 贡菊汁┘
成品 ← 冷却 ← 杀菌←┘

【操作要点】

（1）莲藕汁的制备

① 清洗、去皮。将莲藕用清水洗净，去除杂物，并用不锈钢刀去皮。

② 切片。用不锈钢刀将去皮后的莲藕切至 0.3～0.5cm 的薄片。

③ 护色。将预处理好的莲藕片放入 0.3% 的柠檬酸溶液中进行护色处理，烫漂时间为 3min，烫漂温度 85℃。

④ 破壁、细磨。将莲藕与去离子水按照 1∶1 的比例混合，混合后放入榨汁机中破壁，时间 5min，至无明显莲藕颗粒。将破壁好的莲藕汁倒入胶体磨中，胶磨 10min，使粒径达到 15～20μm。

⑤ 酶解、过滤。细磨后的莲藕汁中加入 0.3% 的纤维素酶和 0.3% 的淀粉酶进行酶解。酶解温度为 65℃，酶解时间为 2.5h，酶解 pH 值为 5.5。酶解完成后将滤液过 400 目滤布，得莲藕汁。

（2）贡菊汁的制备　将贡菊与去离子水按照 1∶10 的比例混合，于 90℃ 浸提 30min，浸提液过 400 目滤布，得贡菊汁。

（3）调配　将莲藕汁、贡菊汁、蜂蜜、木糖醇、水按配方比例混合均匀。

（4）均质　采用先高压再低压的均质方式，第一次 30MPa，第二次 10MPa，均质温度为 50℃。

（5）杀菌　均质后的饮料，高压灭菌（121℃ 保温 15min），自然冷却至室温。

【质量标准】

（1）感官指标　呈淡黄色，清澈透明；无悬浮物，状态均匀，无肉眼可见杂质；有莲藕香气，伴有贡菊的淡淡清香，香甜可口，滋味清爽。

（2）微生物指标　细菌总数≤100CFU/mL；大肠菌群≤30MPN/100mL；致病菌不得检出。

二、荸荠的制汁技术与复合饮料实例

荸荠 [*Eleocharis dulcis* (Burm. f.) Trin. ex Henschel] 为莎草科荸荠属植物，又名马蹄、乌芋、地栗、地梨、茈荠、通天草。浅水性宿根草本，以球茎作蔬菜食用。荸荠皮色紫黑，肉质洁白，味甜多汁，清脆可口，自古有地下雪梨之美誉，北方人视之为"江南人参"。荸荠既可作为水果，又可算作蔬菜，是大众喜爱的时令之品。荸荠中含有的磷是根茎蔬菜中含量最高的，能促进人体生长发育和维持生理功能，对牙齿骨骼的发育有很大好处，同时可促进体内糖类、脂肪、蛋白质三大类物质的代谢，可调节酸碱平衡。因此荸荠适于儿童食用。荸荠还有预防急性传染病的功能，在麻疹、流行性脑膜炎较易发生的春季，荸荠是很好的防病食品。荸荠是寒性食物，有清热泻火的良好功效，既可清热生津，又可补充营养，最宜用于发热患者。它具有凉血解毒、利尿通便、化湿祛痰、消食除胀等功效。

1. 荸荠梨复合饮料

【原辅料配比】

荸荠汁 45%，梨汁 15%，白砂糖 1.0%，柠檬酸 0.08%，复合稳定剂（黄原胶 0.15%，海藻酸钠 0.02%，卡拉胶 0.02%），加水至 100%。

【工艺流程】

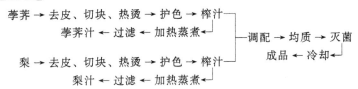

【操作要点】

（1）原料处理　挑选新鲜且成熟度好的荸荠、梨，用清水清洗干净，备用。

（2）榨汁　清洗干净的荸荠和梨去皮、切块，之后采用 0.1% 的柠檬酸溶液浸泡 20～30min 进行护色，以防止原料变色，影响成品感官指标。浸泡后的原料需用清水清洗干净，并以料液比 2∶1 进行榨汁，再在 80℃ 水浴中进行 3～5min 的加热蒸煮，以使其中的多酚氧化酶钝化，然后冷却备用。

（3）调配　将制备好的荸荠汁、梨汁按配方比例进行调配，在其中添加配方比例的柠檬酸、白砂糖、水及复合稳定剂。

（4）均质　将上述调配好的复合果汁通过均质机，在 40MPa 压力下均质 4min。

（5）灭菌　采用巴氏灭菌法，在 80℃ 下灭菌 10～15min。

【质量标准】

（1）感官指标　呈乳白色；均匀，无分层，无气泡，无异物，黏度适中；具有荸荠和梨的清甜香气，协调自然；滋味爽口柔和，酸甜适中，荸荠味和梨味明显。

（2）理化指标　总酸 ≥0.4%，可溶性固形物 ≥4.0%。

（3）微生物指标　菌落总数 ≤100CFU/mL，大肠菌群 ≤1MPN/mL，致病菌不得检出。

2. 马蹄甘蔗汁

【原辅料配比】

马蹄汁 20%，甘蔗汁 60%，柠檬酸 0.01%，琼脂 0.15%，EDTA 0.005%，安赛蜜 0.03%，乙基麦芽酚 0.0025%，加水至 100%。

【工艺流程】

【操作要点】

（1）马蹄汁的制备

① 洗涤、去皮。挑选新鲜、无腐烂、完整的马蹄。带皮马蹄先用清水浸泡 20～30min，待表面的干泥沙吸水溶化，再充分翻动马蹄，使泥沙全部脱落后，再用清水洗净，然后去皮。要求不带残皮、芽眼，防止变色及积压变味。

② 榨汁、离心过滤、沉淀。去皮后的马蹄按马蹄与水 8∶1 的比例加水榨汁，过滤、离心去除残渣，游离出淀粉，得到的滤液泵入沉淀桶；将琼脂先配成质量浓度 1% 的溶液，再加入沉淀桶中搅匀，进行澄清。澄清时间 2h，然后采用虹吸管将上清液抽出，得马蹄汁。

（2）甘蔗汁的制备

① 洗涤、预煮、压榨、粗滤。砍收的甘蔗须砍除蔗梢、蔗叶，削除甘蔗根，剥除甘蔗鞘，经清水洗去甘蔗茎上的全部泥沙、杂质后方可预煮，预煮时间控制在 20～25min。迅速冷却，采用榨蔗机榨汁，为提高出汁率把第一次的滤渣加入少量水复榨，并将榨出的甘蔗汁经两道过滤。

② 预煮、稀释、加灰、中和反应。第一次榨出甘蔗原汁加复榨汁及水稀释，用夹层锅迅速加热至 90℃，捞净液面泡沫及悬浮杂物。在温度保持 90℃ 的条件下加入石灰乳使汁液碱化为 pH 值 9.0 后，立即加入磷酸中和并酸化使 pH 值降至 5.7。

③ 沉淀、过滤。当 pH 值降至 5.7 时再加入聚丙烯酰胺 2～3mg/L 搅匀，立即泵入沉淀桶静置 90min，至澄清为止。采用虹吸管将上清液输送到离心机过滤，得甘蔗汁。

（3）调配　将原辅料按配方比例混合均匀。

（4）灌装、杀菌、冷却　采用热灌装，罐中心温度不低于 80℃。灌装后真空封口，真空度应在 0.047～0.053MPa。封口后应在 30min 内杀菌。杀菌公式 10min-12min/127℃。杀菌后迅速冷却到 38℃ 左右。

【质量标准】

（1）感官指标　呈浅黄色至浅茶褐色；具有甘蔗、马蹄应有的滋味及气味，无异味；汁液澄清、半透明，久置允许有轻微沉淀，无杂质。

（2）理化指标　可溶性固形物 7%～8%；总酸 0.04%～0.05%；原果汁含量不低于 30%。

（3）微生物指标　达到国家标准要求。

三、慈姑的制汁技术与复合饮料实例

慈姑（*Sagittaria sagittifolia* L.）为泽泻科慈姑属宿根性水生草本植物，又名剪刀草、燕尾草等。原产于中国。生在水田里，以球茎作蔬菜食用。慈姑含有秋水仙碱等多种生物碱，有防癌抗癌、解毒消痈的作用，常用来防治肿瘤。中医认为，慈姑解百毒，能解毒消肿、利尿，可用来治疗各种无名肿毒、毒蛇咬伤。慈姑含有多种微量元素，具有一定的强心作用，同时慈姑所含的水分及其他有效成分，具有清肺散热、润肺止咳的作用。

慈姑保健饮料加工技术介绍如下。

【原辅料配比】

慈姑原浆 8％，白砂糖 7％，柠檬酸 0.07％，稳定剂（结冷胶∶CMC∶海藻酸钠＝1∶3∶3）0.1％，加水至 100％。

【工艺流程】

慈姑→挑选→清洗→去皮→熟化→打浆→调配→均质→灌装→杀菌→冷却→成品

【操作要点】

（1）原料选择、清洗　选择新鲜度、成熟度一致，无机械损伤、无病害、无腐烂的慈姑，用清水充分洗净。

（2）去皮　将清洗后的慈姑在沸水浴中浸泡 2min 后迅速捞出，在冷水中手工去皮。

（3）熟化　去皮后的慈姑在沸水中保持 10min 左右，使产品充分熟化，产生产品特有的香味。

（4）打浆　充分熟化后的慈姑在打浆机中打浆 2min，然后经胶体磨精磨 4次，使产品充分细化，质感更加细腻，同时也有利于均质。

（5）调配　将白砂糖和稳定剂同时溶入适量水中，充分溶解，将柠檬酸等配料分别溶解成溶液，经过滤后将其与慈姑浆混合，补充纯净水至最终产品浓度。

（6）均质、脱气　将调配好的料液打入均质机进行均质，均质压力 15MPa，均质 2 次，均质后的料液送入真空脱气机中去除料液中的气体和异味，以避免在后续的加工过程中可能发生的反应。

（7）灌装、灭菌、冷却　均质后的料液经 85℃定量热灌装封盖后，在 121℃灭菌 5min，冷却至室温，经 7～10d 保温贮存试验，检查无分层、变色和胀盖现象，即为饮料成品。

【质量标准】

（1）感官指标　呈乳白色；具有慈姑固有的清香味，无异味；酸甜适中；无沉淀、分层。

（2）理化指标　可溶性固形物 7.8％，pH 值 4.8。

（3）微生物指标　达到国家标准要求。

四、莼菜的制汁技术与复合饮料实例

莼菜（*Brasenia schreberi* J. F. Gmel.）为睡莲科莼属植物，又名水马蹄草。

主产于浙江、江苏两省太湖流域。果实卵形，革质，于水中成熟。适应性强，具有一定耐寒性，地上部分每年枯死，地下茎在水底泥中越冬。莼菜含有丰富的蛋白质、碳水化合物、脂肪、多种维生素和矿物质。莼菜具有清热、利水、消肿、解毒的功效，可治热痢、黄疸、痈肿、疔疮。

莼菜胡萝卜复合饮料加工技术介绍如下。

【原辅料配比】

莼菜汁 10%，胡萝卜汁 22%，白砂糖 4%，柠檬酸 0.3%，稳定剂 0.15%，加水至 100%。

【工艺流程】

莼菜 → 杀青 → 捣碎 → 酶解 → 热溶提取──┐
　　　莼菜汁 ← 离心过滤←─────┘ ┌─调配 → 均质 → 脱气 → 灌装
　　　　　　　　　　　　　　　　　成品 ← 冷却 ← 杀菌←─┘
胡萝卜 → 清洗 → 脱皮 → 切片预煮 → 打浆──┘
　　　　胡萝卜汁 ← 酶解←─────┘

【操作要点】

(1) 莼菜汁的制备　选用叶片椭圆形、全绿、叶背均有透明胶质的新鲜莼菜，尤以嫩梢和幼叶为主。莼菜在 99~102℃的沸水中杀青 1.5min。捞出加入 4 倍体积水捣碎，再用浓度为 5mg/mL 的木瓜蛋白酶按 0.6%的用量作用 4h 后，进行煮沸灭酶，离心过滤取上清液得莼菜汁。

(2) 胡萝卜汁的制备　选用新鲜的胡萝卜，经清洗放入 3%的氢氧化钠溶液于 95~102℃浸泡 2~3min 后，立即用高压水漂洗冷却以达到去皮的目的。然后将胡萝卜切成 2~3mm 的薄片，按 4:1 的比例加水，于 95~100℃用 0.5%的柠檬酸、0.5%的异抗坏血酸混合液预煮软化 15~20min，经打浆细磨为胡萝卜原浆。再用 20mg/L 的果胶酶和纤维素酶复合酶于 pH 值 4.0、45℃条件下酶解 2h。酶处理能提高出汁率，加速色素的提取，同时可增加汁液的可溶性固形物含量、灰分含量、黏度和颜色，可尽可能多地使胡萝卜素进入汁液。

(3) 调配　按配方比例将原辅料混合均匀。

(4) 均质、脱气　均质可使料液充分均匀混合，有效防止浆液分层、沉淀，保持饮料稳定的均匀悬浮状态，口感细腻润滑。均质压力为 20MPa，均质时间为 20min。加工过程中浆液溶进了不少气体，附着浆液的小气泡会严重影响饮料外观质量，造成维生素的损失，影响品质。因此，采用真空脱气机脱气，条件为温度 40~50℃，真空度 0.008MPa。

(5) 灌装、杀菌　将脱气后的饮料装瓶封盖放入 60~70℃的热水中预热，然后于 100℃杀菌 10min，冷却至室温即得成品。

【质量标准】

(1) 感官指标　橙红色，均匀浑浊，不分层，无沉淀，无气泡，无杂质；具有清香味，滋味协调；酸甜适口，柔和细腻，爽口，润滑。

（2）理化指标　可溶性固形物 10.42%；总酸 0.32%。

（3）微生物指标　细菌总数<100CFU/mL；大肠杆菌总数<3MPN/mL；致病菌不得检出。

五、芡实的制汁技术与复合饮料实例

芡实（*Euryale ferox*）为睡莲科芡属植物，又名鸡头米、鸡头苞、鸡头莲、刺莲藕。广泛分布于东南亚，我国南北各省区湖塘沼泽中均有野生。根须壮，白色。现代研究表明，芡实含有大量对人体有益的营养素，如蛋白质、钙、磷、铁、脂肪、碳水化合物、维生素 B_1、维生素 B_2、维生素 C、粗纤维、胡萝卜素等，并且容易消化。

芡实饮料加工技术介绍如下。

【原辅料配比】

芡实 10kg，纯净水 20kg，白砂糖 12kg，柠檬酸 200g。

【工艺流程】

芡实→筛选→清洗→浸泡→磨浆、调浆→糊化→酶解→过滤→调配→灌装→

杀菌→冷却→成品

【操作要点】

（1）原料预处理　芡实经筛选、清洗后除去杂质，放入 35~40℃水中浸泡 4h，使其充分软化。

（2）磨浆　软化后的芡实先用少量水磨浆，再用水稀释浆液。加水量对此后的液化条件和产品有直接影响，太浓的浆液酶解不够充分，易造成材料的浪费，而且不利于后续过滤的操作。太稀的浆液酶解后含糖量太低，影响产品的营养指标。将芡实与水的比例控制在 1:20 较为适宜。

（3）酶解　芡实浆首先需进行加热糊化，糊化过程中由于水分子作用，可使淀粉分子的微晶束结构崩溃解体，易于酶解。条件为 80~90℃下，加热糊化 10min，加入 150U/g 的 α-淀粉酶，于 60℃酶解 90min，酶解结束后煮沸灭酶。

（4）调配、灌装、杀菌　酶解后的过滤液，添加白砂糖和柠檬酸进行调配，灌装后，在 100℃加热 20min 杀菌，即得成品。

【质量标准】

（1）感官指标　色泽亮黄；均匀无沉淀；口感酸中带甜，无异味，具有芡实的特殊香味。

（2）理化指标　蛋白质 0.3%；总糖 16%；总酸（以柠檬酸计）0.18%。

（3）微生物指标　细菌总数≤10CFU/mL；大肠菌群≤3MPN/mL；致病菌不得检出。

六、乌菱的制汁技术与复合饮料实例

乌菱（*Trapa bicornis* Osbeck）为菱科菱属植物，又名菱角、水菱角、菱角秧。分布于秦岭、淮河以南，以江苏、安徽、浙江、福建、广东、广西人工养殖较多。坚果倒三角形，顶端中央稍突起，红褐色至褐色，2角平伸或下弯。菱角含有丰富的淀粉、蛋白质、葡萄糖、脂肪、维生素（如维生素B_1、维生素B_2、维生素C、胡萝卜素）及钙、磷、铁等元素。菱角有减肥健美作用，因为菱角不含使人发胖的脂肪。《本草纲目》中记载：菱角能补脾胃，强股膝，健力益气。菱粉粥有益胃肠，可解内热，老年人常食有益。据近代药理实验报道，菱角具有一定的抗癌作用，可用于防治食管癌、胃癌、子宫癌等。

菱角红豆黑豆复合保健饮料加工技术介绍如下。

【原辅料配比】

菱角汁20％，红豆汁25％，黑豆汁20％，饱和糖液25％，柠檬酸0.08％，羧甲基柠檬酸钠0.15％，黄原胶0.05％，分子蒸馏单脂肪酸甘油酯0.3％，加水至100％。

【工艺流程】

红豆、黑豆 → 挑选 → 清洗 → 浸泡 → 除腥┐
　　　　　　　　　过滤 ← 打浆 ←┘　　　┝→ 调配 → 添加稳定剂 → 均质
　　　　　　　　　　　　　　　　　　　　　成品 ← 灌装 ← 杀菌┘
菱角 → 挑选 → 剥皮 → 护色 → 清洗 → 打浆 → 过滤┘

【操作要点】

（1）菱角汁的制备　挑选无病虫害的菱角，用清水漂洗。将菱角去皮后，用清水洗净、沥干，加入水、0.1％亚硫酸钠、0.2％柠檬酸浸泡2h。捞出，反复清洗，沥干表面水分，将菱角加入榨汁机中，按1∶4的比例加水，榨汁后用300目的滤布过滤，将滤液煮熟，得到菱角汁。

（2）红豆汁和黑豆汁的制备　挑选无虫害、无腐烂、颗粒饱满的红豆和黑豆，用清水清洗干净。红豆添加0.5％小苏打溶液，浸泡12h。黑豆添加0.1％小苏打溶液，浸泡10h。红豆和黑豆捞出清洗，分别在100℃水浴加热7min和3min，目的是去除豆腥味。脱腥后的红豆和黑豆分别按1∶4和1∶3的比例加水，榨汁后用300目的滤布过滤，将滤液煮熟，得到红豆汁和黑豆汁。

（3）调配　将菱角汁、红豆汁、黑豆汁和各种辅料混合均匀。

（4）均质、灭菌　将调配好的饮料在均质机中均质，压力25MPa，温度65℃。将灌装容器灭菌消毒，将饮料灌装，封口，于100℃杀菌15min。

【质量标准】

（1）感官指标　呈新鲜的棕红色，为均匀细腻的乳浊液，无分层现象，允许有少量沉淀，无正常视力可见的外来杂质；有新鲜的豆香味与菱角的清香，香气浓郁，无不良气味；口感醇厚柔和，酸甜适当。

（2）理化指标　糖含量25%，酸含量0.08%，蛋白质1.5%。

（3）微生物指标　菌落总数≤100CFU/g，大肠杆菌≤3MPN/100g，霉菌≤50CFU/g，致病菌不得检出。

第八节　其他蔬菜的制汁技术与复合饮料实例

本节主要介绍未包括在以上种类中的蔬菜（如姜、马齿苋、竹笋、香椿等）的制汁技术与复合饮料实例。

一、姜的制汁技术与复合饮料实例

姜（*Zingiber officinale* Roscoe）为姜科姜属植物，又名生姜、干姜、姜皮。多年生宿根草本植物。我国中部、东南部至西南部，来凤、通山、阳新、鄂城、威宁、大冶各地广为栽培。亚洲热带地区亦常见栽培。根茎肉质，肥厚，扁平，有芳香和辛辣味。蒴果长圆形。生姜味辛性温，长于发散风寒、化痰止咳，又能温中止呕、解毒，临床上常用于治疗外感风寒及胃寒呕逆等症。生姜是助阳之品，自古以来中医素有"男子不可百日无姜"之语。

1. 姜汁柠檬复合饮料

【原辅料配比】

姜汁7%，柠檬汁12%，蜂蜜6%，白砂糖10%，阿拉伯胶0.1%，黄原胶0.1%，加水至100%。

【工艺流程】

```
生姜 → 清洗、去皮 → 切分 → 热烫 ┐
姜汁 ← 过滤 ← 澄清 ← 护色、榨汁 ┘ ┬ 混合、离心 → 调配 → 均质 → 灭菌
                                      成品 ← 杀菌 ← 灌装 ┘
柠檬 → 清洗 → 去皮 → 打浆 → 过滤 → 柠檬汁 ┘
```

【操作要点】

（1）姜汁的制取

① 生姜的挑选。选用新鲜的、没有发芽、没有病虫害的、饱满的生姜。

② 预处理。将生姜洗净，除去泥渣以及根须，去掉生姜皮，并切成大小合适的片状。沸水热烫2min，降低过氧化物酶活性。

③ 榨汁与护色。将生姜与纯净水按照1∶5的比例榨汁，加入适量的维生素C，起到一定的护色效果，保持姜汁的颜色。

（2）柠檬汁的制取

① 柠檬的挑选、清洗。挑选新鲜饱满、没有虫蛀、表面完整的柠檬。柠檬表面因其外皮的结构较难清洗，可适当用热水进行清理。

② 榨汁。将清洗好的柠檬进行去皮、去籽后切成适当大小进行榨汁。

（3）混合、调配　将姜汁和柠檬汁按配方比例混合均匀，加入蜂蜜、白砂糖、水，以及稳定剂混合均匀。

（4）均质　均质目的是使料液混合均匀，有效防止分层，改善饮料的口感。均质条件为 25MPa 下均质 15min。

（5）灌装、杀菌　灌装封口后的饮料采用巴氏杀菌法，温度 90℃，处理 15min，杀菌后冷却至室温。

【质量标准】

（1）感官指标　呈淡黄色，口感协调，温和不刺激；具有浓郁的生姜清香与柠檬香，滋味协调；均匀，无沉淀或杂质。

（2）理化指标及微生物指标　均达到国家标准要求。

2. 姜枣茶饮料

【原辅料配比】

干姜片 1kg，枣干 3kg，纯净水 80kg，白砂糖、红糖根据口味添加。

【工艺流程】

姜、枣→萃取→粗滤→冷却→调配→杀菌→灌装→封口→冷却→成品

【操作要点】

（1）萃取　干姜片和枣干按 1∶3 的配比称取，按料水比 1∶20 加入 90℃ 的水进行萃取 80min，萃取结束后，对萃取液进行过滤及冷却。

（2）过滤　采用 270 目滤网对萃取液进行过滤，除去其中杂质。

（3）调配　将姜枣萃取液、红糖、白砂糖等原辅料混合，加水定容、搅拌均匀即可。

（4）杀菌、灌装　将姜枣茶调配液，通过超高温杀菌机于 136℃ 杀菌 16s，冷却至 85～90℃ 左右进行热灌装，封口后将产品平放 1min 对瓶口进行灭菌，冷却后得到成品。

【质量标准】

（1）感官指标　呈黄褐色，澄清，色泽鲜亮；姜枣特征香气突出，无异味；甜味适中，口感浓郁，姜枣味协调。

（2）理化指标　总糖 10.4%±0.2%；pH 值 5.3±0.1。

（3）微生物指标　达到国家标准要求。

3. 生姜葡萄胡萝卜复合果蔬汁

【原辅料配比】

生姜汁 8.90%，葡萄汁 23.20%，胡萝卜汁 14.70%，木糖醇 5.00%，柠檬酸 0.10%，黄原胶适量，加水至 100%。

【工艺流程】

【操作要点】

（1）生姜汁的制备　挑选新鲜完整、无霉变腐烂、饱满多汁的生姜，用流水洗净。将生姜切成细丝，用榨汁机榨汁，同时加入0.05%的维生素C进行护色。用120目干净纱布过滤，得生姜粗滤汁。将0.05g/L的果胶酶加入生姜汁中，于48℃水浴恒温条件下酶解115min，再于85℃水浴恒温条件下灭酶5min。灭酶后静置3h，使用120目洁净纱布对其进行过滤，得到生姜汁。

（2）葡萄汁的制备　选择颗粒饱满、无机械损伤的玫瑰香葡萄，用流水洗净，去除葡萄皮，剔除葡萄籽，使用榨汁机进行榨汁。向其中添加0.02g/L果胶酶，在50℃水浴恒温条件下酶解60min，用120目洁净纱布过滤得到粗滤葡萄汁。然后于85℃水浴恒温条件下灭酶5min，静置3h，使用120目洁净纱布再次过滤，得葡萄汁。

（3）胡萝卜汁的制备　选择无病虫害、无机械损伤、表面及果肉呈鲜红色或橙红色的新鲜胡萝卜，用清水洗净。切青头、去尾部，将胡萝卜切成厚0.5～0.8cm的薄片，放入含0.5%柠檬酸和0.5%维生素C的溶液中0.5h。之后转移至沸水中热烫3min，使用凉水降温，进行榨汁。用120目洁净纱布过滤，得到胡萝卜汁。

（4）复合果蔬汁的制备　将生姜汁、葡萄汁、胡萝卜汁与水按配方比例进行混合调配，加入柠檬酸、木糖醇，再加入适量黄原胶，将制好的复合果蔬汁于95℃水浴中恒温灭菌5min，冷却，得成品（4℃保藏）。

【质量标准】

（1）感官指标　呈橙色，颜色均匀；汁液均匀一致、澄清、稳定；混合香味柔和、协调；滋味协调，酸甜适中，清香爽口。

（2）理化指标及微生物指标　均达到国家标准要求。

二、马齿苋的制汁技术与复合饮料实例

马齿苋（*Portulaca oleracea* Linn.）又名五形草、长命菜。马齿苋原产于印度，后传播到世界各地，在欧洲、南美洲、中东地带都有其野生型。在我国以野生为主，遍布于全国各地。马齿苋营养价值高，含有丰富的蛋白质、糖、B族维生素、维生素 C、胡萝卜素等多种物质，同时还含有香豆素、各种生物碱、黄酮类物质、蒽醌类物质等保健成分。马齿苋在中医上还素有"天然抗生素"的美称，可以治痢疾、胃肠炎、乳腺炎等多种疾病。现代医学发现马齿苋对糖尿病、冠心病、高血压、心脏病的防治有较好的效果。

1. 马齿苋黄花梨复合果蔬汁

【原辅料配比】

马齿苋汁 10%，黄花梨汁 14%，白砂糖 6%，柠檬酸 0.12%，黄原胶 0.2%，山梨酸钾 0.01%，异抗坏血酸钠 0.015%，加软化水至 100%。

【工艺流程】

```
马齿苋 → 选料 → 清洗 → 热烫 → 压榨 ┐
              马齿苋汁 ← 过滤 ┘        ├─ 混合 → 调配 → 均质 → 脱气 → 封口
                                                成品 ← 冷却 ← 杀菌 ┘
黄花梨 → 清洗 → 去皮 → 破碎 → 螺旋压榨 ┐
              黄花梨汁 ← 硅藻土过滤 ┘
```

【操作要点】

（1）马齿苋汁的制取

① 原料清洗。选取无老熟、无枯萎茎叶、鲜嫩的马齿苋，剪去根部，剔除病叶等杂物，用流动水冲洗去除泥沙等杂质。

② 热烫。将洗净的马齿苋于 4 倍质量的 90～95℃的热水中烫 2min。热烫是为了钝化以多酚氧化酶为主的各种氧化酶，防止酶促褐变，以保持马齿苋原有的绿色，并可杀灭大部分微生物，也可使马齿苋组织软化，便于压榨。

③ 压榨。采用螺旋榨汁机。压榨汁液中加入 0.05%的抗坏血酸和 0.05%的柠檬酸护色，二者协同作用，护色效果较好。

④ 过滤。将上述榨出的汁用 160 目的丝绢布过滤，即得马齿苋汁。

（2）黄花梨汁的制取

① 清洗。原料应严格挑选和洗涤，除去烂果、病果，并用适当提高水温或添加 0.1%柠檬酸钠或磷酸盐的方法提高洗涤效果。

② 去皮。黄花梨去皮以淋碱为好。一般用 4%～8%的氢氧化钾溶液，温度 100℃，在 30s 内处理完毕，然后迅速搓洗去净残皮，经 pH 值 2～4 的盐酸溶液中和后，再以 1%～1.55%的食盐水护色。

③ 破碎。采用锤片式破碎机。破碎程度要适当，若破碎过度会成浆状，果汁会失去天然滤层，而出汁不畅，影响出汁率。

④ 压榨。破碎后的黄花梨碎片，放入螺旋榨汁机中压榨，便得粗黄花梨原汁。

⑤ 过滤。粗黄花梨原汁经硅藻土过滤机过滤，除去果汁中的粗纤维、胶质、碎渣等，即得黄花梨清汁。

（3）混合、调配　按配方比例将原辅料混合，用无菌软化水补足至100％。在不断加热搅拌的情况下，分别加入配料各成分，其中白砂糖用少量水溶化过滤后加入，充分搅拌混合均匀。

（4）均质　调配好的溶液进入均质机均质，均质压力25～30MPa。在压力作用下，细小颗粒进一步细碎。高压均质机运转时，汁液要浸没均质机，防止空气混入，以免空转。

（5）脱气　采用真空脱气机脱气。料液温度70～80℃，真空度0.079～0.092MPa。脱气有助于防止果蔬汁氧化褪色和风味变化。

（6）灌装、杀菌、冷却　灌装温度保持在65℃以上。灌装瓶、盖要清洗干净并消毒，灌装后立即压盖。灌装后采用沸水杀菌，水温达70℃时放入杀菌锅中，保持沸腾10min，冷却至40℃左右时取出。

【质量标准】

（1）感官指标　淡黄绿色；口感酸甜，爽口清凉，有马齿苋、黄花梨特有的风味；为均匀、透明的液体，久置允许有少量沉淀。

（2）理化指标　可溶性固形物含量（以折光计）≥5％，总酸含量（以柠檬酸计）≥0.1％；铜（以Cu计）≤10mg/kg；铅（以Pb计）≤1mg/kg。

（3）微生物指标　细菌总数≤100CFU/mL；大肠杆菌总数≤3MPN/100mL；致病菌不得检出。

2. 马齿苋低糖抗氧化饮料

【原辅料配比】

马齿苋100kg，柠檬酸100g，蔗糖3kg，甜菊糖30g。

【工艺流程】

新鲜马齿苋→挑拣、清洗→切段→微波处理→烘干→粉碎→浸提→过滤→调配→
灭菌→灌装→冷却→成品

【操作要点】

（1）原料预处理　马齿苋挑拣清洗除去泥沙和残叶后，切成1cm小段。

（2）微波处理　将马齿苋小段均匀平铺于微波炉中，微波功率700W，处理2.5min，完毕后立即取出。微波处理的主要目的是钝化马齿苋的多酚氧化酶和过氧化氢酶等生物酶，从而抑制马齿苋饮料加工中的酶促褐变和红色素降解。经微波处理的马齿苋红色素保存率高，褐变程度低。

（3）烘干、粉碎　微波处理后的马齿苋在60℃烘干至恒重，粉碎后过40目筛，得马齿苋干粉。

（4）浸提　马齿苋干粉按照料水比1∶50加入过滤水，在80℃浸提2.5h，过滤，收集滤液。

（5）调配　向马齿苋浸提液中按配方比例加入蔗糖、柠檬酸、甜菊糖等辅料。

（6）灭菌、灌装　调配好的饮料在 100℃ 杀菌 5min，降温至 90℃ 后趁热装入无菌玻璃瓶并封盖。灌装后用冷水冷却瓶身即为成品。

【质量标准】

（1）感官指标　呈红色，澄清均匀透明，味酸甜适口有回甘；有干燥马齿苋的茶香及清香。

（2）理化指标　可溶性固形物 3.6%，总酸 0.14g/kg。

（3）微生物指标　菌落总数 <100CFU/mL；大肠杆菌 <10MPN/mL；致病菌不得检出。

三、竹笋的制汁技术与复合饮料实例

竹笋（*Dendrocalamus brandisii*）为禾本科竹亚科植物，又名笋。原产于中国，分布于全国各地，以珠江流域和长江流域最多，秦岭以北雨量少、气温低，仅有少数矮小竹类生长。食用部分为初生、嫩肥、短壮的芽或鞭。每 100g 鲜竹笋含干物质 9.79g、蛋白质 3.28g、碳水化合物 4.47g、纤维素 0.9g、脂肪 0.13g、钙 22mg、磷 56mg、铁 0.1mg，其多种维生素和胡萝卜素含量比大白菜含量高一倍多；而且竹笋的蛋白质比较丰富，人体必需的赖氨酸、色氨酸、苏氨酸、苯丙氨酸，以及在蛋白质代谢过程中占有重要地位的谷氨酸和有维持蛋白质构型作用的胱氨酸，都有一定的含量。竹笋为优良的保健蔬菜。中医认为竹笋味甘、微寒、无毒，在药用上具有清热化痰、益气和胃、治消渴、利水道、利膈爽胃等功效。

竹笋饮料加工技术介绍如下。

【原辅料配比】

竹汁原汁 50%，苹果汁 2.5%，甜味剂 5%，酸味剂 0.05%，香精 0.08%，防腐剂 0.015%，加水至 100%。

【工艺流程】

竹笋→清洗→破碎→浸汁→过滤→减压浓缩→调配→杀菌→冷却→灌装→压盖→成品

【操作要点】

（1）原料选择、清洗、破碎　选用无虫蛀的嫩笋根部或嫩竹子为原料，剥壳去杂污，清水冲洗后沥干水分，将其破碎成泥。

（2）浸汁　用乙醇在室温下浸泡 14d，竹汁即进入溶剂中。

（3）过滤、减压浓缩　将提取液进行过滤，在 40MPa 下减压浓缩得到竹汁原汁。

（4）调配　把所需的各种配料和添加剂加入调配罐，调配均匀。

（5）杀菌、冷却　真空环境下间接加热到 120℃，保持 2s，冷却后即得成品。

（6）灌装、压盖　将瓶子洗净、沥干，进行高温杀菌或紫外线消毒后，输送到料机上，由配料系统将竹汁饮料冷却至5℃，按配方要求将竹汁定容到瓶内，送入灌注机灌入碳酸水，重复混匀。然后立即送入压盖机压盖，停留时间不超过10min，以防碳酸气释出。

【质量标准】

（1）感官指标　具有近似竹笋的色泽；具有竹笋特有的香气，香气柔和；酸甜适口，有清凉感，不得有异味；澄清透明，不浑浊，无分层，无沉淀，无肉眼可见外来杂质。

（2）理化指标　砷（以 As 计）＜0.5mg/kg，铅（以 Pb 计）＜1.0mg/kg，可溶性固形物8%～10%，总酸 0.2%～0.3%。

（3）微生物指标　达到国家标准要求。

四、香椿的制汁技术与复合饮料实例

香椿〔*Toona sinensis*（A. Juss.）Roem.〕为楝科香椿属植物，别名山椿、虎目树、虎眼、椿、红椿、椿树。香椿原产于我国，主要分布于华北、华东、中部、南部和西南各省。主要食用春天生长的嫩芽、叶。香椿性凉，味苦平，入肺、胃、大肠经，有清热解毒、健胃理气、润肤明目、杀虫之功效，主治疮疡、脱发、目赤、肺热咳嗽等病症。

香椿苹果胡萝卜复合果蔬汁加工技术介绍如下。

【原辅料配比】

香椿汁20%，苹果汁50%，胡萝卜汁30%，白砂糖2%（用量按果蔬汁总体积计算）。

【工艺流程】

```
香椿 → 浸泡 → 清洗 → 杀青 → 打浆 → 过滤 ─┐
   香椿汁 ← 恒温浸泡2次 ← 滤渣 ←─────────┘
        胡萝卜 → 榨汁 → 过滤 → 离心 ─┬─ 混合 → 脱苦 → 调配 → 均质 → 灌装
        胡萝卜汁 ←──────────────┘      成品 ← 冷却 ← 杀菌 ← 封口 ─┘
苹果 → 清洗 → 榨汁 → 过滤 → 离心 → 苹果汁 ─┘
```

【操作要点】

（1）香椿汁的制备　选择新鲜的香椿芽，用4倍的冷水浸泡30min后清洗，以除去泥沙、污物和部分微生物。用85～90℃热水热烫1min后迅速冷却至常温，用榨汁机将热烫护色后的香椿进行破碎榨汁，用水量为鲜香椿质量的2倍，温度50℃，时间0.5h，以提取香椿汁的有效成分，可加维生素C和柠檬酸进行护色。汁液经200目滤网过滤，滤渣再加2倍水在50℃反复浸提0.5h，过滤，合并滤液，加入 20mL/L 的复合脱苦剂进行脱苦处理，即得香椿汁。

（2）苹果汁的制备　将苹果去皮、清洗、破碎，置于榨汁机中榨汁，同时加入 0.5％的维生素 C 进行护色，用 200 目滤网过滤得苹果原汁。

（3）胡萝卜汁的制备　胡萝卜洗净切分成 0.5～1cm 厚的薄片，用 95～100℃的热水热烫 20min 后迅速冷却至室温，按料水比 1∶1 进行打浆，用 100 目滤网过滤即得胡萝卜汁。

（4）调配　将香椿汁、苹果汁、胡萝卜汁按配方比例进行混合，添加 2％的白砂糖进行调配。

（5）均质、灌装、杀菌、冷却　调配好的复合汁在 25MPa 下进行均质，均质温度 60～70℃。均质后趁热灌装并及时封口，于 85℃灭菌 15min 后冷却即得成品。

【质量标准】

（1）感官指标　呈浅黄绿色，均匀一致；酸甜适中，香椿香气浓郁，清香宜人，入口清爽，柔和持久，回味甘甜，无异味；无肉眼可见杂质。

（2）理化指标　总固形物含量 13％，总糖含量 4.6％±0.1％，总酸含量（以柠檬酸计）0.1％±0.01％。

（3）微生物指标　细菌总数＜100CFU/mL，大肠菌群数＜6MPN/100mL，致病菌不得检出。

第九节　食用菌的制汁技术与复合饮料实例

食用菌制汁技术大致有以下两类：非发酵性和发酵性。非发酵性是以食用菌子实体为原料，以浸泡、提汁、过滤、杀菌制成的，若再经浓缩、添加填充剂、造粒、干燥后即得到固体冲饮。发酵性制作时，将菌种接种到培养基上，让其生长繁殖，在菌丝体生长的同时，食用菌分泌代谢物质溶解在培养基中，对菌丝体及培养基进行压榨提汁，而后经过过滤、调配等加工工序即可制得成品。本节介绍部分食用菌的几种制汁技术与复合饮料实例。

一、木耳的制汁技术与复合饮料实例

木耳［*Auricularia auricula*（L.）Underw.］为真菌类，担子菌纲，木耳科，木耳属植物，别名黑木耳、光木耳。国内有 8 个种。木耳子实体胶质，呈圆盘形，黑褐色，直径 3～12cm。新鲜时软，干后成角质。口感细嫩，风味特殊，是一种营养丰富的著名食用菌。含糖类、蛋白质、脂肪、氨基酸、维生素和矿物质。有益气、充饥、轻身强智、止血止痛、补血活血等功效。富含多糖胶体，有良好的清滑作用，是矿山工人、纺织工人的重要保健食品，还具有一定的抗癌和治疗心血管疾病功能。

黑木耳红枣复合果肉饮料加工技术介绍如下。

【原辅料配比】

黑木耳浆 20％，红枣浆 25％，蜂蜜 6％，柠檬酸 0.10％，加水至 100％。

【工艺流程】

黑木耳 → 泡发 → 挑选、清洗 → 打浆 → 黑木耳浆

红枣 → 挑选 → 清洗 → 去核 → 打浆 → 红枣浆

→ 调配 → 均质 → 灌装、杀菌

成品 ← 冷却 ←

【操作要点】

（1）黑木耳浆的制备　选择优质黑木耳加水浸泡 12h，将泡发后的黑木耳用清水洗去泥沙，加入 1 倍体积的去离子水送入匀浆机中打浆，得到黑木耳浆。

（2）红枣浆的制备　选择新鲜饱满、无霉烂的红枣，清洗、去核，在匀浆机中加入 1 倍体积的去离子水打碎得到红枣浆。

（3）混合调配　将黑木耳浆、红枣浆按照配方比例进行混合，同时加入蜂蜜、柠檬酸等辅料以调整风味，加水定容，配制成复合饮料。

（4）均质　对调配好的饮料进行均质处理，均质温度 70℃，均质压力 18MPa。

（5）灌装、灭菌　将复合果肉饮料灌装到玻璃瓶内，于 65℃灭菌 30min，冷却后即得到成品。

【质量标准】

（1）感官指标　均匀一致的淡褐色；酸甜适宜，具有淡淡的香气，无其他异味；均匀，无分层，无杂质。

（2）理化指标及微生物指标　均达到国家标准要求。

二、银耳的制汁技术与复合饮料实例

银耳（*Tremella fuciformis* Berk）又称白木耳、银耳子。分布于我国浙江、福建、江苏、江西、安徽、台湾、湖北、海南、湖南、广东、香港、广西、四川、贵州、云南、陕西、甘肃、内蒙古、西藏等地区。子实体呈白至乳白色，胶质，半透明，柔软有弹性，由数片至 10 余片瓣片组成，形似菊花形、牡丹形或绣球形，直径 3～15cm，干后收缩，角质，硬而脆，白色或米黄色。担子近球形或近卵圆形，纵分隔。目前国内人工栽培使用的树木为椴木、栓皮栎、麻栎、青刚栎、米槠等 100 多种。可食用和药用。传统医学认为银耳具有补肾、润肺、生津、止咳之功效，可以治疗肺热咳嗽、肺燥干咳、久咳喉痒、咳痰带血等疾病。

银耳红枣木糖醇饮料加工技术介绍如下。

【原辅料配比】

银耳提取液 80％，红枣提取液 20％，木糖醇 12％，柠檬酸 0.15％，复合稳

定剂（羧甲基纤维素 0.03%、黄原胶 0.05%、卡拉胶 0.04%）0.12%。（辅料用量按果蔬汁总体积计算。）

【工艺流程】

银耳 → 分选去杂 → 去蒂 → 清洗浸泡 → 粉碎 ┐
银耳提取液 ← 过滤 ← 热水浸提 ←┘
├─ 调配 → 均质 → 杀菌 → 灌装
红枣 → 拣选 → 清洗 → 浸泡 → 打浆 → 加酶熬煮 ┘ 　 成品 ← 冷却 ←┘
红枣提取液 ← 过滤 ←┘

【操作要点】

（1）银耳提取液的制备　选择新鲜、无霉变、肉质肥厚的优质银耳为原料，去杂、去蒂，充分洗涤并浸泡。将充分浸泡涨发的银耳放入组织捣碎机，粉碎成末。将粉碎好的银耳末与水按质量比为 1∶20，于 100℃熬煮 15min，使银耳充分得到浸提，将熬煮好的料液冷却，用纱布过滤，此过程重复两次，得到银耳提取液。

（2）红枣提取液的制备　挑选成熟度高、无虫蛀、无霉变、枣香浓郁的优质红枣，用流水充分将表面污渍洗净并浸泡。将红枣去核后，红枣与水按质量比为 1∶6 打浆，并加入 0.3%的果胶酶，于 50℃条件下熬煮浸提 3h，保证果胶酶不失活，浸提液浓度适中的情况下，充分将红枣内可溶性固形物提取出来，用纱布过滤，此过程重复两次，得红枣提取液。

（3）调配、均质　将配方比例的木糖醇与复合稳定剂（羧甲基纤维素、卡拉胶、黄原胶）干混合后加少量水润湿，在沸水浴中与配方比例的银耳提取液和红枣提取液搅拌，温度降到室温后加入柠檬酸搅拌，经均质机（65℃）在 20～30MPa 的压力下均质 5min，制得均匀稳定的混合液。

（4）杀菌、灌装　将混合液在 110℃的条件下杀菌 10min，趁热灌装于已灭菌的玻璃瓶内，封口后，迅速冷却至 25℃，即得成品。

【质量标准】

（1）感官指标　色泽均匀，呈诱人的浅黄色；有银耳与红枣特有的香味且香味协调，酸甜适口，口感细腻，无异味；饮料流动性好，无杂质。

（2）理化指标　可溶性固形物≥15%，pH 值 5.7 左右，铅（Pb）、铜（Cu）、铁（Fe）总和≤9mg/L。

（3）微生物指标　细菌总数≤100CFU/mL，大肠菌群≤3MPN/100mL，致病菌不得检出。

三、金针菇的制汁技术与复合饮料实例

金针菇（*Flammulina velulipes*）为伞菌目口蘑科金针菇属真菌，别名毛柄金钱菌，俗称构菌、朴菇、冬菇等。金针菇是一种木材腐生菌，易生长在柳树、榆树、白杨树等阔叶树的枯树干及树桩上。子实体一般较小。金针菇以其菌盖滑嫩、柄脆、营养丰富、味美适口而著称于世。据测定，金针菇氨基酸的含量非常丰富，尤其是赖氨酸的含量特别高，可促进儿童智力发育，国外称之为"增智菇"。金针菇干品中含蛋白质 8.87％、碳水化合物 60.2％、粗纤维 7.4％，经常食用可防治溃疡病。最近研究又表明，金针菇具有很好的抗癌作用。金针菇既是一种美味食品，又是较好的保健食品。

金针菇花生复合饮料加工技术介绍如下。

【原辅料配比】

金针菇汁 90％，花生 4％，蔗糖脂肪酸酯 0.1％，黄原胶 0.04％，加水至 100％。

【工艺流程】

花生去壳→花生仁去皮→清洗、烘烤
　　　　　　　　　↓
金针菇→挑选、清洗→打浆→金针菇汁→磨浆→金针菇花生汁→过滤→混合、调配→均质→灌装→灭菌→冷却→成品

【操作要点】

（1）金针菇汁的制备　挑选新鲜、色泽洁白的金针菇为原料，去除菇根和表面污物。用破壁机打浆，在 90℃条件下预煮 70min，破坏酶的活力，防止金针菇褐变，即可得到金针菇汁。

（2）金针菇花生汁的制备　选取色泽光亮、饱满、无霉变的新花生粒，清洗除去杂质。将花生置于 120℃的干燥箱中烘烤 20min，脱去红衣，按照料液比 1∶3，将花生仁在 0.5％的 $NaHCO_3$ 溶液中浸泡 5h。目的是提高花生含水量，使花生易于破碎，加速进程，使营养物质更易于溶出。将花生与金针菇汁进行磨浆，得到金针菇花生汁。

（3）过滤　将金针菇花生汁经过 6 层纱布过滤 2 次，使固体物滤出，得到更加细腻的金针菇花生汁。

（4）调配　将金针菇花生汁、蔗糖脂肪酸酯、黄原胶及水按配方比例进行混合调配。

（5）均质　均质可以使饮料中的蛋白质颗粒和脂肪颗粒球更小，因此将混合好的金针菇花生饮料放入均质机中进行均质，设置条件为温度 65℃，压力 25MPa。

（6）灭菌、冷却　将均质后的金针菇花生复合饮料在 95℃条件下灭菌 10min，冷却至室温即得成品。

【质量标准】

（1）感官指标　呈乳白色，色泽均匀一致；具有金针菇鲜香味及浓郁的花生香；花生香味及金针菇鲜味协调，甜度适中；黏度适中无分层。

（2）理化指标及微生物指标　均达到国家标准要求。

四、香菇的制汁技术与复合饮料实例

香菇〔*Lentinus edodes*（Berk.）sing〕为真菌门真菌香蕈（瓜菰、花菇），又称香蕈、椎耳、香信、冬菰、厚菇、花菇。子实体较小至稍大，菌盖直径5～12cm，可达20cm，扁平球形至稍平展，表面浅褐色、深褐色至深肉桂色，有深色鳞片，而边缘往往鳞片色浅至污白色，有毛状物或絮状物，菌肉白色，稍厚或厚，细密，菌褶白色，密、弯生、不等长。香菇营养丰富，味道鲜美，被视为"菇中之王"。香菇中含不饱和脂肪酸甚高，还含有大量的可转变为维生素D的麦角甾醇和菌甾醇，对于抵抗疾病和预防感冒及疾病治疗有良好效果。经常食用可预防人体各种黏膜及皮肤炎症。香菇可预防血管硬化，可降低人体的血压，从香菇中还分离出降血清胆固醇的成分。

香菇五汁饮料加工技术介绍如下。

【原辅料配比】

香菇汁35%，大枣浸提液20%，山楂浸提液20%，枸杞浸提液5%，陈皮浸提液20%，赤藓糖醇5.0g/L，柠檬酸1.5g/L，CMC-Na 0.03g/100mL。（辅料用量按饮料总体积计算。）

【工艺流程】

```
山楂、大枣、枸杞、陈皮 → 清洗 → 软化┐
    离心取上清液 ← 萃取←┘         ├ 调配 → 打气 → 灌装 → 成品
干香菇 → 清洗 → 粉碎 → 浸提 → 酶解┐
    过滤 ← 澄清 ← 粗滤←┘
```

【操作要点】

（1）软化　将洗净的山楂、大枣、枸杞、陈皮按1∶6的比例加水，水温95～100℃，软化5min，达到手感柔软即可。

（2）萃取　将山楂、大枣、枸杞和陈皮在50℃下萃取2h左右，即得浸提液。

（3）香菇汁的制备

① 原料选择、去杂。选择无霉烂的干香菇（包括菇柄），清洗去杂质。

② 清洗、粉碎。用少量清水洗涤香菇外表面，并用粉碎机粉碎至40～60目。

③ 浸提、酶解。按香菇∶水=1∶20的比例加净化水，并加入酶浓度为0.15%的纤维素酶和酶浓度为0.2%的菠萝蛋白酶进行浸提4h，水温保持在50℃左右，pH值在4.5～4.6。

④ 粗滤、澄清、过滤。用两层细纱布粗滤后，加入适量的澄清剂，澄清剂

应在搅拌下缓慢加入，使之与香菇汁混合均匀。在50℃下保温静置4h，使胶体凝集、沉淀，上清液用硅藻土过滤机过滤后，得到香菇汁。

（4）调配　按配方比例将各种原辅料混合均匀。

（5）打气　调配好的料液进入静态混合器进口的同时，通入0.6MPa的净化CO_2气体，使其达到所需的含气量。

（6）灌装、压盖　碳酸化处理的料液迅速灌装，灌装后压盖封口，即为成品。

【质量标准】

（1）感官指标　气泡水呈棕黄色，色泽均匀，无不良杂色；风味浓厚正宗，无不良口感；酸甜可口，无苦涩味；质地匀称，不分层。

（2）理化指标及微生物指标　均达到国家标准要求。

五、灵芝的制汁技术与复合饮料实例

灵芝为多孔菌科真菌赤芝［*Ganoderma lucidum*（Leyss. ex Fr.）Karst.］或紫芝（*Ganoderma sinense* Zhao，Xu et Zhang）的干燥子实体，别名灵芝草、菌灵芝、木灵芝。全年采收，除去杂质，剪除附有朽木、泥沙或培养基质的下端菌柄，阴干或在40～50℃烘干。各地均有分布，近来有人工培养，培养品形态有变异，但其疗效相同。主治虚劳、咳嗽、气喘、失眠、消化不良、恶性肿瘤等。动物药理实验表明：灵芝对神经系统有抑制作用，对循环系统有降压和加强心脏收缩力的作用，对呼吸系统有祛痰作用，此外，还有护肝、提高免疫功能、抗菌等作用。

海棠灵芝桂花复合饮料加工技术介绍如下。

【原辅料配比】

灵芝汁6%，海棠果汁50%，桂花汁12%，蔗糖100g/L，柠檬酸0.2g/L，黄原胶0.3g/L，CMC-Na 0.4g/L，β-环糊精0.6g/L，加水至100%。

【工艺流程】

灵芝 → 预处理 → 烘干 → 粉碎 → 浸提 → 过滤 → 灵芝汁 ┐

桂花 → 预处理 → 浸提 → 过滤 → 桂花汁 ├ 调配 → 均质 → 灌装 → 灭菌

海棠果 → 预处理 → 护色 → 软化打浆 → 酶解 → 海棠果汁 ← 过滤 ┘

成品 ← 冷却 ┘

【操作要点】

（1）灵芝汁的制备　将灵芝片洗净，放入干燥箱中于60℃烘干至恒重，用粉碎机打碎后过200目筛，按灵芝与水1∶200（质量体积比）的比例于70℃下浸提 2h，用 200 目筛过滤取汁，留灵芝渣加入等体积水（加水量同第 1 次），于 80℃浸提 3h，用 200 目筛过滤取汁，两次汁液合并得到灵芝汁，置于 5℃冰箱保存。

（2）海棠果汁的制备　选取新鲜海棠果，清洗 3 遍，去蒂去籽后切块，加入海棠果块 2 倍质量的 85℃热水，软化 1～2min，静置至室温后捞出，用榨汁机榨汁后加入 0.04％的果胶酶，搅拌均匀，温度设置为 45℃，酶解 120min，pH 值为 4.0，用 200 目筛过滤得到海棠果汁，置于 5℃冰箱保存。

（3）桂花汁的制备　1g 干桂花加 100mL 水，于 80℃浸提 10min，用 200 目筛过滤取汁，桂花滤渣再加入等体积的水（加水量同第 1 次），于 85℃浸提 15min，用 200 目筛过滤取汁，合并两次得到的桂花汁，置于 5℃冰箱保存。

（4）调配　海棠果汁、灵芝汁、桂花汁、柠檬酸、蔗糖、水按配方比例调配好，加入配方比例的 CMC-Na、黄原胶、β-环糊精以调节复合饮料的口感和风味。

（5）均质、灭菌　使用高压均质机在 60℃条件下进行均质，然后在 62.8℃的条件下对饮料进行灭菌 30min。

【质量标准】

（1）感官指标　呈橙黄色，色泽纯正，透光性好；口感层次分明，酸甜适中；具有浓郁果香；鲜亮度高，无分层。

（2）理化指标　pH 值为 3.7，可溶性固形物含量≥12％。

（3）微生物指标　菌落总数<100CFU/g；大肠菌群<6MPN/100g；致病菌不得检出。

六、猴头菇的制汁技术与复合饮料实例

猴头菇 [*Hericium erinaceus* (Bull. Fr.) Pers.] 隶属于担子菌纲非褶菌目猴头菌科猴头菌属，俗称猴头菌、猴头、猴头蘑、刺猬菌。主要产自黑龙江省大兴安岭林区。猴头菇是蘑菇的一个种类，生长在栎树干上。肉质，块状或头状，宽 5～10cm，基部狭窄或有短柄，有密集下垂的长刺，刺针形，长 1～3cm。子实层生于针刺周围。孢子无色，光滑，球形或近球形。刚生出时呈乳白色，逐渐转微黄，采集干燥后变为黄褐色至黑褐色，形状酷似猴子脑袋，故称为猴头菇。猴头菇是一种著名的食品，有山珍猴头、海味燕窝之说。猴头菇也是一种名贵药材，能治疗消化不良、胃溃疡、十二指肠溃疡、神经衰弱等疾病。

猴头菇小米饮料加工技术介绍如下。

【原辅料配比】

猴头菇汁 60％，小米汁 20％，柠檬酸 0.2％，白砂糖 10.44％，加水至 100％。

【工艺流程】

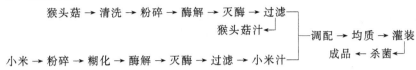

【操作要点】

(1) 猴头菇汁的制备

① 原料选择。选取新鲜、菇形完整，无畸形、杂质、异味、病虫害，色泽洁白的猴头菇。

② 清洗、粉碎。用清水洗净，用粉碎机打碎成均一粉末状。

③ 酶解。按猴头菇粉∶水＝1∶40（质量体积比）的比例加水，加入0.3%的纤维素酶，于50℃水浴锅中酶解2h后灭酶。

④ 过滤。酶解后用4层纱布过滤，加入0.04%的硅藻土，静置2d后，取上清液得猴头菇汁。

(2) 小米汁的制备　选取洁净、无虫害的小米，用粉碎机打碎呈均一粉末状，按小米粉∶水＝1∶40（质量体积比）的比例加水，加热对其糊化，待中心温度降至80℃时，加入0.6%的淀粉酶，在85℃酶解1.5h后灭酶，用4层纱布过滤小米浸提液，加入0.04%的硅藻土，并除去杂沫，静置2d，得小米汁。

(3) 调配　按配方比例将猴头菇汁、小米汁混合调配，加入白砂糖、柠檬酸、水，搅拌均匀，得到猴头菇小米复合汁。

(4) 均质　将复合汁置于高压均质机中均质，温度65℃，均质压力20MPa。

(5) 灌装、杀菌　将复合汁装入瓶中，在100℃下杀菌10min，得到猴头菇小米复合饮料。

【质量标准】

(1) 感官指标　呈亮黄色，颜色分布均匀，无杂色；酸甜适中，无苦味，有饮料的清爽感；澄清，组织状态分布均匀，无沉淀。

(2) 理化指标及微生物指标　均达到国家标准要求。

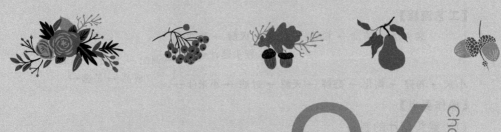

第六章　花卉的制汁技术与复合饮料实例

花卉不仅有美丽的外观，而且还含有多种生理活性物质、芳香物质，经常食用能松弛人的紧张情绪，还有美容、健肤、促进血液循环等作用。花卉饮料是近年来流行的一种新型天然饮料，不含刺激性物质，它不仅颜色、香味令人愉悦，而且具有滋润肌肤、美容养颜和提神明目之功效，特别受到女性消费者的青睐。

第一节　草本花卉的制汁技术与复合饮料实例

草本花卉即一、二年生草花和宿根花卉、球根花卉的统称。一年生草花：在一年内完成整个生育期，当年播种，当年开花、结果。二年生草花：在秋天播种，翌年春天开花、结果。宿根花卉：顾名思义是植株地下部分可以宿存于土壤中越冬，翌年春天地上部分又可萌发生长、开花结籽的花卉，如石竹、荷兰菊、地被菊以及优良的地被草花——红草等。球根花卉：植株地下部分变态膨大，有的在地下形成球状物或块状物，为大量贮藏养分的多年生草本花卉，如应用较广泛的小丽花、美人蕉、郁金香等。本节介绍部分草本花卉的制汁技术与复合饮料实例。

一、菊花的制汁技术与复合饮料实例

菊花［*Dendranthema morifolium*（Ramat.）Tzvel.］又名寿客、节华、更生，有白菊、药菊、黄菊、杭菊、祁菊、怀菊、贡菊、滁菊、毫菊等多种品种。为菊科多年生草本植物菊的头状花序，在我国种植面积较广，主产于浙江、安徽、河南及四川等地。由于产地、花色、加工方法的不同，又分为白菊花、黄菊花、杭菊花、滁菊花等品种。菊花喜凉爽、较耐寒，生长适宜温度 $18\sim21℃$，地下根茎耐旱，最忌积涝，喜地势高、土层深厚、富含腐殖质、疏松肥沃、排水

良好的土壤。在微酸性至微碱性土壤中皆能生长，而以 pH 值 6.2～6.7 最佳。菊花，性辛、甘、苦、微寒，具有疏风清热、解毒、明目之功效。现代医学研究证明，菊花用于外感风热及温病初起、发热、头昏痛及肝经风热或肝火上攻所致的目赤肿痛等症。菊花饮料主要是以优质菊花为原料，加入白砂糖、蜂蜜等甜味剂，不加色素、香精及防腐剂的新型饮料。

1. 菊花枸杞复合饮料

【原辅料配比】

菊花汁 43.0％，枸杞汁 16.0％，白砂糖 5.0％，柠檬酸 0.05％，蜂蜜 3.0％，加水至 100％。

【工艺流程】

菊花 → 浸泡 → 过滤 → 重复 1 次 → 合并滤液 ┐
                                              ├ 调配 → 均质 → 灌装
枸杞 → 浸泡 → 榨汁 → 过滤 → 重复 1 次 → 合并滤液 ┘
                                    成品 ← 杀菌 ←

【操作要点】

（1）干菊花制汁　以 40 倍水浸泡干菊花 7min，保持水温 90℃，提取 2 次后过滤，滤液即为干菊花汁。

（2）干枸杞制汁　以 20 倍水浸泡干枸杞 30min，保持水温 100℃，共提取 2 次，将枸杞与水一起置于打浆机破碎，过滤制得枸杞原汁。

（3）菊花枸杞汁调配　将菊花汁、枸杞汁、白砂糖、柠檬酸、蜂蜜、水按配方比例混合，并搅拌均匀。

（4）均质　将调配好的料液加入 25MPa、70℃高压均质机中处理 15min。

（5）灌装　将均质后的饮料趁热分装至玻璃瓶中。

（6）杀菌　采用超高温瞬时灭菌技术，温度 136～138℃，持续 5s。

【质量标准】

（1）感官指标　颜色亮黄、透亮，有光泽，味感强烈，具有明显的菊花、枸杞香气，菊花枸杞滋味协调浓郁，口感醇厚，酸甜适宜。

（2）理化指标及微生物指标　均达到国家标准要求。

2. 罗汉果菊花茶饮料

【原辅料配比】

罗汉果提取液 60％，菊花提取液 40％，柠檬酸 0.15％，白砂糖 7％。（辅料用量按饮料总体积计算。）

【工艺流程】

罗汉果、菊花→清洗→破碎→浸提→精滤→调配→灌装灭菌→冷却→成品

【操作要点】

（1）原料选择　挑选色泽均匀，无病虫、无腐烂霉变、气味芳香的菊花，无

病害虫蛀、无霉烂变质的罗汉果，并去除多余杂质。

（2）清洗　用流动清水清洗菊花和罗汉果表面附着的污物。

（3）破碎、浸提　将菊花按照浸提料液1∶90的配比加水，于80℃恒温浸提30min，得菊花浸提液。将罗汉果实用粉碎机粉碎，按照浸提料液1∶130的配比加水，于90℃恒温浸提30min，得罗汉果果实的提取液。

（4）精滤　将浸提液用滤布过滤、弃渣，取得滤液。

（5）调配　将罗汉果提取液、菊花提取液按配方比例搅拌混合，辅以酸味剂柠檬酸、白砂糖混合均匀，得到调配液。

（6）灭菌、冷却　将已经高温灌装好的茶饮料置于95～100℃热水中杀菌30min，分段冷却至室温，即可得到成品。

【质量标准】

（1）感官指标　呈均匀的黄褐色，清亮透明；气味适宜，无其他异味；口感柔和，无苦涩味，酸甜适中；无肉眼可见杂质，澄清均一透明。

（2）理化指标及微生物指标　均达到国家标准要求。

二、百合花的制汁技术与复合饮料实例

百合（*Lilium brownii* var. viridulum Baker）又名家百合、喇叭筒花、夜合花、布朗百合、野百合、淡紫百合、山蒜头等，为百合科百合属多年生球根植物。百合植株挺秀，花大色艳，是目前国内外广泛栽培的球根花卉之一。百合为多年生草本。无皮鳞茎扁球形，乳白色。茎直立，地下茎节有茎生根，地上茎刚直矮壮，绿色光滑。叶散生多数，披针形。花顶生数朵，喇叭形，平展，花被先端稍向外反卷，乳白色，花被筒深处淡绿色。百合花含有秋水仙碱等多种生物碱，还含有淀粉、蛋白质、脂肪、钙、磷、铁以及维生素B_1、维生素B_2、维生素C、泛酸、胡萝卜素等成分。百合花性微寒，味甘，微苦，有驻颜美容、润肺平喘、清火安神等功效，可用于面色无华、皮肤粗糙、咳嗽、眩晕、夜寐不安等症。

百合苹果复合饮料加工技术介绍如下。

【原辅料配比】

百合苹果汁60%（百合汁∶浓缩苹果汁＝9∶1），白砂糖5%，柠檬酸0.05%，羧甲基纤维素钠0.05%，加水至100%。

【工艺流程】

新鲜百合→去泥、洗净、掰瓣→热烫→护色→浸泡→破碎→过滤→调配→均质→过滤→灌装→杀菌→冷却→成品

【操作要点】

（1）清洗、热烫　将清洗干净的新鲜百合于沸水中热烫5min。

（2）护色、浸泡　向热烫后的百合中加入 0.05％的 NaCl、0.05％的柠檬酸、0.1％的 D-异抗坏血酸钠、0.1％的抗坏血酸作为护色剂进行护色处理，浸泡 1～2h。

（3）破碎、过滤　将护色后的百合放入榨汁机中破碎打浆，得到的百合浆用 4 层纱布过滤，得到百合汁备用。

（4）调配　将百合汁与浓缩苹果汁按配方比例混合，再加入白砂糖、柠檬酸等辅料，并充分搅拌混合均匀。

（5）均质　将调配好的饮料于 4500r/min 均质 2min，使其混合均匀。

（6）杀菌　将百合苹果复合饮料装入玻璃瓶中，虚掩瓶盖于 90℃热水中继续加热，当瓶内温度升至 100℃后拧紧瓶盖，保持 15min 杀菌。

【质量标准】

（1）感官指标　色泽均匀；香味协调且有百合独特的清香；口感润滑、酸甜适宜；无肉眼可见的沉淀，均匀一致无分层。

（2）理化指标　可溶性固形物 12％；总酸（以柠檬酸计）0.42g/100mL；pH 值 4；粗多糖 2.76mg/mL。

（3）微生物指标　达到国家标准要求。

第二节　木本花卉的制汁技术与复合饮料实例

木本花卉是指植物体的茎、枝木质化的多年生花卉。木本花卉的茎木质部发达，称木质茎。木本花卉主要包括乔木、灌木、藤木三种类型。一般栽种数年后，可连年开花，是园林绿化和风景区绿化布置的主要材料。本节介绍部分木本花卉的制汁技术与复合饮料实例。

一、玉兰花的制汁技术与复合饮料实例

玉兰（*Magnolia denudata*）又名白玉兰、木兰、应春花，为木兰科木兰属落叶乔木。玉兰花为我国特有的名贵园林花木之一，原产于长江流域，现在庐山、黄山、峨眉山等处尚有野生。玉兰花色白如玉，花香似兰，其树型魁伟，高者可超过 10m，树冠卵形，大型叶为倒卵形，先端短而突尖，基部楔形，表面有光泽。枝条疏生开展，嫩枝及芽外被短绒毛。花先叶开放，顶生，朵大，直径 12～15cm。花被 9 片，钟状。果穗圆筒形，褐色，蓇葖果，成熟后开裂，种子红色。3 月开花，6～7 月果熟。玉兰花含挥发油，其中主要为柠檬醛、丁香油酚、1,8-桉叶素，还含有木兰花碱、癸酸、油酸、维生素 A、生物碱、芦丁等成分。玉兰花性味辛、温，具有祛风散寒、宣肺通鼻的功效。

玉兰花汁饮料加工技术介绍如下。

【原辅料配比】

玉兰花浸提汁 7%，蔗糖 8%，柠檬酸 0.15%，蛋白糖 0.05%，复合香精 0.08%，加水至 100%。

【工艺流程】

玉兰花→除杂→浸汁→过滤→玉兰花浸汁→调配→灌装→密封→杀菌→成品

【操作要点】

(1) 原料选择、除杂　挑选无腐烂的干花，除去杂叶，用水冲洗除去表面尘土。

(2) 浸汁　浸提前将原料花粉碎，第一次浸提用花质量 8 倍的水作溶剂浸提 2h，第二次用花质量 6 倍的溶剂浸提 1h，第三次再用花质量 4 倍的溶剂浸提 1h，合并三次滤液。

(3) 澄清、过滤　在浸汁中加入 0.02% 的明胶搅拌均匀，在低温下静置 8h 后，用虹吸法抽取上清液，在 0.8MPa 压力下用硅藻土抽滤机抽滤。

(4) 蔗糖的溶解和过滤　蔗糖用沸腾过的纯净水进行溶解，溶解后趁热进行过滤。

(5) 柠檬酸等辅料的溶解　用净化水进行溶解后再加入。

(6) 调配　按照配方进行饮料的调配。

(7) 灌装、密封　用灌装及密封设备进行灌装封盖。

(8) 杀菌　采用 80℃ 杀菌 30min，逐级冷却至 35℃ 左右，保温贮藏 7d。

【质量标准】

(1) 感官指标　呈淡黄色；具有玉兰花特有的香气，清淡愉雅；酸甜适口，协调爽口；澄清透明，久置允许有少量沉淀。

(2) 理化指标及微生物指标　均达到国家标准要求。

二、洋槐的制汁技术与复合饮料实例

洋槐（*Robinia pseudoacacia* L.）为豆科植物，又名刺槐、槐树，落叶乔木。羽状复叶；小叶互生，椭圆形、矩圆形或卵形，先端圆或微凹，有小尖，基部圆形，无毛或幼时疏生短毛。总状花序腋生，花序轴及花梗有柔毛；花萼杯状，浅裂，有柔毛；花冠白色，旗瓣有爪，基部有黄色斑点；子房无毛。荚果扁，长矩圆形，赤褐色；种子肾形，黑色。种子含油约 12%，可作肥皂及油漆原料；茎皮、根、叶供药用，有利尿、止血之效。槐花为槐树的花朵或花蕾，又名槐米、槐蕊等。槐花含有芸香苷、槲皮素、葡萄糖、鼠李糖、桦木素、槐二醇等成分。花可食用，性寒，味苦，具有清热泻火、凉血止血等功效。可增强毛细血管的抵抗力，改善血管壁脆性，对高血压患者有防止脑血管破裂的功效，并对实验性动脉硬化症有预防和治疗作用。

槐花汁饮料加工技术介绍如下。

【原辅料配比】

槐花浸提液15%，麦芽糖醇2.3%，柠檬酸0.07%，甜蜜素0.05%，加水至100%。

【工艺流程】

槐花→清洗、热烫→浸汁→澄清→过滤→调配→高温灭菌→冷却→成品

【操作要点】

(1) 原料选择　选择已有大部分小花开放的整体洁白、无发霉、无腐烂的槐花，除去残枝杂叶及其他异物。

(2) 清洗、热烫、漂洗　将挑选好的槐花用清水漂洗，除去表面尘土，用开水烫过，漂洗清除槐毒。

(3) 浸汁　洋槐花和水按1：2的比例，维持40~80℃恒温进行浸汁。

(4) 澄清　在提取液中添加果胶酶，调节pH值至3.5，进行澄清。

(5) 过滤　将澄清后的花汁提取液用硅藻土作助滤剂进行过滤，硅藻土的添加量为0.02%。

(6) 调配　将原辅料按配方比例混合均匀。

(7) 杀菌　经瞬时高温120℃杀菌，迅速冷却至40℃以下，密封包装。

【质量标准】

(1) 感官指标　呈金黄色；有浓郁花香；酸甜适口；汁液澄清透亮。

(2) 理化指标　可溶性固形物（以折光计）≥2.5%；总酸（以柠檬酸计）0.02%~0.05%。

(3) 微生物指标　菌落总数≤100CFU/mL；大肠菌群≤3MPN/mL；致病菌不得检出。

三、木槿花的制汁技术与复合饮料实例

木槿（*Hibiscus syriacus* L.）又名白饭花、篱障花、鸡肉花、朝开暮落花，为锦葵科落叶灌木或小乔木。原产于东南亚，全国各地均有栽培，通常作为绿篱或观赏用。高3~6m，茎直立，多分枝，稍披散，树皮灰棕色，幼枝被毛，后渐脱落。单叶互生，在短枝上也有2~3片簇生，叶卵形或菱状卵形，有明显的三条主脉，叶缘有锯齿，托叶早落。花单生于枝梢叶腋，花瓣5，浅蓝紫色、粉红色或白色，花期6~9月。木槿花含肥皂草苷，系一种黄酮苷，并含异牡荆素。此外，尚含有皂苷及黏液质。根含单宁和黏液质。种子含脂肪油。木槿花具有清热凉血、解毒消肿等功效，主治痢疾、痔疮出血、疮疖痈肿、烫伤。根具有清热解毒、利水消肿、止咳等功效，主治咳嗽、肺痈、肠痈、痔疮肿痛、疥癣。根皮和茎皮可清热利湿、杀虫止痒，主治痢疾、阴囊湿疹、脚癣等。果实称"朝天子"，可清肺化痰、解毒止痛，主治痰喘咳嗽、神经性头痛、黄水疮。

木槿花汁饮料加工技术介绍如下。

【原辅料配比】

木槿花浸汁18%,柠檬酸0.2%,蔗糖8%,柠檬酸三钠0.04%,磷酸三钠0.07%,乙基麦芽酚20mg/kg,苯甲酸钠0.04%,复合香精0.1%,加水至100%。

【工艺流程】

木槿花→除尘→除杂→破碎→三次浸汁→合并浸汁→过滤→调配→过滤→脱气→杀菌→灌装→成品

【操作要点】

(1)原料选择、除尘、粉碎 选择新鲜的木槿花为原料,除尘、除杂后用粉碎机粉碎。

(2)浸汁 分三次提取,第一次加水15倍在45℃下加入0.02%的复合果胶酶提取2h,过滤取汁;残渣再加入10倍水在7℃下提取15h,过滤取汁;残渣再加10倍水,在95℃下提取1h,过滤取汁。

(3)过滤 将三次提取液合并,用硅藻土过滤机过滤,工作压力为0.2MPa,汁液的透光率要达到85%以上。

(4)调配、过滤 用沸水将蔗糖溶化,冷却至40~50℃,经双联过滤器过滤,送入调配罐,按配方加入各种原辅料,搅匀,再进行硅藻土过滤机过滤,工作压力为0.2MPa,产品透光率要求达到96%。

(5)脱气 脱气机的真空度为0.05MPa。

(6)杀菌 杀菌温度120℃,时间3s,出料温度为45℃。

(7)封罐、杀菌 封罐机的真空度为0.05MPa,然后在沸水中杀菌15min。

【质量标准】

(1)感官指标 色泽淡色;具有木槿花的清香;滋味酸甜适口,略具苦涩味,协调爽口;久置允许有少量沉淀。

(2)理化指标 可溶性固形物(以折光计)≥8.0%;总酸≥0.2%;pH值为3.5~3.8。

(3)微生物指标 达到国家标准要求。

四、玫瑰花的制汁技术与复合饮料实例

玫瑰(*Rosa rugosa*)又名刺玫花、徘徊花、穿心玫瑰,为蔷薇科植物。玫瑰原产于亚欧干燥地区,我国(华北、西北和西南)、日本及朝鲜均有分布。喜阳光,耐旱、耐涝,也能耐寒冷,适宜生长在较肥沃的沙质土壤中。落叶灌木,茎密生锐刺。羽状复叶,小叶5~9片,椭圆形或椭圆状倒卵形,上面有皱纹。常见的花有紫红色和白色两种,香味很浓。玫瑰很香,是世界上著名的香精原料，人们多用它熏茶、制酒和配制各种甜食，其价值曾比黄金还高。玫瑰可入药，其花阴干，有行气、活血、收敛作用。玫瑰花饮料主要是以优良玫瑰花为原料，加上白糖、蜂蜜、柠檬酸及品质改良剂配制而成的新型饮料。

1. 玫瑰三七花复合饮料

【原辅料配比】

墨红玫瑰花提取液 7.5%，三七花浸膏 0.03%，白砂糖 10%，蜂蜜 4.5%，柠檬酸 0.15%，加水至 100%。

【工艺流程】

【操作要点】

（1）墨红玫瑰花提取液制备　选择优质的玫瑰花瓣，研磨粉碎后，采用超声辅助浸提法，按照料液比 1∶25 加水，于 65℃ 浸提 75min 后超声提取 20min。

（2）三七花总皂苷的制备　对三七花中的总皂苷进行提取，用 60% 食用乙醇进行提取，料液比 1∶14，提取时间 1.5h，温度 60℃，过滤得滤液，滤渣按上述条件重复提取 1 次，合并滤液浓缩成浸膏。

（3）玫瑰三七花复合饮料制作　将配方比例的三七花浸膏用适量纯净饮用水超声溶解，加入墨红玫瑰花提取液、白砂糖、蜂蜜、柠檬酸等，超声溶解 10min，磁力搅拌 10min，将饮料装入玻璃瓶中立即封口，于 82℃ 杀菌 30min，立即冰水浴 20min 即得玫瑰三七花复合饮料成品。

【质量标准】

（1）感官指标　呈鲜红色，色泽光亮，均匀一致；具有清爽的玫瑰香味；酸甜可口，口感润滑；透明清亮，无明显悬浮物。

（2）理化指标　总酸 3.2%，总糖 15%，pH 值 2.9～3.1。

（3）微生物指标　达到国家标准要求。

2. 红枣玫瑰花功能饮料

【原辅料配比】

玫瑰花汁 35%，红枣汁 50%，柠檬酸 0.01%，冰糖 8%，加水至 100%。

【工艺流程】

【操作要点】

(1) 玫瑰花汁的制备　按照玫瑰花：水＝1：10 配制后煮沸，于 100℃ 恒温浸提 1h，冷却过滤。重复操作 1 次，合并滤液，留用。

(2) 红枣汁的制备　按照料液比 1：6，将红枣与水煮沸后，于 100℃ 恒温浸提 1h，冷却过滤，重复操作 1 次，合并滤液，留用。

(3) 冰糖粉碎　使用超微粉碎机粉碎冰糖，于 95℃ 下烘干至恒重，备用。

(4) 澄清　玫瑰花汁与红枣汁分别于 4℃ 条件下静置 20min，抽滤上清液，留用。

(5) 调配　按照配方比例将玫瑰花汁与红枣汁混合，按比例加入冰糖、柠檬酸和水进行调配。

(6) 杀菌、灌装　将调配好的红枣玫瑰花混合液加热至 95℃，保持 15min；趁热灌装，保持中心温度高于 75℃，封口。

(7) 冷却　杀菌灌装后，迅速将红枣玫瑰花汁饮料置入流动水中，冷却至室温。

【质量标准】

(1) 感官指标　呈暗红色；具有红枣、玫瑰花特有的香气，香气柔和，无异味；绵柔，酸甜适宜；均匀、稳定、细腻，允许有少量沉淀物。

(2) 理化指标　pH 值 6.7，可溶性固形物含量 12%，铅≤0.3mg/L，砷≤5.0mg/L。

(3) 微生物指标　菌落总数≤100CFU/mL，大肠杆菌≤30MPN/L，致病菌不得检出。

3. 藏茶玫瑰乌梅无糖复合饮料

【原辅料配比】

玫瑰浸提液 20%，藏茶浸提液 42%，乌梅浸提液 18%，赤藓糖醇 3%，三氯蔗糖 0.007%，加水至 100%。

【工艺流程】

玫瑰花 → 粉碎 → 热水提取 → 过滤 → 玫瑰浸提液

藏茶 → 粉碎 → 热水提取 → 过滤 → 藏茶浸提液 ──调配 → 均质 → 过滤 → 灌装

乌梅 → 粉碎 → 热水提取 → 过滤 → 乌梅浸提液　　　　成品 ← 灭菌

【操作要点】

(1) 玫瑰浸提液　玫瑰花粉碎后，按料液比 1：60 加水，在 90℃ 下浸提 1h，过滤，得到玫瑰浸提液。

(2) 藏茶浸提液　藏茶粉碎后，按料液比 1：50 加水，在 90℃ 下浸提 45min，过滤，得到藏茶浸提液。

（3）乌梅浸提液　乌梅去核粉碎后，按料液比 1：35 加水，在 90℃下浸提 30min，过滤，得到乌梅浸提液。

（4）调配　将 3 种浸提液按配方比例混合均匀，再按配方加入赤藓糖醇、三氯蔗糖和水，充分搅拌混匀。

（5）均质　将调配好的饮料在 25MPa 压力下进行均质。

（6）灌装、杀菌　将饮料装罐，在沸水中杀菌 30min，经过冷却即为成品。

【质量标准】

（1）感官指标　呈褐红色，澄清透明、有光泽；藏茶味和玫瑰味均衡，清香；透光性较强，质地均匀，无沉淀；酸甜适中，口感协调。

（2）理化指标及微生物指标　均达到国家标准要求。

五、槟榔花的制汁技术与复合饮料实例

槟榔（*Areca catechu*）又名仁频、宾门、宾门药饯、白槟榔、橄榄子、槟榔仁、洗瘴丹、大腹子、大腹槟榔、槟榔子、马金南、青仔、槟榔玉、榔玉。为棕榈科常绿乔木，槟榔原产于马来西亚，分布区域涵盖亚洲斯里兰卡、泰国、印度等热带地区，东非及大洋洲也有分布。槟榔树高约 12～15m，无分枝，茎直径约 15cm，6～9 枚叶簇生于茎的顶端。果实外皮坚硬，内含一粒槟榔籽。采收期约每年的 8～11 月份，去皮煮沸处理晒干后呈深色。槟榔中主要的生物碱为槟榔碱。坚果卵圆形或长圆形，长 5～6cm，花萼和花瓣宿存，熟时红色。槟榔含生物碱 0.3%～0.6%、缩合单宁（儿茶素）15%、脂肪 14%。含甘露糖、半乳糖、无色花青素、红色素槟榔红及皂苷等。槟榔可以清除多种肠道寄生虫，以杀绦虫效果最好。泻下导滞，可用于治疗食积气滞、湿热痢疾等。行气利水，可用于治疗水肿、湿毒脚气等。

槟榔花茶饮料加工技术介绍如下。

【原辅料配比】

槟榔花浸提物 90.3%，百香果浓缩汁 0.182%，白砂糖 3.7%，果葡糖浆 5.8%，柠檬酸 0.009%，L-苹果酸 0.009%。

【工艺流程】

鲜槟榔花→破碎→浸提→粗滤→调配→精滤→灌装→脱气→封口→灭菌→冷却→成品

【操作要点】

（1）原料选择　选择新鲜的未开的槟榔花苞为原料，除尘除杂。

（2）破碎　将原料清洗、切分后，使用高速组织捣碎机进行破碎。

（3）浸提、粗滤　按照料液比 1：51 加水，在 80℃下浸提 21min，此时槟榔花浸提液中有效成分含量可达较大值。浸提后迅速冷却至室温，使用 500μm 滤布进行粗滤。

（4）调配　将配方比例的白砂糖、果葡糖浆、柠檬酸、L-苹果酸、百香果浓缩汁与槟榔花浸提液充分混合，制成槟榔花茶饮料。

（5）精滤　将调配好的饮料通过 $50\sim80\mu m$ 的滤布，得到透明澄清的茶饮料。

（6）脱气、灌装、杀菌、冷却　采用真空脱气机脱气，灌装后于 105℃ 杀菌 5min，杀菌结束后及时冷却至室温。

【质量标准】

（1）感官指标　清澈、透明；有明显的槟榔花香，无其他异味；有槟榔花特有的滋味，酸甜适宜。

（2）理化指标及微生物指标　均达到国家标准要求。

第三节　多浆花卉植物的制汁技术与复合饮料实例

多浆植物又称多肉植物、肉质植物，意指具肥厚多汁的肉质茎、叶或根的植物。全世界约有 10000 余种，分属 40 多个科。其中属仙人掌科的种类较多，因而栽培上又将其单列为仙人掌类植物，而将其他科的植物称多浆植物。本节介绍几种多浆花卉植物的制汁技术及复合饮料实例。

一、芦荟的制汁技术与复合饮料实例

芦荟（Aloe）为百合科多年生常绿草本植物，芦荟原产于非洲南部热带地区，后逐步推广到世界各地，在我国一些地区也有野生状态的芦荟存在。叶簇生，呈座状或生于茎顶，叶常披针形或叶短宽，边缘有尖齿状刺。花序为伞形、总状、穗状、圆锥形等，色呈红、黄或具赤色斑点，花瓣六片，雌蕊六枚。花被基部多连合成筒状。人们应用芦荟的历史已有 3600 多年，但其功能远没被发掘出来。芦荟具有医疗、美容、保健、食用、观赏等多种功能。现代医学表明，芦荟具有抗衰老、抗癌症、消炎、杀菌、催眠等多种作用。芦荟能有效地促进大肠蠕动，治疗便秘；新鲜芦荟是健胃草药，可以治疗胃溃疡、十二指肠溃疡等胃肠病；芦荟食品中含有芦荟素和芦荟泻素，对肠道寄生虫有很好的杀灭作用，是一种安全的人体肠道杀虫剂，在消除肠道寄生虫的同时，还可促进和改善肠道的消化吸收功能；芦荟还具有预防高血压、治疗失眠和治疗神经系统疾病等功能。

1. 芦荟山楂复合果蔬汁

【原辅料配比】

芦荟汁 210L，山楂汁 840L，白砂糖 9％，柠檬酸 0.25％。（辅料用量按果蔬汁总体积计算。）

【工艺流程】

【操作要点】

（1）芦荟汁的制取

① 清洗、去皮、蒸煮。将芦荟叶用清水洗净但不能损伤芦荟叶，防止汁液流失。将洗净的芦荟叶去掉表面青皮，在蒸煮锅内加入一定量清水蒸煮，以去掉表皮中的毒素。

② 榨汁、压滤。在 0.5MPa 的压力下，将毛汁压入板框式压滤机内，进行液渣分离，其渣与新蒸煮的芦荟叶再同时压滤，滤液倒入原汁中。

③ 均质。将上述澄清的芦荟汁在高压均质机内均质，工作压力为 30MPa。

④ 灭菌、冷却。高温瞬时灭菌前，均质液体先预热至 60℃左右，经灭菌器 135℃灭菌 8～10s，取出、冷却至常温，入冷库备用。

（2）山楂汁的制取

① 选料、清洗。选取成熟、饱满、新鲜的山楂，去除腐烂、病虫山楂及杂质。

② 压碎。将果实压碎，但果核不能压碎，因为果核中含有的单宁等苦味物质会较多地进入饮料中，从而带来杂味，不易去除，影响饮料的品质。

③ 软化浸提。采用 2 次浸取法。第 1 次浸取 20～30min，温度为 90℃左右，加水量为山楂肉的 3 倍，然后滤汁。第 2 次浸取将过滤后的果渣加 2 倍的水，浸取 10h，温度 45℃左右。把两次浸提所得果汁混合。

④ 粗滤、澄清。粗滤采用 100 目筛网，除去果肉、果皮及粗纤维，便于澄清。将此滤液加热到 85℃杀菌，再冷却到 40℃，加入 0.06％的果胶酶，搅匀，静置 4h。然后再加热至 85℃，灭酶 3min，得到果汁澄清液。

（3）混合、调配 按配方比例将芦荟汁和山楂汁混合，再将白砂糖（预先用水溶解）、柠檬酸依次加入，不断搅拌，以便混合均匀。

（4）均质 采用高压均质机进行均质，均质机工作压力为 20MPa。

（5）灌装、杀菌、冷却 将料液预热到 70～80℃，趁热装瓶。超高温瞬时灭菌，温度 135℃，时间 5s。灭菌后迅速分段降温，再用冷却水冷却至 35℃。

【质量标准】

（1）感官指标 红色，无褐变，色泽均匀一致；口感细腻，具有山楂的味道，味感协调、酸甜适口，饮后有芦荟味留口，无不良异味；组织均匀一致，无分层、沉淀现象，无杂质。

（2）理化指标　可溶性固形物含量（折光计）≥13.5％；总糖含量≥10％；总酸含量（以柠檬酸计）≥0.1％；砷（以 As 计）≤0.5mg/kg；铅（以 Pb 计）≤1.0mg/kg。

（3）微生物指标　细菌总数≤100CFU/mL；大肠杆菌≤6MPN/100mL；致病菌不得检出。

2.芦荟梨黄瓜复合果蔬汁

【原辅料配比】

芦荟汁20％，梨汁50％，黄瓜汁20％，柠檬酸、白砂糖适量，羧甲基纤维素钠0.2％，加水至100％。

【工艺流程】

芦荟 → 清洗 → 去皮 → 护色 → 切块 → 破碎 →
芦荟原汁 ← 过滤 ← 榨汁 ← 煮沸 →

梨 → 选果 → 清洗 → 整理 → 切块 → 护色 → 　调配 → 均质 → 脱气 → 杀菌 →
梨原汁 ← 滤汁 ← 打浆 → 　成品 ← 冷却 ← 灌装 →

黄瓜 → 挑选 → 清洗 → 修整 → 破碎 → 预煮 →
黄瓜原汁 ← 过滤 ← 榨汁 →

【操作要点】

（1）芦荟汁的制取

① 选料。选择新鲜的食用品种，要求无变软、无腐烂变质、无病虫害、无变色现象，叶片厚度在 1.5cm 以上，长度在 55cm 以上。

② 清洗。先用清水洗净芦荟表面的污物，然后在水中浸泡 2min，以利于去皮。

③ 去皮。利用不锈钢刨刀刨除芦荟的表皮，要求刨皮干净、表面光滑，出品率 45％～58％。

④ 护色。芦荟在加工过程中容易发生褐变，所以去皮后应立即放入护色液中进行护色。护色液的配比为柠檬酸 0.1％、食盐 0.2％。

⑤ 切块、破碎。将芦荟切成 5cm 的段，然后用破碎机将芦荟进一步破碎成浆状。

⑥ 煮沸。由于芦荟破碎成浆后，浆体黏稠，流动性差，因此要降低芦荟浆液的黏度。降低黏度的方法是缓慢将芦荟浆液加热至微沸，保持 2～3min。

⑦ 榨汁。煮沸后的芦荟浆体用榨汁机榨汁，过滤后即得芦荟原汁。

（2）梨汁的制取

① 选果。选用完全成熟、风味浓郁的梨作原料。

② 整理。去皮、切半、挖除籽巢，去掉蒂柄，切除机械伤、虫害斑点等不合格部分。

③ 护色。去皮整理后的梨果肉易发生酶促褐变反应，将梨果肉放入清水中加热至 85℃左右，维持 15min，可以充分钝化多酚氧化酶，防止褐变。

④ 打浆、滤汁。软化后的果肉，送入打浆机打浆，选用孔径为 0.5～0.7mm 的筛网滤汁。

（3）黄瓜汁的制取

① 挑选。选用八九成熟、组织脆嫩、肉质新鲜、呈绿色或深绿色、无褐斑、无病虫害、无机械损伤的黄瓜为原料。

② 清洗。利用清水洗去黄瓜表面的泥污和残留农药。

③ 修整、破碎。将洗净沥干的黄瓜切除两端的瓜蒂、花蒂，再利用破碎机将黄瓜破碎成 1～2mm 见方的碎块。

④ 预煮、榨汁。将黄瓜碎块放进 80℃的热水中，预煮 2min，以达到钝化酶、护色、软化组织、提高出汁率的目的。然后将其捞出，并迅速冷却至室温，送入榨汁机中进行榨汁。

⑤ 过滤。将榨汁后得到的汁液经过 100 目的过滤器进行粗滤。得到的粗滤液放入密闭容器中，同时加入 0.1% 的琼脂或明胶，静置 4h 左右，进一步去除杂质、胶体物质和其他大分子聚合物，然后再经过 120 目的过滤器进行精滤，即得黄瓜原汁。

（4）调配　将芦荟原汁、梨原汁、黄瓜原汁和水按照配方比例进行混合，添加适量的白砂糖、柠檬酸，使糖酸比在 38:1 左右，并添加 0.2% 的羧甲基纤维素钠作为稳定剂，混合均匀。

（5）均质、脱气　采用高压均质机进行均质处理，均质压力为 10MPa。均质后立即打入真空脱气机中，在 0.08MPa 条件下进行真空脱气。

（6）杀菌、灌装　采用瞬时灭菌器，在 90～95℃进行 30s 杀菌。杀菌后的汁液趁热无菌灌装，封罐后迅速冷却至室温。

【质量标准】

（1）感官指标　呈淡绿色；具有浓郁的芦荟、梨和黄瓜复合后的和谐风味，无异味；呈均匀的液体状态，无分层现象。

（2）理化指标　可溶性固形物含量（按折光计）8%～14%；总酸含量（以柠檬酸计）0.2%～0.4%；砷（As）≤0.2mg/kg；铅（Pb）≤0.3mg/kg；铜（Cu）≤5.0mg/kg。

（3）微生物指标　菌落总数≤100CFU/mL；大肠菌群≤3MPN/100mL；霉菌、酵母菌≤20CFU/mL；致病菌不得检出。

二、仙人掌的制汁技术与复合饮料实例

仙人掌［*Opuntia dillenii*（Ker-Gawl.）Haw.］为仙人掌科仙人掌属植物，

别名仙巴掌、霸王树、火焰、火掌、玉芙蓉等。食用仙人掌原产于美洲、非洲，既可作为观赏性植物，又可食用和药用。我国云南少数民族地区也有把仙人掌果作为水果的习惯。其形态特征为肉质绿色、有节、有刺或基本无刺，茎节为扁平状，呈卵形，长 14～40cm，株高 2～3m，生长期 10～15 年。喜干燥、喜光、喜热。我国南方冬季气温保持在 0℃ 以上可露天种植，北方采用大棚种植。食用仙人掌营养丰富，每 100g 鲜茎含有矿物质 0.9g、蛋白质 1.3g、纤维素 6.7g、钙 20.4mg、磷 17.0mg、铁 2.6mg、维生素 C 15.9mg、维生素 B_2 0.04mg、维生素 B_1 0.03mg，以及多种氨基酸，具有降血糖、降血脂、降血压功效，营养丰富。其果实是一种水果，口感清甜。其老茎可加工成具有降血脂、降胆固醇等作用的保健品、药品，具有清热解毒、散瘀消肿、健胃止痛、镇咳等功效。可用于胃及十二指肠溃疡、急性痢疾、咳嗽；外用可治流行性腮腺炎、乳腺炎、痈疖肿毒、蛇咬伤、烧烫伤。

1. 仙人掌复合蔬菜汁

【原辅料配比】

仙人掌原汁 10%，黄瓜原汁 10%，菠菜原汁 10%，白砂糖 8%，柠檬酸 0.6%，复合稳定剂 0.35%，加水至 100%。

【工艺流程】

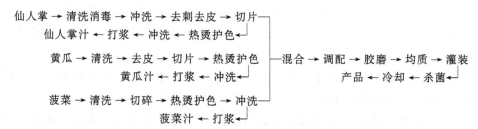

【操作要点】

（1）原料选择与清洗除杂

① 仙人掌。选择无病斑、无虫害、新鲜、绿色、肉质肥厚的仙人掌片。由于仙人掌的肉茎直接接触地面极易受到土壤中微生物的污染，所以必须对其进行消毒，采用 0.5% 的过氧乙酸浸泡 30min，然后用清水冲洗干净。

② 黄瓜。选无病虫害、鲜嫩的黄瓜，清洗去除杂质。

③ 菠菜。选叶大肥厚的鲜嫩菠菜，剔除黄叶、病斑叶及虫蛀叶等，清洗去除杂质。

（2）切分

① 仙人掌。去除仙人掌的刺，再去掉仙人掌的表面硬皮并切成 30cm×10cm 的薄片以提高出汁率。

② 黄瓜。去皮后切除两端的瓜蒂、花蒂，切成 3～5cm 厚的块状。

③ 菠菜。清洗干净沥去表面水分，切成 2cm 长的碎片。

（3）热烫护色　将分别切片的仙人掌、黄瓜、菠菜加护色剂，并选择适宜温度和时间，进行热烫护色处理。其目的是钝化酶，软化组织，阻止叶绿素褪色和褐变，并提高出汁率。

仙人掌于 90℃热烫 1min，加入 0.1％的维生素 C 和 0.05％的柠檬酸混合液浸泡 30min，护色效果最佳。黄瓜于 90℃热烫 3～5min，加入 0.04％的醋酸锌护色液，pH 值 8.0，浸泡 15min，护色效果最佳。菠菜用 1％碳酸氢钠溶液浸泡 10min，于 80℃热烫 1min，再加入 0.05％的醋酸锌护色液，pH 值 8.5，浸泡 1h，护色效果最佳。

（4）原料取汁　经热烫护色的仙人掌、黄瓜、菠菜迅速用水冷却，并将烫漂液冲洗干净，然后 1∶1 加水打浆，制得浆液备用。

（5）澄清及离心　将仙人掌、黄瓜、菠菜分别打浆得到的浆液用 3 层纱布粗滤，除去粗纤维，分别加入澄清剂进行澄清处理，再将澄清后的上清液取出离心分离，得到澄清的仙人掌汁、黄瓜汁、菠菜汁。

仙人掌汁澄清的最佳工艺条件为：果胶酶 0.05％，温度 40℃，时间 3.5h，pH 值 4.8。黄瓜汁澄清的最佳工艺条件为：果胶酶 0.10％，温度 35℃，时间 60min，pH 值 4.9。菠菜汁澄清的最佳工艺条件为：壳聚糖 0.03％，温度 45℃，时间 60min，pH 值 5.5。

（6）调配　将 3 种原料汁混合再加入事先溶解过滤后备用的辅料糖、酸、香精、稳定剂等溶液，充分混合均匀。

（7）胶磨和均质　为了使浑浊汁的果肉颗粒细度满足人们的口感要求，同时为了产品的稳定，调配后的料液要进一步细化处理。先经胶体磨处理，再经均质机微粒化处理，产品最终稳定分散，无分层，口感细腻圆滑。

浑浊汁饮料中加入 0.025％的羧甲基纤维素钠、0.15％的黄原胶、0.05％的琼脂、0.125％的海藻酸钠复合稳定剂（总量 0.35％），稳定效果较好。

（8）杀菌　料液装瓶后及时于 90℃杀菌 30min，然后迅速冷却至常温。

【质量标准】

（1）感官指标　澄清汁饮料呈淡绿色，浑浊汁饮料呈绿色，具有仙人掌汁、黄瓜汁、菠菜汁特有的气味，无异常气味；酸甜适中，无生青味、涩味，仙人掌、黄瓜、菠菜三者的口味协调；澄清汁饮料透明无沉淀，且无肉眼可见杂质，浑浊汁饮料均匀稳定且无沉淀和分层现象。

（2）理化指标　总糖含量≥8％，总酸含量（以柠檬酸计）≥0.06％，pH 值 4.3～4.5。

（3）微生物指标　细菌总数≤100CFU/mL；大肠菌群≤3MPN/mL；致病菌不得检出。

2. 仙人掌绿豆低糖饮料

【原辅料配比】

仙人掌浸提汁 30kg，酶解绿豆汁 70kg，柠檬酸 300g，甜蜜素 200g，蜂蜜 2.5kg。

【工艺流程】

仙人掌 → 清洗去皮 → 破碎护色 → 浸提 ┐

仙人掌浸提汁 ← 过滤 ←┘ ├ 调配 → 均质 → 灭菌 → 成品

绿豆 → 清杂 → 浸泡 → 煮沸取汤汁 → 澄清 ┐

酶解绿豆汁 ← 过滤 ← 酶解 ← 过滤 ←┘

【操作要点】

（1）仙人掌汁的制备　将新鲜仙人掌茎于流水中冲洗，除去表面青皮，切成块放入破碎机内，同时加入 0.1％的柠檬酸和 0.05％的维生素 C 进行护色打浆。然后对浆液进行浸提，料水比为 1∶6，温度 90℃，浸提 15min，并不断搅拌以加快浸提速度，最后经过滤可得仙人掌浸提汁。

（2）酶解绿豆汁的制备　将绿豆清洗去杂，加入清水进行浸泡，浸泡后一次加足清水，豆水比为 1∶12，在其中加入适量的明矾搅拌均匀，加热煮沸，煮至绿豆裂开即可。经过澄清后，用纱布过滤并进行冷却，向滤液中加入 16U/g 的 α-淀粉酶进行酶解，温度 75℃，pH 值为 6.5，反应时间为 3.5h。酶解后的料液过滤即得绿豆汁。

（3）调配、均质、灭菌　按配方比例将原辅料充分混合均匀，送入均质机中进行均质处理，均质压力为 20～25MPa。均质后的饮料经过巴氏杀菌、冷却即为成品。

【质量标准】

（1）感官指标　呈浅棕色透明液体，具有仙人掌特有的清香，酸甜适口。

（2）理化指标及微生物指标　均达到国家标准要求。

参考文献

[1] 李明.制汁技术与实例 [M].北京：化学工业出版社，2008.

[2] 胡云峰，肖娟，张轲，等.果蔬汁加工实用技术 [M].天津：天津科技翻译出版公司，2010.

[3] 杨红霞.饮料加工技术 [M].重庆：重庆大学出版社，2015.

[4] 张锦胜，彭红，巫小丹，等.食品原料与加工 [M].南昌：江西高校出版社，2017.

[5] 邵颖，魏宗烽.食品生物化学 [M].北京：中国轻工业出版社，2015.

[6] 蒲彪，胡小松.饮料工艺学 [M].北京：中国农业大学出版社，2009.

[7] 徐怀德.花卉食品 [M].北京：中国轻工业出版社，2000.

[8] 刘铁钢，赵志新，赵凤兰.饮料质量检验 [M].北京：中国计量出版社，2006.

[9] 魏强华.食品加工技术 [M].重庆：重庆大学出版社，2014.

[10] 郭威.野生果蔬植物产品加工利用 [M].哈尔滨：东北林业大学出版社，2008.

[11] 何志礼.现代果蔬食品科学与技术 [M].成都：四川科学技术出版社，2003.

[12] 杜连起.新型蔬菜及瓜类饮料加工技术 [M].北京：化学工业出版社，2006.

[13] 卢晓黎，李洲.蛋白饮料生产技术手册 [M].北京：化学工业出版社，2018.

[14] 朱蓓薇.饮料生产工艺与设备选用手册 [M].北京：化学工业出版社，2002.

[15] 李瑜.复合果蔬汁配方与工艺 [M].北京：化学工业出版社，2007.

[16] 蔺毅峰.软饮料加工工艺与配方 [M].北京：化学工业出版社，2006.

[17] 许牡丹，毛跟年.药食兼用饮料加工技术 [M].北京：化学工业出版社，2008.

[18] 张秋荣，刘祥祥，李向阳，等.复合果蔬汁饮料发展现状及前景分析 [J].食品与发酵工业，2021，47 (14)：294-299.

[19] 陈枫，杨燕，陈丹，等.果蔬汁饮料的研究现状 [J].农产品加工，2017 (11)：65-67.

[20] 刘燕.中国果蔬汁饮料的发展现状和未来展望综述 [J].现代食品，2018 (6)：25-27.

[21] 周春丽，曾雪芳，胡雪雁，等.营养果蔬复合饮料的研究进展 [J].食品研究与开发，2016，37 (12)：193-198.

[22] 张宏康，李笑颜，吴戈仪，等.果汁加工研究进展 [J].农产品加工，2019 (1)：86-88.

[23] 王珂雯，徐贞贞，翟鹏贵，等.果蔬汁及其饮料标准体系现状分析 [J].中国标准，2020 (11)：97-103.

[24] 张丽华，查蒙蒙，李顺峰，等.益生菌发酵果蔬汁研究进展 [J].轻工学报，2021，36 (4)：29-36.

[25] 张娜威，潘思轶，范刚，等.柑橘果汁中的苦味物质及脱苦技术研究进展 [J].华中农业大学学报，2021，40 (1)：40-48.

[26] 杨红叶.柑橘属果汁脱苦方法的研究进展 [J].现代食品，2021 (24)：72-74.

[27] 巩蓬勃，梁宁利，冯艳芸.果蔬汁生产中农药残留控制技术研究进展 [J].现代食品，2016 (18)：39-41.

[28] 门玉峰.论加工过程对食品中农药残留的影响 [J].食品安全导刊，2016 (21)：34-35.

[29] 丁勇，徐玉巧，杨宗玲，等.铁皮石斛苹果复合饮料加工工艺及其抗氧化性研究 [J].

保鲜与加工，2021，21（1）：93-98.

[30] 范迎宾，孔瑾.苹果山药山楂复合果蔬浆饮料的研制［J］.保鲜与加工，2019，19（4）：101-106.

[31] 吴文婷.金桔山楂复合饮料生产工艺研究［J］.饮料工业，2022，25（3）：46-50.

[32] 王培，崔宁，李青益，等.山楂决明子苹果醋复合饮料的研制［J］.保鲜与加工，2022，22（10）：40-45.

[33] 王彩虹，刘玉洁，朱丽娜，等.黑枸杞梨汁复合饮料研制及其抗氧化效果研究［J］.农产品加工，2021（4）：11-15.

[34] 余倩倩，赖悦文，李鹏飞，等.麦香型海棠果汁饮料的工艺研究［J］.饮料工业，2019，22（6）：51-55.

[35] 隋韶奕，张素敏，王雪松，等.杏浑浊型果汁饮料加工技术研究［J］.农业科技与装备，2020（4）：41-43.

[36] 童观珍，樊莹润，李泽林，等.响应面设计优化丽江海棠果果汁饮料配方［J］.食品研究与开发，2019，40（12）：85-91.

[37] 代文婷，王远，邢丽杰，等.蟠桃-葡萄-黑枸杞复合饮料的配方优化［J］.食品与发酵工业，2021，47（1）：172-179.

[38] 蔡香珍，陈晓玲，彭小燕，等.台湾青枣饮料的研制［J］.农产品加工，2020（4）：19.

[39] 刘宏媛.红枣山楂百香果复合饮料的工艺研究［J］.现代食品，2021（12）：76-80.

[40] 王瑶，徐春晖，杜俊民.欧李山楂沙棘复合饮料的研制及其抗疲劳研究［J］.保鲜与加工，2022，22（4）：46-51，58.

[41] 代佳和，田洋，杨舒雯，等.玫瑰花青梅汁复合饮料制备工艺研究［J］.农产品加工，2019（1）：27-29，32.

[42] 杜伟，黎庆宏，陈渊，等.百香果-芒果复合饮料生产工艺［J］.农村新技术，2020（5）：58-59.

[43] 魏玉梅，张帅中，冯玉兰，等.响应面法优化人参果枸杞葡萄复合饮料工艺［J］.保鲜与加工，2022，22（3）：43-49.

[44] 丁钦然，陈亚楠，张娇娇，等.紫甘蓝-葡萄汁复合乳饮品发酵工艺优化及其抗氧化性研究［J］.中国酿造，2020，39（1）：203-208.

[45] 尹俊涛，刘艳怀，雷勇，等.恰玛古无花果复合果蔬汁工艺［J］.食品工业，2021，42（12）：201-205.

[46] 黄丽梅，吕利云，聂小伟，等.模糊数学法结合响应面法优化无花果海红果复合果酒工艺［J］.食品工业，2022，43（3）：45-49.

[47] 尹俊涛，刘艳怀，雷勇，等.蔓越莓桑葚复合饮料工艺优化及配方研究［J］.食品工业，2022，43（7）：48-52.

[48] 李慧，韩卓，叶玲，等.石榴芦荟柠檬复合发酵饮料的研制［J］.农产品加工，2022（2）：5-9.

[49] 陈坤，葛卫忠，王东印，等.核桃枣汁复合饮料的研制［J］.食品安全导刊，2021（7）：134-135.

[50] 韩亚飞，郭楠楠，王彦花.奇亚籽杏仁核桃复合饮料的研制及稳定性研究 [J].饮料工业，2022，25（3）：62-67.

[51] 谭新旺.纯板栗饮料的研发 [D].青岛：青岛大学，2016.

[52] 聂万虹.板栗黄芪饮料的研制及其体外抗氧化性研究 [D].天津：天津农学院，2021.

[53] 陈玉叶，贺靖，李湘玉，等.金银花银杏白果复合草本饮料的制备工艺研究 [J].湖南科技学院学报，2020，41（3）：24-27.

[54] 邢颖，关晨升.银杏叶、绞股蓝复合饮料的研制及其理化指标的测定 [J].食品研究与开发，2018，39（6）：105-109.

[55] 徐嘉一.苹果味榛子露复合饮料的研制 [D].沈阳：沈阳农业大学，2018.

[56] 李延辉，郑凤荣，刘艳霞，等.野生榛子复合蛋白酸乳饮料的研制 [J].食品研究与开发，2016，37（4）：76-79.

[57] 苏杰，张慧敏，王瑞刚.柑橘蒲公英保健饮料加工工艺的研究 [J].粮食科技与经济，2020，45（1）：115-118，121.

[58] 简少芬，张少平，潘换花.沙糖橘·西番莲·荸荠复合果蔬汁饮料的配方工艺研究 [J].安徽农业科学，2017，45（7）：70-72.

[59] 许晓萍，周民生，田丽，等.蜂蜜百香果橙汁复合饮料的研制 [J].农产品加工，2021（11）：7-11.

[60] 朱文秀，李博胜，李国平，等.橙子豌豆复合饮料的研制 [J].中国果菜，2021，41（6）：51-55.

[61] 朱晓燕.柚子菠萝橙复合浓浆饮料的研制 [J].食品安全导刊，2020（5）：136.

[62] 张彦聪，李昀哲，张军，等.柠檬椰汁复合果酒的工艺研究及香气特征分析 [J].食品与发酵工业，2021，47（4）：173-181.

[63] 陈永，方小丹，卢珍兰，等.甘蔗龙眼桂花梨百香果复合发酵饮品配方优化 [J].食品研究与开发，2022，43（13）：89-94.

[64] 曾小飚，黄开腾，唐鑫，等.荔枝柠檬果茶饮料的研制 [J].农产品加工，2021（1）：1-3，9.

[65] 鲁梦齐，向东.荸荠椰子汁复合饮料的研制 [J].中国酿造，2016，35（2）：161-165.

[66] 李伟民，付晓迪，谌远，等.西瓜、草莓、番茄复合果蔬汁的研制 [J].许昌学院学报，2019，38（2）：89-93.

[67] 郑晓楠，张丹，陈琼玲.绿豆芽、黄瓜、甜瓜复合饮料的研制 [J].山西农业科学，2017，45（8）：1341-1343.

[68] 张芳，邢霄龙.胡萝卜-柚复合果蔬饮料的研制 [J].饮料工业，2020，23（6）：31-35.

[69] 袁丛丛，吴昊，张旭光，等.牛蒡银杏复合饮料的研制 [J].饮料工业，2016，19（2）：37-39.

[70] 曾惠琴，张旭光，金辉，等.牛蒡酸角复合饮料的研制 [J].保鲜与加工，2020，20（2）：172-176.

[71] 焦云鹏.白菜益生汤的加工工艺及品质研究 [J].轻工科技，2016（1）：1-3.

[72] 张玲.洋葱功能饮料的研究 [J].中国农业信息，2014（21）：131.

[73] 娄文娟，孔瑾，温明月.黑蒜饮料的研制 [J].河南科技学院学报（自然科学版），2017，45（1）：37-42.

[74] 李文杰.一种韭菜复合果蔬饮料的制备及其风味物质研究 [D].武汉：武汉轻工大学，2016.

[75] 廖世玉，宋佳曼，严成.功能性芹菜饮料工艺优化研究 [J].农产品加工，2020（7）：37-40，45.

[76] 王丹丹.西红柿黄瓜胡萝卜复合饮料的研制 [J].太原师范学院学报（自然科学版），2019，18（4）：93-96.

[77] 张雪梅，刘艳怀，代绍娟，等.黑枸杞黑番茄复合饮料的工艺研究 [J].农产品加工，2018（6）：43-45.

[78] 张永芳.菠萝黄瓜复合果蔬饮料的研制 [J].饮料工业，2020，23（1）：60-64.

[79] 方舒婷，李韵仪，黄佩珊，等.南瓜木瓜复合饮料的研究 [J].食品科技，2018，43（10）：141-148.

[80] 潘文洁，曹思静.茅根冬瓜复合清凉饮料的研制 [J].农产品加工，2021（2）：21-23.

[81] 姜丹，卢成特，张盼盼，等.苦瓜、荸荠、葡萄复合饮料的工艺研究 [J].安徽农学通报，2016，22（8）：113-115，154.

[82] 屠鲁彪，王晓莉，孙汉巨，等.丝瓜茎汁液复合饮料的工艺研究 [J].饮料工业，2014，17（4）：30-33，37.

[83] 矫玉翠.佛手瓜甜玉米复合饮料的工艺研究 [J].农产品加工，2019（6）：47-49.

[84] 宁宛芝，唐明明，朱勇生，等.一种具有清凉解渴作用的莲藕饮料的工艺研究 [J].食品安全质量检测学报，2018，9（3）：491-497.

[85] 李欣芮，刘畅.姜汁柠檬复合饮料的研制 [J].饮料工业，2016，19（4）：54-57.

[86] 刘云竹.姜枣茶饮料的配方及工艺研究 [J].饮料工业，2022，25（4）：34-37.

[87] 张君玲.生姜、葡萄、胡萝卜复合果蔬汁的研制及功效研究 [D].太原：山西大学，2021.

[88] 张帅，郑开斌，丁子秋，等.马齿苋低糖抗氧化饮料的研制 [J].福建农业学报，2018，33（11）：1206-1211.

[89] 林梦涵，赵大鹏，付坤铭，等.黑木耳红枣复合果肉饮料的工艺研究 [J].人参研究，2022（2）：46-49.

[90] 杨丰绮，唐玉娇，秦凤贤，等.银耳红枣木糖醇饮料的工艺研究 [J].食品研究与开发，2019，40（20）：122-126.

[91] 李永生，来守萍，宋莎莎，等.一种金针菇花生复合饮料的制备工艺研究 [J].农产品加工，2022（1）：41-44.

[92] 王语泽，才佳淇，孙一寒，等.香菇五汁饮料的研制 [J].食品安全导刊，2022（19）：140-143.

[93] 吴鹏，宋惠月，韩丽春，等.海棠灵芝桂花复合饮料配方及稳定性研究 [J].保鲜与加工，2022，22（6）：64-71.

[94] 赵宇晗，张嘉欣，葛晓欣，等.猴头菇小米饮料的制备工艺 [J].食品工业，2022，43

（5）：76-81.

[95] 刘亮，汪立华，田永生.菊花枸杞复合茶饮料的研制［J].上海农业科技，2022（5）：25-36.

[96] 林君，潘嫣丽，陆璐，等.罗汉果菊花茶饮料工艺［J].食品工业，2021，42（11）：117-121.

[97] 蔡苏川，凡信，许海，等.模糊数学感官评价法优化枸杞菊花复合饮料制作工艺［J].食品工业，2022，43（6）：92-97.

[98] 蒋雅萍，付晓东，张馨月，等.百合苹果复合饮料的研制［J].食品研究与开发，2022，43（8）：117-123.

[99] 梁应忠，崔秀明，向巧，等.三七花玫瑰复合饮料的研制［J].食品与发酵工业，2021，47（15）：228-233.

[100] 赵禹棋，陈忠旭，高超.红枣玫瑰花功能饮料的研制［J].农产品加工，2019（5）：15-18.

[101] 张恒，郑俏然，何靖柳，等.藏茶玫瑰乌梅无糖复合饮料研制及功能性成分分析与抗氧化研究［J].食品科技，2021，46（1）：46-53，61.

[102] 李梁.槟榔花茶饮料工艺技术研究［D].海口：海南大学，2015.